クリーンコードクックブック

コードの設計と品質を改善するためのレシピ集

Maximiliano Contieri　著

田中 裕一　訳

Clean Code Cookbook

Recipes to Improve the Design and Quality of Your Code

Maximiliano Contieri

Beijing • Boston • Farnham • Sebastopol • Tokyo

まえがき

「ソフトウェアが世界を食いつくす」。このマーク・アンドリーセンの有名なフレーズは私のお気に入りであり、現代を表す言葉としてほぼミームのようになっています。人類の歴史上、これほど多くのソフトウェアが存在したことはなく、これほど多くのことをソフトウェアに依存していたこともありません。都市に住む人々の日常生活は、ほぼすべてがソフトウェアによって管理されています。そして年々、私たちの生活のより多くの側面がソフトウェアに委ねられるようになっています。人工知能（AI）の爆発的かつ破壊的な到来により、このトレンドはさらに加速しています。なぜなら、AI もまたソフトウェアだからです。

私は、ソフトウェアユーザーになる前にプログラマだった世代の人間です。16 歳で小さなプログラムを書き始め、18 歳でより大規模なシステムに取り組むようになりました。そして、ソフトウェアがこれほどまでに重要視され、必要とされている理由を実感しました。私たちの生活の多くの部分を支えるソフトウェアは、人間によって書かれたコードです。そのコードの品質が、ソフトウェアの品質、メンテナンス性、持続可能性、コスト、パフォーマンスに直接影響を与えます。これこそが、本書が歓迎され、さらには必要とされている根本的な理由です。

そのような初期のシステムを、わずか 2、3 人の小さなチームでプログラミングする中で、コードをクリーンに保つことの重要性を身をもって学びました。当時、このような本があれば多くの時間を節約できたと思います。

本書の重要性は、コンピューティングの黎明期に限ったものではありません。また、基礎を学ぶ必要がある初心者プログラマだけを対象としているわけでもありません。むしろ、その逆です。

多くの場合、各章で最も価値があるのはレシピそのものではなく、特定の話題を提起し議論することです。これにより、私たち自身のコードでその問題をどのように解決するか、そしてその解決策のクリーンさをどのように評価するかを考えるための基盤を提供しています。Contieri のスタイルは非常に明快で直接的です。私たちのコードもそうあるべきでしょう。各「レシピ」には、適切な適用方法を明確に示すコード例が含まれています。

コードのクリーンさや明快さは、プログラマだけの問題や責任であるように思われるかもしれません。しかし実際には、コードに関する問題は設計段階で始まり、リソース配分、開発方針、プロジェクトやチームの管理、メンテナンスや進化の段階にまで及びます。私は、ソフトウェア業界のほとんどの専門家にとって本書が有益だと信じています。なぜなら、本書はコードに共通する多くの問題を非常によく示し、説明しているからです。コードはソフトウェアの構成要素であり、そのソフトウェアは世界を食いつくしています。

生成AIや大規模言語モデルが人間の介入なしにコードを生成できるようになり、コーディングが過去のものになると考えるのは魅力的です。しかし、現実はそう単純ではなく、私が日々試している限りでは、それはまだ可能ではありません。AIが生成したコードに見られる「ハルシネーション（幻覚）」（基本的なエラー、解釈の間違い、脆弱性、メンテナンス性の問題）など、多くの課題があります。しかし、私たちは明らかに過渡期にいます。その間は、テクノロジー・ケンタウロス（人間とAIの融合）が活躍するでしょう。そのため、経験豊富なプログラマがAIによって生成されたコードを監督し、修正し、改善する必要があります。人間がコードを読み、メンテナンスする限り、本書で教えられるようなクリーンコードの重要性は変わりません。

— Carlos E. Ferro
コンピュータサイエンス学士
シニアソフトウェアエンジニア、クォーラムソフトウェア
ブエノスアイレス
2023年6月20日

はじめに

コードは至るところに存在しており、ウェブ開発、スマートコントラクト、組み込みシステム、ブロックチェーン、ジェームズ・ウェブ宇宙望遠鏡に搭載されたソフトウェア、外科手術用ロボットなど、多くの分野で活用されています。ソフトウェアは実質的に世界中に浸透し、現在では専門的な AI によるコード生成ツールの台頭も見られます。このような状況下で、クリーンコードの重要性はますます高まっています。大規模なプロプライエタリやオープンソースのコードベースに携わる機会が増える中、クリーンコードはコードベースの鮮度を保ち、進化を促す鍵となります。

対象読者

本書は、コードベースでよく発生する問題を特定し、その影響を明らかにします。さらに、実践しやすいレシピを通じて、これらの問題を回避する方法を提供します。プログラマ、コードレビュアー、アーキテクト、学生がコーディングスキルを向上させ、既存のシステムを改善するための貴重なリソースとなるでしょう。

本書の構成

本書は全 25 章から構成されています。各章の冒頭では、クリーンコードの利点、その効果、そして誤用した場合の問題点を示す原則と基本概念を説明します。1 章では、「現実世界のエンティティと設計を 1 対 1 で対応させること」という、クリーンコードの根本的な指針を紹介します。この指針が、他のすべての原則の基盤となります。

各章では、コードを改善するためのツールやアドバイスとともに、テーマ別に整理されたレシピを紹介します。これらのレシピは、あなたの現状に即した実践的な変更や改善をサポートします。また、さまざまなソフトウェア設計原則、経験則、ルールについても解説します。クリーンコードは特定の言語に限定されるものではないため、レシピには複数のプログラミング言語によるコードサンプルを含んでいます。多くのリファクタリング関連の書籍は単一の言語に依存し、著者は最新のトレンド言語を使用して新版を更新します。一方、本書は言語に依存せず、（特に注記がない限り）ほとんどのレシピは多くの言語に適用可能です。

コードサンプルはほとんどそのまま動作しますが、擬似コードとして読むことをお勧めします。読みやすさとパフォーマンスの間で選択を迫られた場合、私は常に読みやすさを優先しています。本文中で一般的な用語の定義を提供していますが、それらはすべて巻末の用語集にもまとめられています。

本書に必要なもの

コードサンプルを実行するには、O'Reilly のサンドボックス（https://learning.oreilly.com/interactive）や Replit（https://replit.com）のような動作環境が必要です。コードサンプルは、あなたのお気に入りのプログラミング言語に翻訳することを推奨します。最近では、AI を活用したコード生成ツールを使用することで、この翻訳作業を無料で効率的に行うことができます。本書のコードサンプルを書く際には、GitHub Copilot、OpenAI Codex、Bard、ChatGPT など多くのツールを使用しました。これらのツールを利用することで、私が多くの言語に精通していないにもかかわらず、本書で 25 以上の異なる言語を使用することができました。

原書情報サイト

原書の追加情報や関連記事などをまとめたウェブサイト（英語）があり、https://cleancodecookbook.com からアクセスできます。

本書で使用される表記

本書では、以下の表記規則を使用しています。

太字
: 新しい用語や強調する単語を表します。

`constant width`（等幅）
: プログラムコードの表示に使用します。また、本文中で変数名、関数名、データベース、データ型、環境変数、プログラムの文、キーワードなどのプログラム要素を参照する際にも使用します。

`Constant width bold`（等幅太字）
: ユーザーが文字通りに入力すべきコマンドやテキストを示します。

ヒントや提案を示しています。

一般的な注意点を示しています。

警告または注意を示しています。

コードサンプルの使用

補足資料（コード例、演習問題など）は、https://github.com/mcsee/clean-code-cookbook からダウンロード可能です。

技術的な質問やコード例の使用に関する問題がある場合は、電子メール（英文）で、bookquestions@oreilly.com 宛にご連絡ください。

本書は、あなたの仕事を助けるためにあります。一般的に、本書に付属するサンプルコードは、あなたのプログラムやドキュメントで自由に使用することができます。コードの大部分を複製する場合を除いて、許可を得るために私たちに連絡を取る必要はありません。たとえば、この本からいくつかのコードを使ってプログラムを書く場合は、許可は必要ありません。オライリーの書籍からの例を販売または配布する場合は許可が必要です。本書を引用して質問に答え、サンプルコードを引用する場合は許可は必要ありません。ただし、本書からのサンプルコードを製品のドキュメンテーションに大量に取り入れる場合は許可が必要です。

必須ではありませんが、引用元を書いてくださるとありがたいです。引用元には通常、タイトル、著者、出版社、ISBN が含まれます。例えば、「『クリーンコードクックブック』Maximiliano Contieri 著、オライリージャパン、978-4-8144-0097-3」といった形です。

もしコード例を使用する際に、公正な使用や上記で与えられた許可の範囲外であると感じた場合は、permissions@oreilly.com まで英語にてお気軽にご連絡ください。

オライリー学習プラットフォーム

オライリーはフォーチュン 100 のうち 60 社以上から信頼されています。オライリー学習プラットフォームには、6 万冊以上の書籍と 3 万時間以上の動画が用意されています。さらに、業界エキスパートによるライブイベント、インタラクティブなシナリオとサンドボックスを使った実践的な学習、公式認定試験対策資料など、多様なコンテンツを提供しています。

https://www.oreilly.co.jp/online-learning/

また以下のページでは、オライリー学習プラットフォームに関するよくある質問とその回答を紹介しています。

https://www.oreilly.co.jp/online-learning/learning-platform-faq.html

お問い合わせ

本書に関する意見、質問等は、オライリー・ジャパンまでお寄せください。

株式会社オライリー・ジャパン
電子メール japan@oreilly.co.jp

本書の Web ページには、正誤表やコード例などの追加情報が掲載されています。

https://oreil.ly/clean-code-cookbook（原書）
https://www.oreilly.co.jp/books/9784814400973（和書）

この本に関する技術的な質問や意見は、次の宛先に電子メール（英文）を送ってください。

bookquestions@oreilly.com

オライリーに関するその他の情報については、次のオライリーの Web サイトを参照してください。

https://www.oreilly.co.jp
https://www.oreilly.com（英語）

謝辞

本書は、常に愛情深く支えてくれた妻 Maria Virginia、愛する娘 Malena と Miranda、そして私の両親 Juan Carlos と Alicia に捧げます。

また、本書に大いに貢献してくれ、貴重な洞察と知識を持つ Maximo Prieto と Hernan Wilkinson に、深い感謝の意を表します。Ingenieria de Software の同僚たちが考えを共有してくれたこと、そして長年にわたりブエノスアイレス大学の Ciencias Exactas の同僚教員たちが知識と専門性を共有してくれたことにも感謝しています。

最後に、技術レビューアーの Luben Alexandrov、Daniel Moka、Carlos E. Ferro、そして編集者 Sara Hunter に感謝します。彼らの指導と助言が、本書を大いに改善する助けとなりました。

目次

6章 宣言的なコード ……… 69

7章 命名 ……… 89

1章
クリーンコード

Martin Fowler が著書『Refactoring: Improving the Design of Existing Code』（邦訳『リファクタリング』オーム社）でリファクタリングを定義し、その利点や必要性を説いてから 20 年以上が経ちました。今では多くの開発者がリファクタリングやコードの不吉な臭いという概念を理解し、日々技術的負債と向き合っています。リファクタリングはソフトウェア開発の中核的な部分となっています。Fowler は彼の著書の中で、リファクタリングをコードの不吉な臭いへの具体的な処方箋として紹介しました。本書では、これらの手法のいくつかを実践的なレシピとして紹介し、コードの質を高める方法を具体的に解説していきます。

1.1　コードの不吉な臭いとは何か？

コードの不吉な臭い（コードスメル）とは、コードに潜む問題の兆候を表現したものです。多くの人は、この不吉な臭いを感じ取ると、そのコード全体を分解して再構築する必要があると考える傾向があります。しかし、これは本来の定義が意図するところではありません。この不吉な臭いは単に改善の機会を示す指標に過ぎません。コードから漂う不吉な臭いは、必ずしも何が間違っているのかを明確に示すものではありません。むしろ、特別な注意を払うべき箇所を教えてくれているのです。

本書で紹介するレシピは、これらの症状に対するいくつかの解決策を提供します。料理本と同様に、レシピは自由に選択できます。コードの不吉な臭いはガイドラインや経験則であって、厳格なルールではありません。どのレシピも盲目的に適用する前に、まず問題を理解し、自分の設計やコードのコストと利益を評価する必要があります。優れた設計とは、ガイドラインと実用的および状況に応じた考慮事項のバランスを取ることです。

1.2　リファクタリングとは何か？

Martin Fowler の著書を再び引用すると、彼は 2 つの補完し合う定義を提示しています。

リファクタリング（名詞）：ソフトウェアの内部構造に対して行われる変更であり、その外部から観察できる振る舞いを変えることなく、ソフトウェアを理解しやすく、修正しやすくするためのもの。

リファクタリング（動詞）：外部から観察できる振る舞いを変えることなく、一連のリファクタリングを適用してソフトウェアの構造を再構築すること。

リファクタリングは、William Opdyke が 1992 年の博士論文「Refactoring Object-Oriented Frameworks（オブジェクト指向フレームワークのリファクタリング）」(https://oreil.ly/zBCkI) で考案し、Fowler の本が出版された後に広まりました。Fowler の定義以降も、リファクタリングの概念は発展してきました。現代のほとんどの統合開発環境（IDE）は、自動リファクタリング機能をサポートしています。この機能を使えば、システムの振る舞いを変えずに安全に構造的な変更を行うことができます。本書には自動化された安全なリファクタリングを伴うレシピが多く含まれており、さらにコードの意味を変えるリファクタリングも取り入れています。意味を変えるリファクタリングは、システムの振る舞いの一部を変更する可能性があるため、安全ではありません。ソフトウェアを壊してしまう可能性もあるので、意味を変えるリファクタリングを含むレシピは慎重に適用する必要があります。意味を変えるリファクタリングを含むレシピでは、その旨を明記します。ソフトウェアの振る舞いについてのテストのコードカバレッジが十分である場合、重要なビジネス上のシナリオを壊すことなく自信を持ってリファクタリングを適用できます。バグの修正や新機能の開発と同時にリファクタリングのレシピを適用することは行うべきではありません。

現代の多くの組織では、継続的インテグレーション/継続的デリバリーパイプラインにおいて包括的なテストスイートを実装しています。こうしたテストスイートの重要性と実践については、Titus Winters らによる『Software Engineering at Google』（O'Reilly、邦訳『Google のソフトウェアエンジニアリング』オライリー・ジャパン）を参照してください。

1.3 レシピとは何か？

私は「レシピ」という用語を広い意味で使っています。レシピとは、何かを作成したり変更したりするための一連の指示です。本書のレシピは、その背後にある考え方を理解し、自分なりの味付けを加えて適用することで最も効果を発揮します。本書のレシピは、ほかのレシピ本がより具体的なステップバイステップの解決策を提供しているのとは対照的です。本書のレシピを活用するためには、それらを自分のプログラミング言語や設計に合わせて翻訳する必要があります。レシピは、問題を理解し、その影響を特定し、コードを改善する方法を教えるための手段です。

1.4 クリーンコードの重要性

クリーンコードは読みやすく、理解しやすく、メンテナンスが容易です。クリーンコードは構造が整っており、簡潔で、変数、関数、クラスに意味のある名前を使用しています。また、ベストプラクティスやデザインパターンに従い、パフォーマンスや実装の詳細よりも可読性や振る舞いを重視しています。

クリーンコードは、日々変更が加えられ、進化し続けるシステムにおいて非常に重要です。迅速に更新を適用できない環境では、特に重要です。これには、組み込みシステム、宇宙探査機、スマートコントラクト、モバイルアプリ、そしてほかの多くのアプリケーションが含まれます。

従来のリファクタリングに関する書籍、ウェブサイト、IDE は、システムの振る舞いを変えないリファクタリングに焦点を当ててきました。本書には、安全な名前変更など、システムの動作を保持したまま行うリファクタリング手法をいくつか紹介しています。しかし、問題の解決方法を変える意味的なリファクタリングに関連する手法も数多く紹介しています。適切な変更を行うためには、コード、問題、そしてこれらのリファクタリング手法を理解する必要があります。

1.5　可読性、パフォーマンス、あるいはその両方

本書はクリーンコードに関するものです。そのレシピの中には、パフォーマンスの面で最適でないものもあります。私は、可読性とパフォーマンスが対立する場合、可読性を優先します。たとえば、16 章全体を、早すぎる最適化に捧げ、十分な根拠なしにパフォーマンスの問題に取り組むことについて述べています。

パフォーマンスが重要なミッションクリティカルなシステムにおいては、クリーンコードを書き、テストでカバーし、パレートの法則を用いてボトルネックを特定し改善するのが最良の戦略です。ソフトウェアにおけるパレートの法則によれば、重要なボトルネックの 20% に対処することで、ソフトウェアのパフォーマンスが 80% 向上する可能性があります。

この方法は、根拠に基づかない早すぎる最適化を思いとどまらせます。早すぎる最適化はわずかな改善しかもたらさず、クリーンコードを損なうことになるからです。

1.6　ソフトウェアの種類

本書のレシピの多くは、複雑なビジネスルールを持つバックエンドシステムを対象としています。2 章で構築を始めるシミュレータは、このような複雑なビジネスルールを持つシステムに最適です。レシピはドメインに依存しないので、フロントエンド開発、データベース、組み込みシステム、ブロックチェーンなど、多くのシナリオで利用できます。また、UX、フロントエンド、スマートコントラクトなどの特定のドメインに特化したレシピやコードサンプルもあります（例えば、「レシピ 22.7　エンドユーザーからの低レベルなエラーの隠蔽」をご覧ください）。

1.7　機械生成コード

コードを生成するツールが多く利用可能になった今、クリーンコードはまだ必要なのでしょうか？ 2023 年時点の答えは「はい」です。これまで以上に必要とされています。商用のコーディング支援ツールは多く存在しますが、それらはコーディングを（まだ）完全に行うことができるわけ

ではありません。これらのツールは副操縦士や助手の役割を果たすに過ぎず、設計の決定を下すのは依然として人間です。

本書執筆時点[†1]では、ほとんどの商用のAIツールが生成するコードは貧弱なソリューションや標準的なアルゴリズムです。しかし、小さな関数の作り方を思い出せない場合や、プログラミング言語間の翻訳には、これらのツールは驚くほど役立ちます。本書を執筆する際に、私はこれらのツールを大いに活用しました。私は、本書のレシピで使用した25以上の言語すべてをマスターしているわけではありません。多くの支援ツールを使用して、さまざまな言語へコードスニペットを翻訳し、テストしました。皆さんにも、本書のレシピをお気に入りの言語に翻訳する際に、これらのツールを活用することをお勧めします。ツールは今後も存在し続け、未来の開発者たちは技術的なケンタウロス、つまり半分は人間、半分は機械という存在になるでしょう。

1.8 用語の使い方

本書全体を通して、以下の用語を同じ意味で使用します。

- メソッド/関数/手続き
- 属性/インスタンス変数/プロパティ
- プロトコル/振る舞い/インターフェース
- 引数/コラボレータ/パラメータ
- 匿名関数/クロージャ/ラムダ

これらの用語間の違いは微妙で、時には言語に依存する場合があります。必要に応じて、用法を明確にするために注記を入れています。

1.9 デザインパターン

本書は、読者がオブジェクト指向設計の基本的な概念を理解していることを前提としています。本書のいくつかのレシピは、「ギャング・オブ・フォー」の『Design Patterns』(邦訳『オブジェクト指向における再利用のためのデザインパターン』ソフトバンククリエイティブ)という書籍で説明されている広く知られたデザインパターンに基づいています。そのほかのレシピでは、**null オブジェクト**や**メソッドオブジェクト**といったあまり知られていないパターンを取り上げます。さらに、本書には、現在アンチパターンとみなされているパターンを置き換える方法についての説明と指針も含まれています。たとえば「レシピ17.2 シングルトンの置き換え」では**シングルトン**パターンを取り上げます。

†1 訳注：原著は2023年10月17日刊行のため、2023年時点のことを指しています。

1.10 プログラミング言語のパラダイム

David Farley は次のように述べています[†2]。

> 私たちの産業が言語とツールに取り憑かれてきたことは、私たちの職業にダメージを与えてきました。それは、言語設計に進歩がなかったという意味ではありません。言語設計の仕事の大半が間違った対象に集中しており、たとえば言語構造の進歩よりも言語構文の進歩に重点が置かれたという意味です。

本書で紹介されているクリーンコードの概念は、さまざまなプログラミングパラダイムに応用することができます。これらのアイデアの多くは、構造化プログラミングや関数型プログラミングに起源があり、一部はオブジェクト指向の世界から来ています。これらの概念は、どのパラダイムにおいても、より洗練され効率的なコードを書くのに役立ちます。

私はレシピの大部分でオブジェクト指向言語を使用し、現実世界の実体のメタファーとしてオブジェクトを使用して **MAPPER** と名付けたシミュレータを構築します。本書全体を通じて私は MAPPER に頻繁に言及します。多くのレシピは、実装の詳細ではなく、振る舞いを重視した宣言的なコード（6 章）に焦点を当てるように導きます。

1.11 オブジェクト対クラス

本書のほとんどのレシピはオブジェクトについて述べており、クラスについてはあまり触れていません（ただし、19 章ではクラスによる分類について詳しく述べています）。たとえば、あるレシピでは「レシピ 3.2　オブジェクトの本質の見極め」と題されており、「クラスの本質の見極め」とはなっていません。本書は、実世界の事物や概念をソフトウェア内のオブジェクトとして表現する方法について説明しています。

オブジェクトの作成方法は、クラスによる分類、プロトタイピング、ファクトリ、クローンなどさまざまです。2 章では、現実世界とソフトウェアの対応付けの重要性と、現実に存在するものをモデル化することの必要性について説明しています。多くのプログラミング言語では、オブジェクトを作成するために**クラス**が使用されます。しかし、クラスはプログラミング上の概念であり、実世界に直接対応するものは存在しません。クラスベースの言語を使用している場合は、クラスが必要です。しかし、クラスはレシピの主な焦点ではありません。

1.12 変更容易性

クリーンコードは、ソフトウェアが正しく機能することを保証するだけでなく、保守や進化を容易にすることも目的としています。再び Dave Farley の『Modern Software Engineering』（邦訳

---

†2　訳注：David Farley 著、『継続的デリバリーのソフトウェア工学』（日経 BP）49〜50 ページより引用。

『継続的デリバリーのソフトウェア工学』日経 BP）によると、ソフトウェア開発者は学び続け、ソフトウェアを変更に対応できる状態にしておくことにおいて、専門家になる必要があります。これは、テクノロジー業界にとって大きな課題となっています。本書が、これらの課題に取り組む上で皆様のお役に立てることを願っています。

2章 公理の準備

はじめに

ここにソフトウェアの一般的な定義を示します（https://oreil.ly/MqGxG）。

> コンピュータが実行する命令のことで、それらが実行される物理的なデバイス（「ハードウェア」）と対比されるものです。

ここではソフトウェアはハードウェアの対極にあるものとして定義されています。つまり、ハードウェアでないものすべてがソフトウェアとされています。しかし、これだけでは、ソフトウェアが実際に何であるかを十分に説明しているとは言えません。ここにもう一つのよく知られた定義を示します（https://oreil.ly/SVbXv）。

> ソフトウェアとは、コンピュータに何をすべきかを指示する命令です。ソフトウェアは、コンピュータシステムの運用に関連するすべてのプログラム、手続き、ルーチンを含みます。この用語は、これらの命令をハードウェア（すなわち、コンピュータシステムの物理的な要素）と区別するために作られました。コンピュータのハードウェアに特定のタスクを実行させる命令のセットは、プログラムまたはソフトウェアプログラムと呼ばれます。

何十年も前に、ソフトウェア開発者たちはソフトウェアが単なる命令以上のものであることに気づきました。本書を通じてシステムの振る舞いについて考えることで、ソフトウェアの主な目的が次のものであることに気付くでしょう。

> 現実に起こり得る出来事を模倣すること

この考えは **Simula** のような現代プログラミング言語の起源に遡ります。

Simula

Simula はクラスによる分類の概念を取り入れた最初のオブジェクト指向プログラミング言語です。その名前は、ソフトウェアを構築する目的がシミュレータの作成であることを明確に示しています。この考え方は、今日のほとんどのコンピュータソフトウェアアプリケーションにおいても依然として当てはまります。

科学の世界では、過去を理解し未来を予測するためにシミュレータを構築します。プラトンの時代から、人類は現実の優れたモデルを作ろうと努力してきました。ここで、ソフトウェア開発を、以下のモデルに基づくシミュレータを構築することであると定義してみましょう。

モデル：抽象的、部分的、かつプログラム可能な現実の説明

この定義を略して **MAPPER** と呼びます[†1]。この略語は本書全体で頻繁に使用します。それでは、MAPPER の構成要素について詳しく見ていきましょう。

2.1 モデルとは何か？

モデルとは、現実の特定の側面を特定のレンズや視点を通して見ることで得られる結果です。それは究極的で不変の真理ではなく、現在の知識に基づく最も正確な理解です。ほかのモデルと同様に、ソフトウェアモデルの目的は現実世界の振る舞いを予測することです。

モデル

モデルは、説明しようとする対象を直感的な概念や比喩を用いて説明します。モデルの最終目標は、その対象がどのように動作するかを理解することです。Peter Naur は「プログラミングとは理論とモデルを構築することだ」と述べています（https://oreil.ly/6FiD8）。

2.2 抽象的とは何か？

モデルは部分の総和から生まれます。そして、個々の構成要素を見ただけでは、それを完全に理解することはできません。このモデルは契約と振る舞いに基づいており、必ずしも物事をどのように実現すべきかを詳細に示しているわけではありません。

2.3 プログラム可能とは何か？

あなたのモデルは、所望の条件を再現するシミュレータで実行する必要があります。これには、

---

†1 訳注：英語での定義が「Model: Abstract Partial and Programmable Explaining Reality」であるため、この略語は「MAPPER」となります。

チューリングモデル（現代の商用コンピュータのようなもの）、量子コンピュータ（未来のコンピュータ）、あるいはモデルの進化に追随できるそのほかの種類のシミュレータが含まれます。モデルをプログラムして、特定の方法であなたの行動に反応させ、その後、モデルがどのように自律的に発展するかを観察することができます。

チューリングモデル

チューリングモデルに基づくコンピュータは、命令セット、つまりアルゴリズムが記述できるあらゆる計算可能なタスクを実行できる理論的な機械です。チューリングマシンは現代のコンピューティングの理論的基盤と考えられており、実際のコンピュータやプログラミング言語の設計と分析のモデルとして役立っています。

2.4　なぜ部分的なモデル化なのか？

関心のある問題をモデル化する際には、現実の一部の側面のみを考慮することになります。科学的モデルでは、重要でない側面を簡略化し、問題に焦点を当てるのが一般的です。科学実験を行う際には、仮説を検証するために特定の変数を分離し、残りの変数を固定する必要があります。

シミュレータでは、現実全体をモデル化するのではなく、関連する部分だけをモデル化することになります。観察対象である現実世界全体をモデル化するのではなく、関心のある振る舞いだけをモデル化すれば十分です。本書の多くのレシピは、不要な詳細を含めることによる過度な設計の問題に対処しています。

2.5　なぜ説明可能性が重要なのか？

モデルは、その進化を観察し、モデル化している現実の振る舞いを推論および予測するのに役立つよう、十分に説明的である必要があります。モデルは何をしているのか、どのように振る舞っているのかを説明できる能力を持つべきです。現代の多くの機械学習アルゴリズムは、出力値に至る過程についての情報を提供しません（時には幻覚のような誤った結果を出すことさえあります）。しかし、モデルは具体的な手順を明らかにしなくても、何をしたのかを説明できるべきです。

説明するということ

アリストテレスは「説明とは原因を見出すこと」と述べています。彼の考えによれば、すべての現象や出来事には、それを生み出したり決定する原因や一連の要因があります。科学の目標は、自然現象の原因を特定し理解して、そこから将来の振る舞いを予測することです。

アリストテレスにとって、「説明する」とは、ある現象のすべての原因を特定し、それらがどのように相互作用して結果を生み出すのかを理解することでした。一方、「予測する」とは、この原因に関する知識を用いて、その現象が将来どのように振る舞うかを予測する能力を指します。

2.6 なぜ現実に関するものなのか？

モデルは観測可能な環境の条件を再現する必要があります。あらゆるシミュレーションと同様に、究極の目標は現実世界の予測です。本書では、「現実」、「実世界」、「実世界の実体」という言葉が頻繁に出てきますが、これらは皆さんにとって究極の真理の源となるでしょう。

2.7 ルールを導き出す

ソフトウェアの定義についての基本的な理解が得られたので、良いモデリングと設計の実践について検討を始めましょう。MAPPERの原則は、本書のレシピ全体を通して随所に登場します。以降の章では、シンプルな公理「モデル：抽象的、部分的、かつプログラム可能な現実の説明」を基に、優れたソフトウェアモデルを構築するための原則、経験則、レシピ、ルールを導き出していきます。本書におけるソフトウェアの定義は「MAPPERの原則に従うシミュレータ」です。

公理

公理とは、証明なしに真であると仮定される命題または主張です。公理は論理的な推論や演繹の枠組みを構築する基礎となります。これは、基本的な概念と関係性を確立することで実現されます。

2.8 唯一無二のソフトウェア設計原則

ソフトウェア設計を単一の最小限のルールに基づいて構築することで、シンプルで優れたモデルを作り出すことができます。基本的な原則を最小限に絞り、それを出発点として使うことで、一つの定義から一連のルールを導き出すことが可能になります。

> 各要素の振る舞いは、それがシステムの理解に役立つ限り、アーキテクチャの一部となります。要素の振る舞いは、それらが互いに、そして環境とどのように相互作用するかを具現化します。これは明らかに我々のアーキテクチャの定義の一部であり、システムが示す特性、たとえば実行時のパフォーマンスに影響を与えます。
>
> —Len Bass 他著、『Software Architecture in Practice, 4th Edition』（Addison-Wesley Professional、和書『実践ソフトウェアアーキテクチャ』日刊工業新聞社）

ソフトウェアの品質特性の中で最も過小評価されているものの一つが予測可能性です。多くの書籍は、ソフトウェアは高速で、信頼性が高く、堅牢で、観察可能で、安全であるべきだと教えます。しかし、予測可能性が設計の優先事項の上位5つに入ることはめったにありません。思考実験として、次の一つの原則だけに従ってオブジェクト指向ソフトウェアを設計することを考えてみましょう（**図2-1**）。その原則とは「各ドメインオブジェクトは計算可能なモデル内で単一のオブジェクトで表されなければならず、その逆もまた然りである」というものです。そして、この単一の前提からすべての設計ルール、経験則、レシピを導き出し、本書のレシピに従ってソフトウェアを予測可能にすることを目指しましょう。

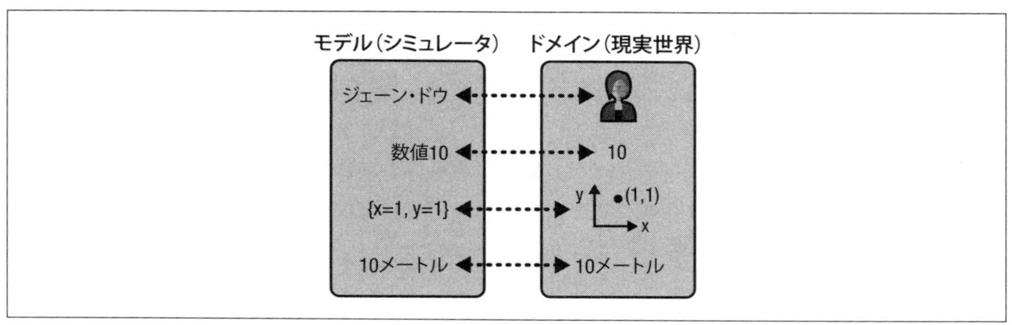

図2-1　モデルのオブジェクトと現実世界のエンティティの関係が 1 対 1 である様子

問題

本書のクリーンコードのレシピを読むと、業界で使用されている多くの言語実装が単一の公理ルールを無視しており、それが膨大な問題を引き起こしていることがわかります。現代の多くの言語は、30～40 年前のソフトウェア開発で直面した実装上の課題に対処するために設計されています。当時は資源が限られており、プログラマが計算を最適化する必要がありました。しかし、現在ではこういった問題はほとんど発生しません。本書のレシピは、これらの問題を認識し、理解し、対処するのに役立ちます。

モデルによる問題解決

どのような種類のモデルを構築する場合でも、現実世界で起こる条件をシミュレートすることが重要です。シミュレーションにおいて関心のある各要素を追跡し、それらに刺激を与えて、現実世界での変化と同じように変化するかどうかを観察できます。気象学者は数学的モデルを使用して天気を予測し、多くの科学分野はシミュレーションに依存しています。物理学では、現実世界の法則を理解し予測するために統一モデルを探求しています。機械学習の出現により、現実世界での振る舞いを視覚化するための複雑なモデルも構築できるようになりました。

全単射の重要性

数学において**全単射**（bijection）とは、2 つの集合間で要素が **1 対 1 で対応**する関数のことです。具体的には、定義域の各要素が値域のちょうど 1 つの要素に対応し、値域の各要素も定義域のちょうど 1 つの要素に対応する関数を指します。

一方、**同型写像**（isomorphism）は、2 つの数学的構造間のより強力な対応関係です。同型写像は全単射であり、さらに構造を保持する性質を持ちます。つまり、2 つの構造間の演算や関係性が保たれるだけでなく、構造自体の性質も保持されます。

ソフトウェアの領域では、現実世界の1つの実体を表すのは常にただ1つのオブジェクトであるべきです。この全単射の原則に従わない場合に何が起こるか見てみましょう。

全単射を破る一般的なケース

全単射の原則に違反する一般的な4つのケースを以下に示します。

ケース1

計算モデル内で、1つのオブジェクトが複数の現実世界の実体を表している場合です。たとえば、多くのプログラミング言語では、長さや重さなどの物理量をスカラー値だけで表現します。このシナリオで何が起こるかを、**図2-2** に示します。

- 現実世界では全く異なる2つの量である **10メートル**と **10インチ**を、1つのオブジェクト（**数値10**）で表現できてしまいます。
- それらは加算が可能であり、モデル上で**数値10**（**10メートル**を表す）に**数値10**（**10インチ**を表す）を加えると、**数値20**（単位が不明確）となってしまいます。

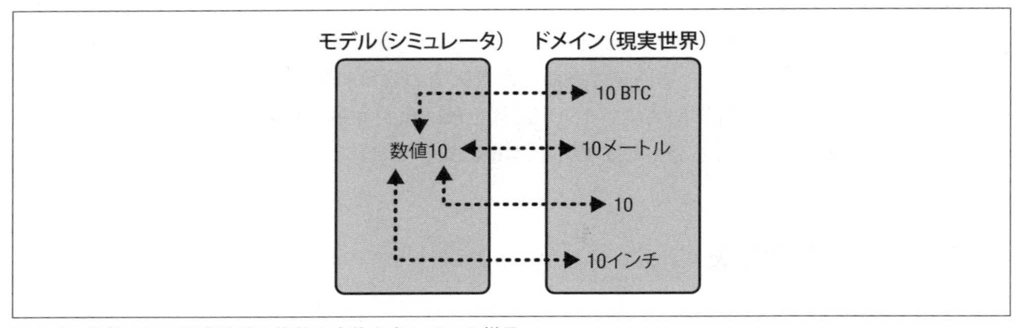

図2-2　数値10が現実世界の複数の実体を表している様子

このケースでは全単射が破られており、問題が発生します。しかし、常にタイミングよくこの問題に気づくことができるわけではありません。これは意味的な問題であり、失敗が起きてから時間が経った後でエラーとなる場合もあります。その有名な例がマーズ・クライメイト・オービターの事例です。

マーズ・クライメイト・オービター

マーズ・クライメイト・オービターは、1998年にNASAによって打ち上げられた火星探査機で、火星の気候と大気を研究することを目的としていました。しかし、宇宙船の誘導・航行システムに問題があったため、ミッションは失敗に終わりました。宇宙船のスラスターはメートル法の単位を使用するようにプログラムされていましたが、地上の管制チームはヤード・ポンド法の単位を使用していました。このエラーにより、宇宙船は火星の表面に近づき過ぎ、火星の大気に入ると破壊されてしまいました。マーズ・クライメイト・オービターの問題は、計測単位を適切に調整・変換することに失敗したことにより、宇宙船の軌道に致命的なエラーが生じたことでした。つまり、探査機は異なる計測単位を混同した結果、爆発したのです。これはNASAにとって大きな挫折であり、1億2500万ドルの損失をもたらしました。この事故を機に、NASAは安全とミッション保証のための新しい部署を設立するなど、重要な改革を実施しました（「レシピ17.1　隠された前提の明確化」を参照）。

ケース2

計算モデル内において、同一の現実世界の実体を2つのオブジェクトで表している場合を想定しましょう。たとえば現実世界で、ある種目で競技者として参加しつつ、別の種目では審判を務めるアスリート**ジェーン・ドウ**がいるとします。現実世界の1人の人物は、計算モデルでも1つのオブジェクトであるべきです。必要最小限の振る舞いだけをモデル化し、部分的なシミュレーションを達成することが重要です。

ジェーン・ドウを表す2つの異なるオブジェクト（競技者と審判）がある場合、いずれかのオブジェクトに何かしらの責務を割り当てたとき、それがもう一方のオブジェクトに反映されていなければ、遅かれ早かれ一貫性に欠ける状況が生じます（**図2-3**）。

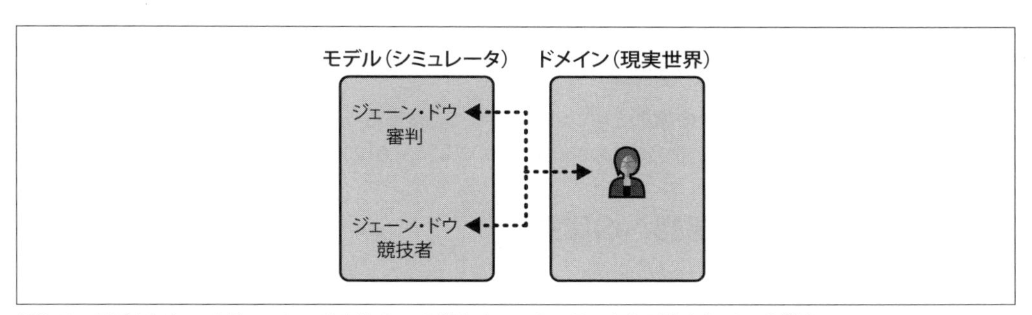

図2-3　モデルにおいてジェーン・ドウは2つの異なるエンティティとして表されている様子

ケース3

ビットコインウォレットは、アドレスや残高などの属性のみを持つ貧血オブジェクトとして表されることがあります（「レシピ3.1　貧血オブジェクトのリッチオブジェクトへの変換」を参照）。一方で、トランザクションの受け取り、ブロックチェーンへの書き込み、残高の照会などの責務を持つリッチオブジェクトとして表すこともできます。これらは同じ概念に関連しているためです。

エンティティを単なる属性の集合として見なすのではなく、それらを振る舞いを持つオブジェクトとして考え、相互作用の文脈に応じて異なる役割を果たす同一のオブジェクトであると理解する必要があります。3章には、オブジェクトを具象化し、それらを振る舞いを持つエンティティに変換するためのいくつかのレシピが含まれています。

オブジェクトの具象化

オブジェクトの**具象化**[†2]は、抽象的な概念やアイデアに具体的な形を与えるプロセスです。これにより、特定の概念やアイデアを表現すると同時に、データのみを持つ貧血オブジェクトに振る舞いを追加し、より機能的なオブジェクトに変換します。具象化を通じて、抽象的な概念を体系的かつ構造的に操作し、より効果的にソフトウェアモデル内で表現することができるようになります。

ケース4

ほとんどの現代のオブジェクト指向プログラミング言語では、**日、月、年**から**日付**オブジェクトを作成できます。たとえば2023年11月31日という存在しない日付を入力した場合、多くの一般的なプログラミング言語は自動的にこれを有効な日付（おそらく2023年12月1日）に変換して返します。

これは一見便利な機能のように見えますが、データ入力時のエラーを隠蔽してしまう危険性があります。また、無効な日付を含むデータが処理されると、エラーの根本原因から遠く離れた場所で問題が発生する可能性があります。これは、フェイルファストの原則に反することになります（13章を参照）。

フェイルファストの原則

フェイルファストの原則とは、エラーが発生した場合、それを無視して後で失敗するのではなく、できるだけ早期に実行を中断すべきだという原則です。

モデルを構築する際の言語への影響

本書は、汚く、非宣言的で、理解しづらく、早すぎる最適化が施されたコードを改善することについて扱います。サピア＝ウォーフの仮説によれば、私たちが使用する言語は、世界を認識する方法に影響を与えます。したがって、オブジェクトや振る舞いを表現するための適切なメタファーが必要不可欠です。

サピア＝ウォーフの仮説

サピア＝ウォーフの仮説（言語的相対論とも呼ばれる）は、人間の言語構造と語彙がその人の周囲の世界に対する知覚に影響し、形作る可能性があると提唱するものです。あなたが話す言語は現実を反映し、表現するだけでなく、それを形作り、構築する役割も果たします。これは、世界についてどのように考え、経験するかは、それを記述するために使う言語によって部分的に決定されることを意味します。

オブジェクトを「データを保持するもの」と考えると、モデルは**全単射**の特性を失い、現実世界

†2　訳注：オブジェクトとして具体的に表現すること。

とモデルの間の対応関係が崩れてしまいます。関連するレシピは3章で多く紹介します。オブジェクトをデータを保持するものとして扱う場合、あなたが作成する計算モデル（ソフトウェア）は、現実世界を正確に予測し、シミュレートすることができなくなります。顧客は、あなたのソフトウェアがもはや役に立たないことに気づくでしょう。これはソフトウェアの欠陥（一般に、そして不適切にも「バグ」と呼ばれる）のよくある原因です。

バグ

バグという用語はこの業界でよく見られる間違った認識です。本書では「欠陥」という言葉を使います。元々の「バグ」という言葉は、熱を持った回路に侵入する昆虫がソフトウェアの出力を乱すことに由来していました。しかし、今はそうではありません。外部からの侵入者ではなく、何かを付け加えた結果として生じるものに関連しているため、「欠陥」という用語を使用することを推奨します。

3章
貧血モデル

正しさは明らかに最も重要な品質です。システムが期待される動作をしないのであれば、そのほかの品質はほとんど重要ではありません。

— Bertrand Meyer 著、『Object-Oriented Software Construction』（邦訳『オブジェクト指向入門』翔泳社）

はじめに

ドメインモデル貧血症、または単に貧血オブジェクトと呼ばれるものは、実質的な振る舞いを持たず、属性のみで構成されるオブジェクトです。これらは主にデータの保存を目的とするため、「データオブジェクト」とも呼ばれます。そのデータに対して意味のある操作を行うメソッドが欠如しているのが特徴です。

ゲッターや**セッター**を通じて外部にデータを公開することは、**カプセル化**の原則を侵害する可能性があります。これらによって、オブジェクト自身ではなく外部のソースがデータにアクセスし変更できるようになるためです。これはオブジェクトが意図しない変更や破損を受けやすくなる原因となります。

貧血モデルを使うような設計は、データの操作に焦点を当てる、より手続き型のプログラミングスタイルに陥りやすくなります。本来は、データを意味のある振る舞いを持つオブジェクトにカプセル化することが重要です。本書では、このような問題を解決する**リッチ**オブジェクトの作成を推奨しています。リッチオブジェクトは、より堅牢な振る舞いのセットを持ち、意味のある操作を実行でき、重複したロジックを避けるための単一のアクセスポイントを提供します。

カプセル化

カプセル化とは、オブジェクトの責務を保護することを指します。これは通常、実際の実装を抽象化することで達成できます。また、オブジェクトのメソッドへのアクセスを制御する方法も提供します。多くのプログラミング言語では、オブジェクトの属性やメソッドの可視性を指定でき、これによりプログラムのほかの部分からのアクセスや変更の可否が決まります。これにより、開発者はオブジェクトの内部実装の詳細を隠蔽し、プログラムのほかの部分が使用するために必要な振る舞いのみを公開できます。

レシピ3.1　貧血オブジェクトのリッチオブジェクトへの変換

問題

オブジェクトを外部操作から保護し、データや構造ではなく振る舞いを公開することで、変更の影響範囲を制限したい場合。

解決策

すべての属性を非公開（プライベート）にしましょう。

考察

ドメインが進化し、音楽業界の顧客のビジネスルールに対応する必要が生じたとします。例えば、曲にジャンルを関連付ける必要があり、これを追加しなければならないとします。また、重要な属性を保護したいとも考えているとしましょう。まず、実世界の曲のメタデータを表すクラス定義を示します。

```
public class Song {
  public String name;
  public String authorName;
  public String albumName;
}
```

この例では、Song をタプル（一定数のデータをまとめたデータ構造）として扱っています。実現したいことは、アーティストやアルバムを編集することです。コード内の複数箇所でこれらの属性を操作している場合、曲についてのデータへの操作が繰り返され、変更の影響が広範囲に及びます。

属性の可視性を public から private に変更しましょう。

```
public class Song {
  private String name;
  private Artist author; // プリミティブ型の代わりに
  private Album album;   // リッチオブジェクトを参照します

  public String albumName() {
    return album.name();
  }
}
```

この変更後は、ほかのオブジェクトからは Song のカプセル化を実現する公開メソッドを使用する必要があります。

可視性を `private` に変更すると、属性を扱う新しいメソッドを追加しない限り、その属性にアクセスできなくなります。外部からの操作は通常、システム全体から行われます（「レシピ 10.1 重複コードの除去」を参照）。オブジェクトが `public` 属性を持つと、予期せぬ方法で変更される可能性があります。

2 章で定義した MAPPER の原則に従い、オブジェクトは振る舞いに基づいて設計するべきであり、データのみをモデル化する貧血オブジェクトは避けるべきです。Java、C++、C#、Ruby などの言語には属性の可視性を制御する機能がありますが、JavaScript のようにまったくない言語もあります。Python や Smalltalk では、可視性は文書化されるものの言語によっては強制されません。属性の可視性を変更することは、安全なリファクタリングではありません。既存の依存関係を破壊する可能性があるためです。

このレシピやほかの多くのレシピを適用する際は、コードの振る舞いを変更する過程で生じうる欠陥から保護するための包括的なテストスイートが安全網として必要です。Michael Feathers は著書『Working Effectively with Legacy Code』（邦訳『レガシーコード改善ガイド』翔泳社）で、この安全網の作成と維持について詳述しています。

関連するレシピ

- レシピ 3.5 属性から自動生成されるゲッターやセッターの除去
- レシピ 10.1 重複コードの除去

レシピ 3.2 オブジェクトの本質の見極め

問題

オブジェクトの不変条件を特定し（「レシピ 13.2 事前条件の強制」を参照）、それらを常に満たされた状態に保ちたい場合。

解決策

オブジェクトの本質的な属性や振る舞いの変更を防ぎましょう。オブジェクト作成時に本質的な属性を設定し、一度オブジェクトを作成した後はそれらが変更されないように保護しましょう。

考察

現実世界の実体には、その実体を特定の事物たらしめる本質的な特性があります。この本質的な特性は、現実世界の事物とソフトウェア内のオブジェクトの間に**全単射**の関係を作り出します。この本質はオブジェクトの DNA のようなもので、一度定義されたら変更や操作することはできません。一方で、オブジェクトは本質的ではなく偶発的な方法で変化することがあります。

本質的と偶発的[†1]

コンピュータ科学者 Fred Brooks は著書『The Mythical Man-Month』（邦訳『人月の神話』丸善出版）で、ソフトウェアエンジニアリングにおける複雑さをアリストテレスの定義を用いて「偶発的」と「本質的」に分類しました。

「本質的」複雑さは解決すべき問題に固有のもので避けられません。これは、システムが意図したとおりに機能し、現実世界に存在するために必要な複雑さです。たとえば、宇宙船の着陸システムの複雑さは、探査機を安全に着陸させるために必要不可欠なものです。

一方、「偶発的」複雑さは、解決すべき問題の性質ではなく、システムの設計や実装方法から生じるものです。これは良い設計により軽減できます。不必要な偶発的複雑さは、ソフトウェアにおける最大の問題の一つで、本書では多くの解決策を紹介しています。

たとえば、Date オブジェクトの月を変更する操作を考えてみましょう。

```
const date = new Date();
date.setMonth(4);
```

この操作は多くのプログラミング言語で許可されていますが、現実世界の日付の概念とは矛盾します。月は日付の本質的な要素であり、変更すると元の日付とは異なるものになります。setMonth() を単一の引数で呼び出すと、月の値のみが設定され、日と年の値は変更されません。

このような変更は、波及効果によりシステム全体に予期せぬ影響を及ぼす可能性があります。たとえば、先ほど作成した日付が payment というオブジェクトで支払い期限として使われているとします。その日付の本質を変更した場合、支払い期限はひっそりと影響を受けます。より良いアプローチは、defer()[†2]のような現実世界に対応した振る舞いを提供するメソッドを呼び出して、payment の参照を新しい日付に変更することです。この変更は payment オブジェクトにのみ影響し、引き起こす波及効果は限定的です。

波及効果

波及効果とは、システムの一部に加えられた変更や修正が、システムのほかの部分に意図しない結果をもたらすことを指します。特定のオブジェクトに変更を加えると、それに依存するシステムのほかの部分に影響を与える可能性があり、それらの部分にエラーや予期せぬ動作を引き起こす可能性があります。

より良いアプローチは、不変の日付オブジェクトを使用することです。

†1　訳注：Fred Brooks 著、『人月の神話』（丸善出版）では「偶発的」ではなく「偶有的」という訳語が使われていますが、一般的に理解しやすいと思われる「偶発的」という訳語を本書では採用します。

†2　訳注："defer" は「延期する」という意味です。

```
const date = new ImmutableDate("2022-03-25");
// 日付の本質が特定され、これ以降は変更されません
```

この場合、一度日付を作成すると、それは不変となります。これにより、その日付が常に同じ現実世界の実体に対応することを信頼できます。どの属性や振る舞いが本質的であり、どれが偶発的であるかをモデル化することが重要です。現実世界で**本質的**なものは、プログラム内のモデルでも**本質的**でなければならず、その逆も同様です。

現代の多くのプログラミング言語では、オブジェクトの本質を適切に識別し保護する機能が不足しています。`Date` クラスはその一般的な例です。ただし、ほとんどの言語で、その代替となる日付や時間の操作のための堅牢なライブラリやパッケージが用意されています。

関連するレシピ

- レシピ 5.3　本質に対する変更の禁止
- レシピ 17.11　波及効果の回避

レシピ 3.3　オブジェクトからのセッターの除去

問題

セッターを使用した外部からのオブジェクト操作を防ぎ、不変性を保ちたい場合。

解決策

属性をプライベートにし（「レシピ 3.1　貧血オブジェクトのリッチオブジェクトへの変換」を参照)、すべてのセッターを削除しましょう。

考察

以下は、セッターを持つ `Point` クラスの典型的な例です。

```
public class Point {
  protected int x;
  protected int y;

  public Point() { }

  public void setX(int x) {
    this.x = x;
  }

  public void setY(int y) {
    this.y = y;
```

```
  }
}

Point location = new Point();
// この時点では、どの点を表しているか不明確です
// コンストラクタの実装に依存しています
// null または何らかの規約による初期値かもしれません

location.setX(1);
// 現在、点 (1,0) を表しています

location.setY(2);
// 現在、点 (1,2) を表しています

// 本質的な属性を設定する場合は
// それらをコンストラクタに移動し、セッターメソッドを削除しましょう
```

レシピを適用してセッターを削除した後の簡潔なバージョンを次に示します。

```
public class Point {
  public Point(int x, int y) {
    this.x = x;
    this.y = y;
  }

  // セッターを削除しました
}

Point location = new Point(1, 2);
```

セッターは変更可能性（5 章を参照）と貧血モデルを助長します。オブジェクトを変更する場合は、変更を副作用として伴うメソッドを呼び出すべきです。これはまた、「求めるな、命令せよ（Tell, don't ask）」の原則にも従っています。

「求めるな、命令せよ（Tell, Don't Ask）」の原則

「求めるな、命令せよ」の原則は、オブジェクトとの相互作用の方法を示すものです。この原則に従えば、オブジェクトの内部データを直接問い合わせるのではなく、メソッドを呼び出してオブジェクトに特定の振る舞いを実行するよう命じます。

オブジェクトにセッターを追加すると、予期せぬ方法で変更可能になり、複数の場所でオブジェクトの整合性を維持するためのチェックが必要になります。これはコードの重複につながります（「レシピ 10.1　重複コードの除去」を参照）。また、`setXXX()` という名前のメソッドは、MAPPER 原則に反します。これは、このような振る舞いが現実世界にはほとんど対応するものがないためです。さらに、4 章で見るように、オブジェクトの本質を変更できるべきではありません。

多くのプログラミング言語では日付を変更することが可能です（例：`date.setMonth(5)`）が、これらの操作は、変更された日付オブジェクトに依存するすべてのオブジェクトに波及効果を与えます。

関連するレシピ

- レシピ 3.5　属性から自動生成されるゲッターやセッターの除去
- レシピ 3.7　空のコンストラクタの除去と適切な初期化の実施
- レシピ 3.8　ゲッターの除去

レシピ 3.4　貧弱なコード生成ツールの利用の廃止

問題

貧弱なコード生成ツールを使用しているが、属性をより細かく制御してリッチなオブジェクトを生成し、コードの重複を避け、データではなく振る舞いに焦点を当てたい場合。

解決策

コード生成ウィザード（対話式のコード生成ツール）やジェネレーター（自動コード生成ツール）の利用をやめましょう。繰り返しの作業を避けたい場合は、「レシピ 10.1　重複コードの除去」を適用し、繰り返される振る舞いを持つ中間オブジェクトを作成しましょう。

考察

コード生成ウィザードは 1990 年代に流行しました。多くのプロジェクトはコードの行数で評価され、大規模なコードベースが望ましいとされていました。クラステンプレートに属性を入力すると、コード生成ツールが自動的にコードを生成するというものです。これはコードの重複と保守が困難なシステムを生み出しました。

今日では、**Codex**、**Code Whisperer**、**ChatGPT**、または **GitHub Copilot** のような AI コーディング支援ツールがプロンプトに応じて同様の方法でコードを生成します。前述のレシピで議論したように、貧血症のコードは避けるべきですが、現在の AI コーディング支援ツールの技術水準では、そのような単純な構造のコードが生成されてしまいます。

メタプログラミングを使用して生成された貧血クラスの例を以下に示します（メタプログラミングについては 23 章を参照）。

```
AnemicClassCreator::create(
    'Employee',
    [
        new AutoGeneratedField(
            'id', '$validators->getIntegerValidator()'),
        new AutoGeneratedField(
            'name', '$validators->getStringValidator()'),
```

```
        new AutoGeneratedField(
            'currentlyWorking', '$validators->getBooleanValidator()')
    ]);
```

メタプログラミングは内部で自動的にセッターとゲッターを作成します。

```
getId()、setId()、getName()、…
// どういったバリデーションが行われるかは明示的ではありません
```

こうしたクラスは自動読み込み機能（オートローダー）を使用してロードされます。

```
$john = new Employee;
$john->setId(1);
$john->setName('John');
$john->setCurrentlyWorking(true);
$john->getName();
// 'John'を返します
```

本レシピを適用してこのコードを改善するには、コードを明示的で、読みやすく、デバッグ可能にする必要があります。

```
final class Employee {
    private $name;
    private $workingStatus;

    public function __construct(string $name, WorkingStatus $workingStatus) {
        // コンストラクタおよび初期化コードはここに記述します
    }

    public function name(): string {
        return $this->name;
        // これはゲッターではありません。
        // 従業員が自分の名前を伝えるのはその人の責務です。
        // 偶然、属性名とメソッド名が一致しているだけです。
    }
}

// 自動生成されたセッターやゲッターはありません。
// すべてのメソッドは明示的に定義され、デバッグが容易です。
// バリデーションは明示的に書く必要がありません。
// なぜなら、WorkingStatus オブジェクトが正しく生成された時点で、
// その値が有効であることが保証されているからです。

$john = new Employee('John', new HiredWorkingStatus());
$john->name(); // 'John'を返す
```

この方法は一見面倒に見えるかもしれませんが、コードを明示的に扱い、適切な抽象化を見出すことは、貧血症なコードを生成するよりもはるかに優れたアプローチです。

関連するレシピ

- レシピ 10.1　重複コードの除去
- レシピ 23.1　メタプログラミングの使用の停止

レシピ 3.5　属性から自動生成されるゲッターやセッターの除去

問題

振る舞いについて考慮せず、属性からゲッターやセッターを自動生成している場合。そうすることで、貧血オブジェクトが無秩序に生成されてしまいます。

解決策

属性からゲッターやセッターを自動生成せず、必要な振る舞いのみを MAPPER の原則に従って手動で作成しましょう。

考察

貧血オブジェクトとセッターの使用は、オブジェクトの整合性を保つことを難しくし、フェイルファストの原則に反します。このトピックに関しては 13 章で詳しく説明しています。以下のコードは、`name` 属性から自動的に `getName()` と `setName()` という貧弱なアクセサメソッドを生成する `Person` オブジェクトの例です。

```
class Person
{
  public string name
  { get; set; }
}
```

属性からゲッターやセッターを自動生成する機能は貧血オブジェクトを生み出しやすくします。これを改善するための解決策は以下の通りです。

```
class Person
{
  private string name;

  public Person(string personName)
  {
    name = personName;
    // 不変
  }
```

```
    // ゲッターもセッターも定義せず、
    // private 属性 'name' を使用する追加のメソッドを定義します
}
```

セッターと**ゲッター**の無分別な使用は、ソフトウェア業界でよくみられる悪習です。多くのプログラミング言語がこの機能を提供し、多くの IDE もこの慣行を助長しています。単なる利便性のために属性を外部に公開する前に、その必要性と影響を慎重に検討する必要があります。

一部の言語では、貧血モデルや **DTO**（Data Transfer Object：データ転送オブジェクト）の作成を明示的にサポートしています（「レシピ 3.6　DTO の除去」を参照）。このような機能を使用する影響を理解する必要があります。最初のステップは、属性について考えることをやめ、振る舞いにのみ焦点を当てることです。

関連するレシピ

- レシピ 3.1　貧血オブジェクトのリッチオブジェクトへの変換
- レシピ 3.3　オブジェクトからのセッターの除去
- レシピ 3.4　貧弱なコード生成ツールの利用の廃止
- レシピ 3.6　DTO の除去
- レシピ 3.8　ゲッターの除去
- レシピ 4.8　不要な属性の除去

レシピ 3.6　DTO の除去

問題

レイヤー間でオブジェクトをそのまま転送したいが、DTO を使用している場合。

解決策

DTO の使用をやめ、振る舞いを持つドメインオブジェクトを使用しましょう。単純なデータ転送が必要な場合は、配列や辞書を使用できます。オブジェクトの部分的な情報を転送する必要がある場合は、**プロキシ**や **null オブジェクト**（「レシピ 15.1　Null オブジェクトの作成」を参照）を使用して参照関係を適切に管理できます。

考察

DTO

DTO（データ転送オブジェクト）は、アプリケーションの異なるレイヤー間でデータを転送するために使用されます。DTO はシンプルで、シリアライズ可能で、不変なオブジェクトであり、アプリケーションのクライアントとサーバー間でデータを運ぶために使われます。DTO

の唯一の目的は、アプリケーションの異なる部分間でデータを交換するための標準的な方法を提供することです。

DTO や**データクラス**は、広く使われている貧血オブジェクトです。これらは単にデータを保持するだけで、ビジネスルールを含んでいないため、データの整合性や妥当性を保証することができません。そのため、DTO やデータクラスの整合性や妥当性を検証するためのロジックは、アプリケーションの異なる部分で何度も繰り返し実装されがちで、コードの重複につながります。一部のアーキテクチャスタイルでは、ドメインオブジェクトごとに対応する DTO を作成することを推奨しています。しかし、この方法は貧血オブジェクトで名前空間を埋め尽くし、システムの保守を難しくします。なぜなら、ドメインオブジェクトを変更する必要がある場合、対応する DTO も更新しなければならず、多くの重複作業が発生するからです。

DTO は貧弱で、一貫性のないデータを運ぶ可能性があり、コードの重複を強制し、無用なクラスで名前空間を汚染し（「レシピ 18.4　グローバルクラスの除去」を参照）、波及効果を引き起こします。また、システム全体でデータが複製される可能性があるため、データの整合性を維持することが難しくなります。

ここでは、ある場所から別の場所へ情報を運ぶためのドメインクラス SocialNetworkProfile と、それに関連する DTO である SocialNetworkProfileDTO の例を紹介します。

```
final class SocialNetworkProfile {

    private $userName;
    private $friends; // friends は大規模な友人リストへの参照
    private $feed;    // feed はユーザーのフィード全体への参照

    public function __construct($userName, $friends, UserFeed $feed) {
        $this->assertUsernameIsValid($userName);
        $this->assertNoFriendDuplicates($friends);
        $this->userName = $userName;
        $this->friends = $friends;
        $this->feed = $feed;
        $this->assertNoFriendOfMyself($friends);
    }
}

// 外部システムに転送する場合、構造を複製（およびメンテナンス）する必要があります

final class SocialNetworkProfileDTO {

    public $userName; // 同期のために複製
    public $friends;  // 同期のために複製
    public $feed;     // 同期のために複製

    public function __construct() {
        // 検証のない空のコンストラクタ
    }
```

```
    // シリアライズ用のメソッドのみを持ちます
}

// 外部システムに転送する場合、貧弱な DTO を作成します
$janesProfileToTransfer = new SocialNetworkProfileDTO();
```

貧弱な DTO を使用しない、より明示的なバージョンは以下の通りです。

```
final class SocialNetworkProfile {

    private $userName;
    private $friends;
    private $feed;

    public function __construct(
        $userName,
        FriendsCollection $friends,
        UserFeedBehavior $feed) {
            $this->assertUsernameIsValid($userName);
            $this->assertNoFriendDuplicates($friends);
            $this->userName = $userName;
            $this->friends = $friends;
            $this->feed = $feed;
            $this->assertNoFriendOfMyself($friends);
    }
    // プロフィールに関連した多くのメソッド
    // シリアライザ用のメソッドはありません
    // 振る舞いや属性の重複もありません
}

interface FriendsCollectionProtocol { }

final class FriendsCollection implements FriendsCollectionProtocol { }

final class FriendsCollectionProxy implements FriendsCollectionProtocol {
    // プロキシとしての振る舞いを提供するメソッド群
    // 軽量なオブジェクトとして転送され、必要に応じてコンテンツを取得できます
}

abstract class UserFeedBehavior { }

final class UserFeed extends UserFeedBehavior { }

final class NullFeed extends UserFeedBehavior {
    // 振る舞いの中で必要に応じて投げられるエラー
}

// 外部システムに転送する場合も、有効なオブジェクトを作成する
$janesProfileToTransfer = new SocialNetworkProfile(
    'Jane',
    new FriendsCollectionProxy(),
```

```
    new NullFeed()
);
```

このレシピに従うことで、（シリアライザ、コンストラクタ、セッターなど以外の）ビジネスオブジェクトの振る舞いがない**貧血**クラスを特定し、除去することができます。

DTO は一部のプログラミング言語において、広く受け入れられ確立された手法の一つです。しかし、DTO は慎重かつ責任を持って使用する必要があります。オブジェクトを分解して境界を越えて転送する場合、分解されたオブジェクトはデータの整合性の観点から非常に慎重に扱う必要があります。

関連するレシピ

- レシピ 3.1　貧血オブジェクトのリッチオブジェクトへの変換
- レシピ 3.7　空のコンストラクタの除去と適切な初期化の実施
- レシピ 16.1　オブジェクトにおける ID の回避
- レシピ 17.13　ユーザーインターフェースからのアプリケーションロジックの分離

関連項目

- Martin Fowler、「Local DTO」（https://oreil.ly/OmEg8）
- Refactoring Guru、「Data Class」（https://oreil.ly/XdV_U）

レシピ 3.7　空のコンストラクタの除去と適切な初期化の実施

問題

本質的な初期化処理を持たない空のコンストラクタを使用しており、現実世界に存在しない不完全なオブジェクトが作成される可能性がある場合。

解決策

オブジェクトを作成する際に、すべての必須の引数を渡す完全で単一のコンストラクタを使用しましょう。

考察

引数なしで作成されたオブジェクトは、多くの場合変更可能で、予測不可能かつ一貫性がありません。引数のないコンストラクタは、後から危険な方法で変更される可能性のある、不完全なオブジェクトを生成するというコードの不吉な臭いです。不完全なオブジェクトは多くの問題を引き起こします。オブジェクトを作成した後でその本質的な振る舞いを変更すべきではありません。変更可能な場合、その時点からすべての参照が信頼できなくなります。この問題については、5 章で詳しく議論します。多くの言語では無効なオブジェクト（例えば空のDateオブジェクト）を作成することができてしまいます。

以下に、貧弱で、変更可能で、一貫性のない人物オブジェクトのコンストラクタの例を示します。

```
public Person();
// 貧血症で変更可能です
// 妥当な人物オブジェクトとしての本質を持っていません
```

本質的な属性を持つより良いPersonモデルは以下のようになります。

```
public Person(String name, int age) {
    this.name = name;
    this.age = age;
}
// オブジェクトの本質的な属性をコンストラクタで設定します
// これにより、オブジェクトの状態が後から変更されることを防ぎます
```

状態を保持しないオブジェクトは、このレシピの適用対象外となる正当な例です。このようなオブジェクトには、このレシピを適用すべきではありません。

静的型付け言語の一部の永続化フレームワークは、引数のないコンストラクタを要求します。これは望ましくない設計ですが、対応せざるを得ない場合もあります。ただし、これは不適切なモデルの抜け穴となる可能性があるため、常に完全なオブジェクトを作成し、その本質を不変にして時間が経過してもその状態を維持すべきです。

すべてのオブジェクトは、生成時に本質的な特性が有効である必要があります。これはプラトンの本質的不変性の考えに関連しています。年齢や物理的な場所のような付随的な特性は変化することがあります。一方、不変オブジェクトは現実世界との全単射の関係を維持しやすく、時間が経過しても一貫性を保ちます。

関連するレシピ

- レシピ3.1　貧血オブジェクトのリッチオブジェクトへの変換
- レシピ3.3　オブジェクトからのセッターの除去
- レシピ3.8　ゲッターの除去
- レシピ11.2　多過ぎる引数の削減

レシピ3.8　ゲッターの除去

問題

オブジェクトの内部実装の詳細を隠蔽し、外部からのアクセスを適切に制御したいが、ゲッター

の使用によってカプセル化が破られている場合。

解決策

オブジェクトのゲッターをなくし、代わりにデータではなく振る舞いに基づいた明示的なメソッドを作成しましょう。これらのメソッドはドメイン固有の名前を使用し、実装の詳細を保護します。

考察

getXXX という形式のメソッド名を避けることで、情報の隠蔽とカプセル化の原則を重視することができます。これにより、設計の柔軟性が高まり、変更に対してより耐性を持つようになります。一方、ゲッターを多用するモデルは通常、密結合でカプセル化が不十分になります。

情報の隠蔽

情報の隠蔽は、ソフトウェアシステムの内部動作をその外部のインターフェースから分離することで、システムの複雑さを軽減する手法です。これにより、ほかのシステムやユーザーの利用方法に影響を与えることなく、システムの内部実装を変更することが可能になります。
情報の隠蔽を達成する一つの方法は、適切な抽象化を用いることです。MAPPER の原則に基づいて抽象化を行うことで、システムの機能に関してシンプルな理解が可能となり、根底にある複雑な詳細を隠蔽することができます。

次は典型的なウィンドウの実装例です。

```
final class Window {
    public $width;
    public $height;
    public $children;

    public function getWidth() {
        return $this->width;
    }

    public function getArea() {
        return $this->width * $this->height;
    }

    public function getChildren() {
        return $this->children;
    }
}
```

このコードのように、ウィンドウの属性に直接アクセスするためのゲッターは避けるべきです。以下のコードは元のバージョンとは互換性はありませんが、ウィンドウの実際の振る舞いに焦点を当てたより良い実装例です。

```
final class Window {
    private $width;
    private $height;
    private $children;

    public function width() {
        return $this->width;
    }

    public function area() {
        return $this->height * $this->width;
    }

    public function addChildren($aChild) {
        // 内部の属性を直接公開しません
        return $this->children[] = $aChild;
    }
}
```

ゲッターが本来の責務と一致する場合もあります。たとえば、ウィンドウがその色を返すのは合理的であり、偶然にもその色を `color` として保存することもあります。したがって、属性 `color` を返す `color()` メソッドは良い解決策となるかもしれません。一方、`getColor()` というメソッドは、実装の詳細を露呈しており、MAPPER の原則に基づく現実世界の概念との対応を破っています。

一部の言語では、アクセサメソッドがプライベートなオブジェクトへの参照を返すことがあります。これはカプセル化を破壊します。また、内部で保持しているコレクションのコピーではなく、直接その参照を返す場合もあるでしょう。その結果、クライアントは適切な保護機能を持つメソッドを使用せずに、直接コレクションの要素を変更、追加、削除できてしまいます。これもまたデメテルの法則に違反します。

デメテルの法則

デメテルの法則は、オブジェクトは直接の隣接オブジェクトとのみやりとりをし、ほかのオブジェクトの内部動作を知るべきではないという法則です。この法則を遵守するためには、オブジェクト間の結合度を低く保つ必要があります。つまり、オブジェクト同士が強く依存し合わないようにします。これにより、システムはより柔軟で保守が容易になり、あるオブジェクトの変更がほかのオブジェクトに意図しない影響を与えにくくなります。

具体的には、オブジェクトは直接の隣接オブジェクトのメソッドのみを利用すべきで、ほかのオブジェクトの内部にアクセスすべきではありません。このアプローチにより、オブジェクト間の結合度が軽減され、システム全体がよりモジュラーで柔軟になります。

```
public class MyClass {
  private ArrayList<Integer> data;

  public MyClass() {
    data = new ArrayList<Integer>();
  }

  public void addData(int value) {
    data.add(value);
  }

  public ArrayList<Integer> getData() {
    return data; // カプセル化を破壊します
  }
}
```

この Java の例では、`getData()` メソッドが内部データコレクションのコピーを作成するのではなく、その参照を返しています。これにより、クラスの外部でコレクションに加えられた変更は、内部データに直接反映され、コードに予期せぬ挙動や欠陥を引き起こす可能性があります。

内部データコレクションの参照を直接返すこの方法は、セキュリティホールになり得るという点に注意が必要です。クライアントがクラスのメソッドを経由せずにオブジェクトの内部状態を変更できてしまうためです（25 章を参照）。

関連するレシピ

- レシピ 3.1　貧血オブジェクトのリッチオブジェクトへの変換
- レシピ 3.3　オブジェクトからのセッターの除去
- レシピ 3.5　属性から自動生成されるゲッターやセッターの除去
- レシピ 8.4　ゲッターのコメントの削除
- レシピ 17.16　クラス間の過度な依存関係の解消

レシピ 3.9　オブジェクトの無秩序な結合の防止

問題

ほかのオブジェクトのカプセル化された属性を侵害するコードがある場合。

解決策

属性を保護し、振る舞いのみを公開しましょう。

考察

オブジェクトの無秩序な結合

オブジェクトの無秩序な結合は、オブジェクトが十分にカプセル化されておらず、その内部へのアクセスが無制限に許可されている状況を指します。これはオブジェクト指向設計における一般的なアンチパターンであり、保守性を低下させ、複雑性を増加させる可能性があります。

オブジェクトを単にデータを保持するものと見なすと、カプセル化の原則を侵害することになります。これは避けるべきです。現実世界と同様に、ほかのオブジェクトの内部にアクセスする際は常に適切な方法で行うべきです。ほかのオブジェクトの属性に直接アクセスすることは、情報隠蔽の原則を破り、強い結合を生み出します。

本質的な振る舞い、インターフェースに依存する方が、データや実装の詳細に依存するよりも望ましいアプローチです。

次のよくある Point の例を考えてみましょう。

```
final class Point {
    public $x;
    public $y;
}

final class DistanceCalculator {
    function distanceBetween(Point $origin, Point $destination) {
        return sqrt((($destination->x - $origin->x) ^ 2) +
            (($destination->y - $origin->y) ^ 2));
    }
}
```

以下は、情報の保存方法に依存せず、「求めるな、命令せよ」の原則に従う、より抽象的な Point です（「レシピ 3.3 オブジェクトからのセッターの除去」を参照）。このようにすることで、Point は内部の具体的な表現を変更し、極座標を用いるようになっても、呼び出し側に影響を及ぼすことはありません。

```
final class Point {
    private $rho;
    private $theta;

    public function x() {
        return $this->rho * cos($this->theta);
    }

    public function y() {
        return $this->rho * sin($this->theta);
    }
```

```
}

final class DistanceCalculator {
    function distanceBetween(Point $origin, Point $destination) {
        return sqrt((($destination->x() - $origin->x()) ^ 2) +
            (($destination->y() - $origin->y()) ^ 2));
    }
}
```

クラスにセッター、ゲッター、公開メソッドが多数存在すると、そのクラスの実装の偶発的な詳細に依存してしまう可能性が高くなります。

関連するレシピ

- レシピ 3.1　貧血オブジェクトのリッチオブジェクトへの変換
- レシピ 3.3　オブジェクトからのセッターの除去

レシピ 3.10　動的属性の除去

問題

クラス内で宣言されていない動的属性[†3]を使用している場合。

解決策

属性は明示的に定義しましょう。

考察

動的属性は、読みにくく、スコープの定義が不明確で、気づきにくいタイプミスを隠してしまう可能性があります。動的属性を禁止している言語を優先して使用すべきです。動的属性は型安全性を損ないます。タイプミスや間違った属性名の使用が容易に起こり得るためです。その結果、特に大規模なコードベースではデバッグが困難なランタイムエラーにつながる可能性があります。また、動的属性はクラスやオブジェクトで定義されている属性と同じ名前になることがあり、名前の衝突の可能性を隠してしまいます。これにより、競合や予期しない動作を引き起こす可能性があります。

動的属性を使用した例を示します。

```
class Dream:
    pass
```

†3　訳注：動的属性とは、クラスで事前に定義されていないにもかかわらず、実行時にオブジェクトに追加される属性のことです。

```
nightmare = Dream()

nightmare.presentation = "私がサンドマンだ"
# presentation はクラス内で事前に定義されていません
# これは動的に追加された属性です

print(nightmare.presentation)
# 出力: "私がサンドマンだ"
```

属性をクラス内で定義する場合は以下のようになります。

```
class Dream:
    def __init__(self):
        self.presentation = ""

nightmare = Dream()

nightmare.presentation = "私がサンドマンだ"

print(nightmare.presentation)
# 出力: "私がサンドマンだ"
```

動的属性は、PHP、Python、Ruby、JavaScript、Objective-C など、多くのプログラミング言語でサポートされています。これらの言語では、動的属性を実行時にオブジェクトに追加でき、通常の属性と同じような構文でアクセスできます。ただし、動的属性の使用は設計上の問題を引き起こす可能性があるため、多くの言語には動的属性の使用を制限するコンパイラオプションが用意されています。

関連するレシピ

- レシピ 3.1 貧血オブジェクトのリッチオブジェクトへの変換
- レシピ 3.5 属性から自動生成されるゲッターやセッターの除去

4章
プリミティブへの執着

プリミティブに対する過度のこだわりがプリミティブへの執着である。
— Rich Hickey

はじめに

多くのソフトウェアエンジニアは、ソフトウェアは「データを操作すること」に関するものだと考えています。オブジェクト指向プログラミングを教える学校や教科書では、現実世界のモデリングについて教える際にデータや属性に焦点を当てます。これが 1980 年代から 1990 年代にかけての大学教育に浸透していた文化的な傾向でした。業界のトレンドは、エンジニアに振る舞いに焦点を当てるのではなく、エンティティ関係図（ERD）を作成してビジネスデータについて考えるように促しました。

データの重要性はこれまで以上に高まっています。データサイエンスが発展し、世界はデータを中心に回っています。データを管理し保護するシミュレータを作成し、情報や偶発的な表現を隠しつつ振る舞いを公開することで、結合を避ける必要があります。本章のレシピは、小さなオブジェクトを識別し、偶発的な表現を隠すのに役立ちます。多くの高凝集な小さなオブジェクトを見出すことで、さまざまな異なる場面で再利用できるようになるでしょう。

凝集度

凝集度は、ソフトウェアのクラスやモジュール内の要素が、単一の明確な目的を達成するためにどの程度協調しているかを示す指標です。高凝集はソフトウェア設計において望ましい特性です。なぜなら、モジュール内の要素が密接に関連し、効果的に協調して特定の目標を達成するからです。

レシピ 4.1 小さなオブジェクトの生成

問題

プリミティブ型のみを属性として持つ大きなオブジェクトがある場合。

解決策

MAPPER モデル内で小さなオブジェクトの責務を見つけ、それらを具象化しましょう。

考察

コンピューティングの初期の時代から、エンジニアは見たもの全てを String、Integer、Collection などの馴染み深いプリミティブデータ型にマッピングしてきました。これらのデータ型へのマッピングは、時に抽象化やフェイルファストの原則に反することがあります。以下の例で見るように、人の名前は単なる文字列とは異なる振る舞いを持っています。

```
public class Person {
    private final String name;

    public Person(String name) {
        this.name = name;
    }
}
```

名前の概念を具象化してみましょう。

```
public class Name {
    private final String name;

    public Name(String name) {
        this.name = name;
        // ここで name の妥当性を検証します
        // Name には独自の生成ルールや比較方法などがあります
        // これらは単なる文字列とは異なる可能性があります
    }
}

public class Person {
    private final Name name;

    public Person(Name name) {
        // Name オブジェクトは生成時に妥当性が確認されているため
        // ここでの追加のバリデーションは不要です
        this.name = name;
    }
}
```

例として、Wordle ゲームの 5 文字の単語を考えてみましょう。Wordle の単語は、単純な 5 文字の文字列（`char(5)`）とは異なる特性と責務をもっています。そのため、Wordle ゲームを作成する場合、通常の `String` や `char(5)` では十分ではありません。たとえば、Wordle の単語には、正解の単語と比較して何文字一致しているかを調べる機能が必要です。これは通常の `String` の責務ではありません。一方で、通常の文字列が持つ機能、たとえば文字列の連結などは、Wordle の単語には必要ありません。

Wordle

Wordle は、ゲームが選んだ 5 文字の単語を 6 回の試行で当てる人気のオンライン単語推測ゲームです。各推測は 5 文字の単語を入力することで行い、ゲームは各文字が正解と一致し、かつ位置も正しいか（緑色の四角で表示）、文字は正解に含まれるが位置が異なるか（黄色の四角で表示）を示します。

ごく一部の重要度の高いシステムでは、抽象化とパフォーマンスの間にトレードオフが存在します。しかし、早すぎる最適化を避けるために（16 章を参照）、現代のコンピュータや仮想マシンの最適化を信頼し、常に実際の使用シナリオでパフォーマンスを測定し、その最適化が本当に必要かどうか判断する必要があります。小さなオブジェクトを見出すのは非常に困難な作業であり、うまく行うには経験が必要で、過度な設計を避けなければなりません。いつ、どのように何をマッピングするかを判断するための銀の弾丸は存在しません。

銀の弾丸などない

「銀の弾丸などない」という概念は、コンピュータ科学者でありソフトウェア工学の先駆者である Fred Brooks が 1986 年のエッセイ「No Silver Bullet: Essence and Accidents of Software Engineering（銀の弾丸などない：ソフトウェアエンジニアリングの本質と偶有的事項）」（https://oreil.ly/XeO8Y）で提唱しました。Brooks は、ソフトウェア開発における全ての問題を解決したり、生産性や効率を劇的に向上させるような単一の解決策やアプローチは存在しないと主張しています。

関連するレシピ

- レシピ 4.2　プリミティブデータの具象化
- レシピ 4.9　日付範囲オブジェクトの具象化

レシピ 4.2　プリミティブデータの具象化

問題

オブジェクトが多くのプリミティブ型を過剰に使用している場合。

解決策

プリミティブ型の代わりに小さなオブジェクトを使用しましょう。

考察

Web サーバーを構築する例を考えてみましょう。

```
int port = 8080;
InetSocketAddress in = open("example.org", port);
String uri = urifromPort("example.org", port);
String address = addressFromPort("example.org", port);
String path = pathFromPort("example.org", port);
```

この単純な例には多くの問題があります。それは「求めるな、命令せよ」の原則（「レシピ 3.3 オブジェクトからのセッターの除去」を参照）とフェイルファストの原則に違反しているというものです。さらに、ソフトウェアを現実世界のモデルとして設計すべきとする MAPPER の原則にも従っていません。また、このコードはサブセットの原則にも違反しています†1。このコードでは「何をするか」と「どのようにするか」が明確に分離されていないため、これらのオブジェクトを使用するために必要な操作が複数の場所に重複して現れてしまいます。

業界では、小さな専門化されたオブジェクトを作成することや、「何をするか」と「どのようにするか」を分離することに関して非常に消極的です。そのような抽象化を見出すためには少し余分な努力が必要だからです。しかし、小さなコンポーネントのインターフェースや振る舞いに着目することが重要であり、どのように物事が機能するかの**内部**を理解しようとする試みはやめるべきです。MAPPER の原則に従い、現実世界のモデルにより忠実な解決策は次のようになるでしょう。

```
Port server = Port.parse(this, "www.example.org:8080");

// Port は責務とインターフェースを持つ小さなオブジェクト
Port in = server.open(this); // Port を返します（数値ではありません）

URI uri = server.asUri(this); // URI を返します
InetSocketAddress address = server.asInetSocketAddress(); // InetSocketAddress を返します
Path path = server.path(this, "/index.html"); // Path を返します
// すべて検証済みの小さな全単射オブジェクトで、非常に少なく正確な責務を持ちます
```

関連するレシピ

- レシピ 4.1 小さなオブジェクトの生成
- レシピ 4.4 文字列の乱用の防止

†1 訳注：たとえば、ポート番号は 0 から 65535 までであるべきですが、ここではそれよりも広い int 型で表してしまっています。

- レシピ 4.7　文字列検証のオブジェクトとしての実装
- レシピ 17.15　データの塊のリファクタリング

関連項目

- Refactoring Guru、「Primitive Obsession」（https://oreil.ly/ByDW-）

レシピ 4.3　連想配列のオブジェクトとしての具象化

問題

現実世界のオブジェクトを表現するのに、振る舞いを持たない単なる連想（**キー/バリュー**）配列を使用している場合。

解決策

ラピッドプロトタイピングの際には連想配列を用いても構いませんが、本格的な開発では適切なオブジェクトを使用しましょう。

考察

ラピッドプロトタイピング

ラピッドプロトタイピングは、製品開発において、エンドユーザーとの検証のために素早く機能するプロトタイプを作成する手法を指します。この手法により、デザイナーやエンジニアは、一貫性があり堅牢で洗練されたクリーンコードを作成する前に、デザインをテストし改良することができます。

連想配列を使うことは、貧弱なオブジェクトにつながります。コード内で連想配列を見つけた場合、本レシピを使って概念を具象化し、それらを置き換えましょう。リッチオブジェクトを持つことは、早期に失敗を発見でき、整合性を維持し、コードの重複を避け、凝集度を高めるため、クリーンコードにとって有益です。

多くの人々はプリミティブ型へ執着しており、このレシピを過剰設計だと考えるかもしれません。しかし、ソフトウェア設計とは、適切な意思決定を行い、さまざまなトレードオフを比較検討することです。かつてはパフォーマンスの観点から小さなオブジェクトの使用を避ける傾向がありましたが、現代の仮想マシンが小さな短命オブジェクトを効率的に扱えるようになったため、そのような懸念は今日では大きく減少しています。

以下に、プリミティブ型に執着した、貧弱なコードの例を示します。

```
$coordinate = array('latitude'=>1000, 'longitude'=>2000);
// これらは単なる配列で、生のデータの集まりに過ぎません
```

次のコードは**全単射の概念**に従っており、より適切です。

```
final class GeographicCoordinate {
    function __construct($latitudeInDegrees, $longitudeInDegrees) {
        $this->longitude = $longitudeInDegrees;
        $this->latitude = $latitudeInDegrees;
    }
}

$coordinate = new GeographicCoordinate(1000, 2000);
// 地球上にこのような座標は存在しないため、エラーを発生させるべきです
```

また、インスタンス化の時点で有効なオブジェクトであることを保証する必要もあります。

```
final class GeographicCoordinate {
    function __construct($latitudeInDegrees, $longitudeInDegrees) {
        if (!$this->isValidLatitude($latitudeInDegrees)) {
            throw new InvalidLatitudeException($latitudeInDegrees);
        }
        $this->longitude = $longitudeInDegrees;
        $this->latitude = $latitudeInDegrees;
    }
}

$coordinate = new GeographicCoordinate(1000, 2000);
// 地球上にこのような座標は存在しないため、エラーが発生します
```

あまり広くは行われませんが、緯度をモデル化するための小さなオブジェクトを作ることもできます（「レシピ 4.1　小さなオブジェクトの生成」を参照）。

```
final class Latitude {
    function __construct($degrees) {
        if (!$degrees->between(-90, 90)) {
            throw new InvalidLatitudeException($degrees);
        }
    }
}

final class GeographicCoordinate {
    function distanceTo(GeographicCoordinate $coordinate) { }
    function pointInPolygon(Polygon $polygon) { }
}

// こうして幾何学の世界を構築できます（もはや単なる配列の世界ではありません）。
// 安全に多くの興味深い操作を行うことができます。
```

オブジェクトを作成する際には、それらを単なる**データ**として考えてはいけません。これはよくある誤解です。全単射の概念に忠実であり続け、現実世界の実体に対応するオブジェクトを作成す

るべきです。

関連するレシピ

- レシピ 3.1　貧血オブジェクトのリッチオブジェクトへの変換

レシピ 4.4　文字列の乱用の防止

問題

文字列に対するパース、分割、正規表現、文字列比較、部分文字列検索など、多くの文字列操作関数を過剰に使用している場合。

解決策

偶発的な文字列操作の代わりに、適切に設計されたオブジェクトを使用しましょう。

考察

文字列を乱用しないようにしましょう。代わりに、適切に設計されたオブジェクトを使用することを心がけましょう。文字列と区別するために、適切な抽象化を見出すことが重要です。次のコードは多くのプリミティブな文字列操作を行っています。

```
$schoolDescription = 'College of Springfield';

preg_match('/[^ ]*$/', $schoolDescription, $results);
$location = $results[0]; // $location は'Springfield'となります

$school = preg_split('/[\s,]+/', $schoolDescription, 3)[0]; // 'College'となります
```

これをより宣言的なコードに変換しましょう。

```
class School {
    private $name;
    private $location;

    function description() {
        return $this->name . ' of ' . $this->location->name;
    }
}
```

現実世界のモデルに基づいて適切なオブジェクトを設計することで、あなたのコードはより宣言的になり、テストしやすくなり、また進化や変更も迅速に行えるようになります。さらに、新しく作成したオブジェクトに対して制約を追加することもできます。実世界のオブジェクトを表現するために単純に文字列を使用することは、プリミティブ型への執着および早すぎる最適化の兆候です

(16章を参照)。確かに、文字列を使用した方がわずかにパフォーマンスが良くなる場合もあります。しかし、本レシピを適用するか、それとも低レベルの文字列操作を行うかの選択に迫られた場合は、常に実際の使用シナリオを作成し、明確で有意な改善が得られるかどうかを慎重に検討しましょう。

関連するレシピ

- レシピ4.2 プリミティブデータの具象化
- レシピ4.7 文字列検証のオブジェクトとしての実装

レシピ4.5 タイムスタンプの適切なモデル化

問題

コードで単に順序付けが必要なだけのケースで、タイムスタンプに依存している場合。

解決策

単なる順序付けのためにタイムスタンプを使用しないようにしましょう。時間情報を発行する機能を一元管理し、並行処理の際にはロック機構を使用しましょう。

考察

異なるタイムゾーンや高負荷の並行処理を扱うシナリオでのタイムスタンプ管理は、よく知られた難しい問題です。時に、順序付けられたアイテムを持つという本質的な問題と、それらにタイムスタンプを使うという(一見簡単な)解決策を混同することがあります。常に、**偶発的な**実装を検討する前に、解決すべき**本質的な**問題を理解する必要があります。

可能な解決策としては、中央集権的な管理システムや複雑な分散合意アルゴリズムを使うことが挙げられます。このレシピは、単に順序付けが必要な場合におけるタイムスタンプの必要性に疑問を投げかけています。タイムスタンプは多くの言語で非常に一般的で、至るところで使用されています。ただし、モデル化しようとしている対象が現実世界で実際にタイムスタンプを持つと判断した場合にのみ、ネイティブのタイムスタンプ型を使用してモデル化するべきです。

タイムスタンプに関する問題点をいくつか示します。

```
import time

# ts1 と ts2 は秒単位で時間を保存します
ts1 = time.time()
ts2 = time.time() # 同じ時刻になる可能性があります!!
```

順序付けの振る舞いのみが必要な場合、タイムスタンプを使用しないより良い解決策は次の通りです。

```
numbers = range(1, 100000)
# 数値のシーケンスを作成し、使用します

# または
sequence = nextNumber()
```

関連するレシピ

- レシピ 17.2　シングルトンの置き換え
- レシピ 18.5　日付・時刻生成のグローバルな依存関係の解消
- レシピ 24.3　浮動小数点数型から十進数型への変更

レシピ 4.6　サブセットの独立したオブジェクトとしての具象化

問題

より広い範囲（スーパーセット）のドメインでオブジェクトをモデル化しているため、多くの場所で同じような検証が重複している場合。

解決策

制限されたドメイン（サブセット）に特化した小さなオブジェクトを作成し、そこで検証を行いましょう。

考察

サブセットの問題は、プリミティブ型への執着の特殊なケースです。サブセットは現実世界の概念と一対一対応しているため、ソフトウェア内でそれらを独立したオブジェクトとして作成する必要があります。また、無効なオブジェクトを作成しようとした場合、フェイルファストの原則（13章を参照）に従い、即座にエラーを発生させるべきです。サブセットの問題の例としては、**メールアドレス**は**文字列**のサブセット、**有効な年齢**は**実数**のサブセット、**ポート番号**は**整数**のサブセットなどといったものがあります。これらの「見えないオブジェクト」には、特定のルールがあり、それを単一の場所で強制的に適用する必要があります。

次の例を見てみましょう。

```
validDestination = "destination@example.com"
invalidDestination = "destination.example.com"
// メールアドレスとしては正しくありませんが、エラーは発生しません
```

より適切なドメインの制限は以下の通りです。

```
public class EmailAddress {
    public String emailAddress;

    public EmailAddress(String address) {
        String expression = "^\w+([-+.']\w+)*@\w+([-.]\w+)*\.\w+([-.]\w+)*$";
        if (!address.matches(expression)) {
            throw new Exception("無効なメールアドレスです");
        }
        this.emailAddress = address;
    }
}

destination = new EmailAddress("destination@example.com");
```

この解決策を、Javaで提供されている不十分なもの（https://oreil.ly/lAn5N）と混同しないでください。私たちの実装は、実世界の概念との全単射に忠実である必要があります。

関連するレシピ

- レシピ4.2 プリミティブデータの具象化
- レシピ25.1 入力値のサニタイズ

レシピ4.7 文字列検証のオブジェクトとしての実装

問題

特定の形式や条件を満たす文字列のみを扱う必要があるにもかかわらず、単なる文字列型として扱っている場合。

解決策

文字列を検証する際に、その文字列が表すドメイン固有のオブジェクトを見出し、それらを独立したクラスとして実装しましょう。

考察

本格的なソフトウェアには多くの文字列に対する検証が含まれています。しばしば、これらの検証は適切な場所に配置されておらず、脆弱で不安定なソフトウェアになってしまいます。シンプルな解決策は、現実世界に即した有効な抽象化を構築することです。

```
// 最初の例：メールアドレスの検証
class Address {
  function __construct(string $emailAddress) {
    // Address クラスでの文字列の検証は、単一責任の原則に違反します
    $this->validateEmail($emailAddress);
    // ...
```

```
  }

  private function validateEmail(string $emailAddress) {
    $regex = "/[a-zA-Z0-9_-.+]+@[a-zA-Z0-9-]+.[a-zA-Z]+/";
    // この正規表現はサンプルであり、実際の使用には適していない可能性があります
    // メールアドレスは独立したオブジェクトとして扱うべきです

    if (!preg_match($regex, $emailAddress))
    {
      throw new Exception('無効なメールアドレスです ' . emailAddress);
    }
  }
}

// 2つ目の例：Wordle

class Wordle {
  function validateWord(string $wordleword) {
    // Wordle の単語は特定のルールを持つ独立した概念として扱うべきで、
    // 単なる文字列として扱うべきではありません
  }
}
```

改善された解決策は次の通りです。

```
// 最初の例：メールアドレスの検証
class Address {
  function __construct(EmailAddress $emailAddress) {
    // メールアドレスは常に有効であり、コードはより簡潔で重複がありません
    // ...
  }
}

class EmailAddress {
  // このオブジェクトを再利用することで、コードの重複を避けられます
  string $address;

  private function __construct(string $emailAddress) {
    $regex = "/[a-zA-Z0-9_-.+]+@[a-zA-Z0-9-]+.[a-zA-Z]+/";
    // この正規表現はサンプルであり、実際の使用には適していない可能性があります

    if (!preg_match($regex, $emailAddress))
    {
      throw new Exception('無効なメールアドレスです ' . emailAddress);
    }
    $this->address = $emailAddress;
  }
}

// 2つ目の例：Wordle
```

```
class Wordle {
  function validateWord(WordleWord $wordleword) {
    // Wordle の単語は特定のルールを持つ独立した概念として扱われ、
    // 単なる文字列ではありません
  }
}

class WordleWord {
  function __construct(string $word) {
    // たとえば長さが 5 文字でない場合など、
    // 無効な Wordle の単語を作成しないようにしましょう
  }
}
```

単一責任の原則

単一責任の原則は、ソフトウェアシステム内の各モジュールやクラスが、ソフトウェアによって提供される機能の一部分のみに対する責任を持つべきであり、その責任はクラスによって完全にカプセル化されるべきだと述べています。つまり、クラスが変更される理由はただ一つであるべきだということを意味します。

このような小さな、特定の目的を持つオブジェクトを見出すのは難しいかもしれません。しかし、これらのオブジェクトには重要な特徴があります。まず、フェイルファストの原則に従います。つまり、無効な状態のオブジェクトが作成されようとした時点で即座にエラーを発生させ、問題を早期に発見できるようになります。また、新しく具象化されたオブジェクトは**単一責任の原則**と **DRY（Don't Repeat Yourself）原則**にも従います。このような抽象化を行うことで、オブジェクト内に特定の振る舞いを実装することが自然と求められます。これらの振る舞いは、そのオブジェクトが表現する概念に特有のものです。たとえば、`WordleWord` は単なる `String` ではありません。Wordle ゲームの単語に特有の性質を持ち、それに関連するいくつかのメソッドが必要になるでしょう。

DRY（Don't Repeat Yourself）原則

DRY（Don't Repeat Yourself）原則は、ソフトウェアシステムでは冗長なコードやコードの繰り返しを避けるべきだと述べています。DRY 原則の目的は、重複する知識、コード、情報の量を減らすことにより、ソフトウェアの保守性、柔軟性、理解しやすさを向上させることです。

このような間接的なアプローチを使うとソフトウェアの効率が悪くなるという反論は、顧客の実際の使用シナリオにおいて、大幅な性能問題が発生するという具体的な証拠がない限り、**早すぎる最適化**の兆候です。これらの新しい小さな概念を作ることは、モデルと現実世界の全単射性を忠実に保ち、モデルが常に健全であることを保証します。

SOLID 原則

SOLID は、オブジェクト指向プログラミングの 5 つの重要な原則を表す略語です。この原則は Robert Martin によって定義されました。これらは厳格なルールというよりは、経験から得られたガイドラインとして考えられています。本書ではこれらの原則を以下の各章で詳しく説明します。

- S：単一責任の原則（Single-responsibility principle）（「レシピ 4.7　文字列検証のオブジェクトとしての実装」参照）
- O：開放/閉鎖原則（Open-closed principle）（「レシピ 14.3　真偽値変数の具体的なオブジェクトへの置き換え」参照）
- L：リスコフの置換原則（Liskov substitution principle）（「レシピ 19.1　深い継承の分割」参照）
- I：インターフェース分離の原則（Interface segregation principle）（「レシピ 11.9　肥大化したインターフェースの分割」参照）
- D：依存関係逆転の原則（Dependency inversion principle）（「レシピ 12.4　実装が 1 つしかないインターフェースの削除」参照）

関連するレシピ

- レシピ 4.4　文字列の乱用の防止
- レシピ 6.10　正規表現の可読性の向上

レシピ 4.8　不要な属性の除去

問題

振る舞いではなく、属性に基づいて作成されたオブジェクトが存在する場合。

解決策

まず偶発的な属性を取り除きましょう。必要な振る舞いを追加した後、それらの振る舞いに必要な偶発的な属性を追加するようにしましょう。

考察

多くのプログラミングスクールでは、オブジェクトの構成要素を素早く特定し、それらを中心にメソッドを構築するよう教えています。このようなモデルは通常、密結合であり、望ましい振る舞いに基づいて作成されたものよりも保守が困難です。**YAGNI** の原則（12 章を参照）に従うと、多くの場合これらの属性が不要であることがわかります。

ジュニアプログラマや学生が人物や従業員をモデル化する際、本当に必要かどうかを考えずに `id` や `name` といった属性を追加することがよくあります。そうではなく、振る舞いにとって必要だと明確になった時点で、「必要に応じて」属性を追加するべきです。オブジェクトは単なる「データの入れ物」ではありません。以下は教育の現場でよく使われる例です。

```
class PersonInQueue
  attr_accessor :name, :job

  def initialize(name, job)
    @name = name
    @job = job
  end
end
```

振る舞いに焦点を当てると、より良いモデルを構築できるようになります[†2]。

```
class PersonInQueue
  def moveForwardOnePosition
    # 振る舞いを実装する
  end
end
```

振る舞いの発見に役立つ素晴らしい手法として、**テスト駆動開発（TDD）**があります。テスト駆動開発では、振る舞いについて繰り返し検討することが求められ、偶発的な実装をできる限り後回しにすることができます。

テスト駆動開発

テスト駆動開発（TDD）は、非常に短い開発サイクルの繰り返しに基づくソフトウェア開発プロセスです。まず開発者が、望ましい改善や新しい振る舞いを定義する自動テストケースを作成します。この時点では実装がまだないため、このテストは失敗します。次にそのテストに合格する最小限のコードを作成し、最後にそのコードを受け入れ可能な基準までリファクタリングします。テスト駆動開発の主な目的の一つは、コードが適切に構造化され、優れた設計原則に従うことを確認することで、保守性を向上させることです。また、新しいコードが書かれるとすぐにテストされるため、開発プロセスの早い段階で欠陥を発見するのにも役立ちます。

関連するレシピ

- レシピ 3.1　貧血オブジェクトのリッチオブジェクトへの変換
- レシピ 3.5　属性から自動生成されるゲッターやセッターの除去
- レシピ 3.6　DTO の除去
- レシピ 17.17　同等性を持つオブジェクトの適切な表現

†2　訳注：このクラスは行列に並ぶ人をモデル化するためのものだと考えられます。その用途では、それぞれの人の名前や職業を把握する必要はありません。その代わりに、行列をひとつ前に進むという振る舞いが必要であるため、そのためのメソッドが定義されています。

レシピ 4.9　日付範囲オブジェクトの具象化

問題

実世界の期間をモデル化する必要があり、「何日**から**」や「何日**まで**」のような情報はあるものの、「開始日は終了日よりも前であるべき」といった不変条件が設定されていない場合。

解決策

日付範囲を表す独立したオブジェクトを具象化し、MAPPER の原則に従って実装しましょう。

考察

日付範囲は一見単純に見えますが、適切な抽象化が見落とされがちな例です。この問題には、本章のほかのレシピで見てきた次のような問題が含まれています。適切な抽象化の欠如、コードの重複、不変条件が強制されていない（「レシピ 13.2　事前条件の強制」を参照）、プリミティブ型への執着、そしてフェイルファストの原則への違反です。日付範囲において、「開始日は終了日よりも前であるべき」という制約は重要です。この制約により、定義される期間が論理的に意味を持ち、使用される日付が正しい順序であることが保証されます。

多くの開発者はこの制約の重要性を認識していますが、それを `Interval` のような独立したオブジェクトとして具象化することを忘れがちです。日付をプリミティブな値（たとえば、年、月、日を表す 3 つの整数）として扱わないのと同様に、日付の範囲も適切にオブジェクト化する必要があります。

以下は、ビジネスロジックを含まない貧血モデルの例です。

```
val from = LocalDate.of(2018, 12, 9)
val to = LocalDate.of(2022, 12, 22)

val elapsed = elapsedDays(from, to)

fun elapsedDays(fromDate: LocalDate, toDate: LocalDate): Long {
    return ChronoUnit.DAYS.between(fromDate, toDate)
}

// この短い関数やそれと同等のことをインラインで何度も書く必要があります
// fromDate が toDate より前であるかどうかのチェックが行われていません
// これでは負の値で期間を計算できてしまうという問題があります
```

`Interval` オブジェクトを具象化すると、日付の妥当性チェックや期間計算のロジックをカプセル化できます。

```
data class Interval(val fromDate: LocalDate, val toDate: LocalDate) {
    init {
        if (fromDate >= toDate) {
```

```
            throw IllegalArgumentException("開始日は終了日よりも前でなければなりません")
        }
        // data キーワードの使用により、Interval は不変となります
    }

    fun elapsedDays(): Long {
        return ChronoUnit.DAYS.between(fromDate, toDate)
    }
}

val from = LocalDate.of(2018, 12, 9)
val to = LocalDate.of(2002, 12, 22)

val interval = Interval(from, to) // 無効な日付でエラーが発生します
```

これはプリミティブ型への執着の兆候に由来する問題であり、データのモデリング方法に関連しています。単純な検証が欠けているソフトウェアを見つけたら、何らかの具象化が必要であることは確実です。

関連するレシピ

- レシピ 4.1 小さなオブジェクトの生成
- レシピ 4.2 プリミティブデータの具象化
- レシピ 10.1 重複コードの除去

5章
変更可能性

誰も同じ川に二度と入ることはできない。なぜなら、川も人も、もはや同じではないからだ。
— Heraclitus

はじめに

プログラム内蔵方式という概念が誕生して以来、ソフトウェアはプログラムとデータの組み合わせであると理解されてきました。データなしにソフトウェアは存在し得ないことは明らかです。オブジェクト指向プログラミングでは、時間とともに進化するモデルを構築し、表現しようとする現実を観察して得た知識を模倣します。しかし、モデルの変更を不適切に行い、時には乱用することで、重要な設計原則に違反し、不完全（したがって無効）な表現を生み出し、変更による波及効果を引き起こしてしまいます。

関数型パラダイムでは、この問題は変更を禁止することでエレガントに解決されています。しかし、もう少し穏やかな方法を取ることもできます。2章で定義された計算可能モデルの全単射という考えに忠実であるためには、オブジェクトが**偶発的**な意味で変更されているのか、**本質的**な意味で変更されているのかを見分け、すべての本質的な変更を禁じるべきです。なぜなら、本質的な変更は全単射の原則に違反するためです。

不変性は関数型プログラミングにおける厳密な特性であり、多くのオブジェクト指向言語でもこの特性を支援する機能が開発されています。それにもかかわらず、多くの言語には `Date` のように、核となるクラスに変更可能なものが残っています。オブジェクトは無効な状態から自身を保護する方法を持つべきです。それが変更に対する防御力となります。

現在の業界で最も広く使われている言語における `Date` クラスについて見てみましょう。

Go（https://oreil.ly/LNc2M）

`Date` は構造体。

Java（https://oreil.ly/m4Hx3）
　変更可能（非推奨）。

PHP（https://oreil.ly/ye01k）
　セッターによって変更可能。

Python（https://oreil.ly/2eOOJ）
　（Python ではすべての属性が公開されているため）変更可能。

JavaScript（https://oreil.ly/e6Vph）
　セッターによって変更可能。

Swift（https://oreil.ly/GAdBG）
　変更可能。

時間に関する表現は、おそらく人類が直面してきた中で最も古く、最も重要な課題の一つです。一部の言語の公式ドキュメントによると[†1]、これらの**日付操作メソッド（セッターやゲッター）**は非推奨になりつつあります。この事実は、多くの現代的なプログラミング言語における `Date` クラスの初期設計に問題があったことを示唆しています。

変更可能性に対する別のアプローチ

別のアプローチとして、考え方を反転させることができます。つまり、特に明記されていない限り、オブジェクトは完全に不変であるとするわけです。オブジェクトが変化する場合でも、常にその**偶発的**な側面でのみ変化しなければなりません。決してその**本質**は変わってはいけません。また、この変化は、そのオブジェクトを使用するほかのすべてのオブジェクトと結合してはいけません（「レシピ 3.2　オブジェクトの本質の見極め」を参照）。

オブジェクトが作成された時点で完全な状態であれば、常にその機能を果たすことができます。オブジェクトは、その生成時から正しく実体を表現している必要があります。並行処理が行われる環境では、オブジェクトが常に有効であることが不可欠です。表現している実体が不変である場合、オブジェクトも不変でなければなりません。そして、実世界のほとんどの実体は不変です。不変性という特性は、実世界とオブジェクトの間の全単射の一部を成しています。

これらのルールに従えば、モデルをその表現と一致させることができます。そこから以下のような一連の帰結を導き出すことができます。

- 帰結 1：オブジェクトは作成時から完全でなければなりません（「レシピ 5.3　本質に対する変更の禁止」）。
- 帰結 2：セッターは存在してはいけません（「レシピ 3.3　オブジェクトからのセッターの

†1　訳注：ここで挙がっている言語の中では Java の `java.util.Date` クラスのいくつかのメソッドが非推奨となっており、Java 8 で導入された `java.time` パッケージの新しい日時 API の使用が推奨されています。

除去」)。

- 帰結 3：ゲッターは原則として存在すべきではありません（ただし、実世界に対応する概念が存在し、オブジェクトと現実世界の間の全単射が成り立つ場合は例外となります）。`getXXX()` というメソッドに応答することは、現実世界のどの実体の責務でもありません。なぜなら単に値を取得する `get()` という操作は、オブジェクトの本質的な振る舞いの一部ではないからです（「レシピ 3.8　ゲッターの除去」）。

レシピ 5.1　var の const への変更

問題

実質的には定数であるものが、`var` を使って宣言されている場合。

解決策

変数の名前、スコープ、および変更可能性を慎重に選択しましょう。

考察

多くのプログラミング言語では変数と定数の概念がサポートされています。フェイルファストの原則に従うためには、値の変更可能性を適切に制御することが重要です。言語によって変数の宣言方法や変更可能性の指定方法が異なりますが、宣言は常に明示的で厳格であるべきです。値の変更が必要な場合を除いて、すべての値を `const`（定数）として宣言することをお勧めします。

以下の例では、本来エラーとして検出されるべき場面で、値の再代入が問題として検出されません。

```
var pi = 3.14
var universeAgeInYears = 13_800_000_000

pi = 3.1415 // エラーが発生しません
universeAgeInYears = 13_800_000_001 // エラーが発生しません
```

適切なアプローチは、これらの値を `const` として定義することです。

```
const pi = 3.14 // 値は変更不可です
let universeAgeInYears = 13_800_000_000 // 値は変更可能です

pi = 3.1415 // エラー：再代入できません
universeAgeInYears = 13_800_000_001 // エラーが発生しません
```

`const` 宣言を強制し、**ミューテーションテスト**を用いることで、値が常に不変であることを確認し、より宣言的なコードを書くことができます。一部の言語では、定数名を大文字で定義する慣習があります。可読性は非常に重要であり、コードの意図と用途を明確に示すためにこれらの慣習に従うべきです。

ミューテーションテスト

ミューテーションテストは、ユニットテストの品質を評価するための手法です。テスト対象のコードに小さな変更（「ミューテーション」と呼ばれる）を加え、既存のユニットテストがそれらの変更を検出できるか確認します。これにより、追加テストが必要な箇所を特定し、既存のテストの品質を測定できます。ミューテーションは、コードの小さな部分を変更することで行われます（例：真偽値の否定、算術演算の置き換え、値を `null` に置き換えるなど）。そして、どのテストが失敗するかを確認します。

関連するレシピ

- レシピ 5.2　変更が必要な変数の適切な宣言
- レシピ 5.4　変更可能な const 配列の回避

レシピ 5.2　変更が必要な変数の適切な宣言

問題

変数に値を代入して使用しているものの、その値が決して変更されていない場合。

解決策

プログラミング言語がサポートしている場合は、変更可能性を明示的に示す宣言を使用しましょう。

考察

変数の変更可能性は、オブジェクトと現実世界の対応関係を正確に反映すべきです。変数を定数に変更する際は、そのスコープを明確にすることが重要です。ドメインについての理解は常に深まっていきます。2章で定義したMAPPERの原則に従って、当初は値が変更される可能性があると考えて変数として宣言することもあるでしょう。しかし、後になってその値が実際には変更されないことが分かった場合、それを定数に昇格させる必要があります。これによりマジックナンバーを避けることができます（「レシピ 6.8　マジックナンバーの定数での置き換え」を参照）。

以下のコード例では、変更されることのないパスワードが変数として定義されています。

```
function configureUser() {
  $password = '123456';
  // パスワードをハードコードすることは脆弱性です
  $user = new User($password);
  // 変数が変更されていないことに注意しましょう
}
```

本レシピを適用して、値を定数として宣言します。

```
define("USER_PASSWORD", '123456');

function configureUser() {
  $user = new User(USER_PASSWORD);
}

// もしくは

function configureUser() {
  $user = new User(userPassword());
}

function userPassword() : string {
  return '123456';
}
```

ソフトウェアリンタ

ソフトウェアリンタは、ソースコードを自動的にチェックして、事前に定義された問題を検出するツールです。リンタの目的は、より困難でコストのかかる修正が必要になる前に、開発プロセスの早い段階でミスを捕捉するのを助けることです。コーディングスタイル、命名規則、セキュリティの脆弱性など、幅広い問題をチェックするよう設定できます。多くの IDE のプラグインとして使用でき、CI/CD（継続的インテグレーションと継続的デプロイメント）パイプラインにも組み込むことができます。ChatGPT や Bard などの生成 AI ツールでも同様の機能を実現できます。

多くのソフトウェアリンタは、変数に対する代入が 1 回だけであるかどうかをチェックすることができます。また、ミューテーションテスト（「レシピ 5.1　var の const への変更」を参照）を実行し、変数の値を変更して自動テストが壊れるかどうかを確認することもできます。変数のスコープが明確になり、その属性や変更可能性についてより多くを学んだのちには、自分自身に挑戦し、リファクタリングする必要があります。

継続的インテグレーションと継続的デプロイメント

CI/CD（継続的インテグレーションと継続的デプロイメント）パイプラインは、ソフトウェアの開発、テスト、デプロイメントを自動化するプロセスです。このパイプラインは、ソフトウェア開発プロセスを効率化し、タスクを自動化し、コード品質を向上させ、新機能や修正をさまざまな環境に、より迅速かつ管理された方法でデプロイすることを目的としています。

関連するレシピ

- レシピ 5.1　var の const への変更

- レシピ 5.6 変更可能な定数の凍結
- レシピ 6.1 変数の再利用の抑制
- レシピ 6.8 マジックナンバーの定数での置き換え

レシピ 5.3 本質に対する変更の禁止

問題

オブジェクトがその本質を変更してしまう場合。

解決策

一度設定された本質的な属性の変更を禁止しましょう。

考察

「レシピ 3.2 オブジェクトの本質の見極め」で見たように、実世界で変更が可能である場合を除いて、オブジェクトを作成した後にその本質的な特性を変更するべきではありません。波及効果を避け、参照透過性を重視する（「レシピ 5.7 副作用の除去」を参照）ために、不変オブジェクトの使用を推奨します。オブジェクトは偶発的な側面においてのみ変化すべきであり、本質的な面で変化するべきではありません。

オブジェクトの本質

オブジェクトの本質を見極めることは、それが属するドメインについての深い理解を必要とするため、難しい課題です。もし何かの振る舞いを取り除いてもそのオブジェクトが同じように機能し続けるなら、その取り除かれた振る舞いは本質的ではありません。属性は振る舞いに結びついているため、属性にも同じ規則が適用されます。車は色を変えても同じ車ですが、モデルやシリアルナンバーなどを変えるのは困難でしょう。しかし、これは非常に主観的な話であり、実際の世界も主観的です。これがエンジニアリングの本質です。これはエンジニアリングのプロセスであり、科学ではありません。

Date の例を思い出してください。

```
const date = new Date();
date.setMonth(4);
```

date オブジェクトへの参照は定数であり、常に同じ日付オブジェクトを指し続けます。この参照自体は変更できませんが、setMonth() のようなメソッドを使用して date オブジェクトの内部状態を変更することができてしまいます。こういった本質的な属性を変更するすべてのセッターは削除する必要があります（「レシピ 3.3 オブジェクトからのセッターの除去」を参照）。

```
class Date {
//  setMonth(month) {
//      this.month = month;
//  }
// 削除すべきです
}
```

これらの変更を行うことで、日付オブジェクトは不変となり、そのオブジェクトへのすべての参照は、オブジェクト作成時に設定された元の日付を常に表すことになります。

コードからセッターを取り除くと、欠陥につながる可能性があります。オブジェクトの生成方法を変更する小さなリファクタリングを行い、自動テストを実行して確認しましょう。

関連するレシピ

- レシピ 17.11　波及効果の回避

レシピ 5.4　変更可能な const 配列の回避

問題

配列を const として宣言したにもかかわらず、その内容を変更している場合。

解決策

言語の変更可能性に関する宣言には十分注意し、そのスコープを正確に理解しましょう。

考察

一部の言語では参照を定数として宣言できますが、これは不変性と同義ではありません。JavaScript ではその代わりにスプレッド構文を使用することができます。

```
const array = [1, 2];

array.push(3)

// array => [1, 2, 3]
// 定数だったはずでは？
// 定数 != 不変？
```

変数 array は const として定義されていますが、これは変数への再代入を禁止するだけであり、配列やオブジェクトの内容の変更を防ぐものではありません。const 宣言は、メモリ上のオブジェクトや配列への参照を固定するだけで、配列やオブジェクト自体を不変にするわけではありません。そのため、`array.push(3)` を呼び出すと、`const` で宣言された `array` が参照している配列の内容が変更されますが、`array` 自体の参照先は変わらないため、エラーは発生しません。

スプレッド構文

JavaScript の**スプレッド構文**は 3 つのドット（...）で表され、配列や文字列などの反復可能なオブジェクトを、0 個以上の要素（または文字）が期待される場所で展開するために使用されます。たとえば、配列のマージ、配列のコピー、配列への要素の挿入、オブジェクトの属性の展開などに使用できます。

次により宣言的な例を示します。

```
const array = [1, 2];

const newArray = [...array, 3]
// array => [1, 2] 変更されていません
// newArray = [1, 2, 3]
```

スプレッド構文を使用すると、元の配列のシャローコピーが作成されるため、2 つの配列は異なり、互いに独立しています。このような「言語機能」には特に注意を払い、設計時には常に不変性を重視するべきです。

シャローコピー

シャローコピーは、元のオブジェクトの最上位の要素のみを複製します。元のオブジェクトとそのシャローコピーは最上位の要素から参照している先は共有するため、一方の値に加えた変更は他方にも反映されます。対照的に、ディープコピーは元のオブジェクトの完全に独立したコピーを作成し、それ自身の属性と値を持ちます。元のオブジェクトの属性や値を変更してもディープコピーには影響せず、その逆も同様です。

関連するレシピ

- レシピ 5.1 var の const への変更
- レシピ 5.6 変更可能な定数の凍結

関連項目

- Mozilla.org、「Spread syntax (...)」(https://oreil.ly/Ihs4b)

レシピ 5.5　遅延初期化の除去

問題

生成にコストのかかるオブジェクトを、必要になった時に取得するために遅延初期化を使用している場合。

解決策

遅延初期化は使用しないようにしましょう。代わりにオブジェクトプロバイダーを使用しましょう。

考察

遅延初期化

遅延初期化を使用すると、オブジェクトの生成や値の計算を、すぐに実行するのではなく実際に必要になるまで遅らせることができます。最終的に必要になるまで初期化プロセスを延期することで、リソースの使用を最適化し、パフォーマンスを改善します。

遅延初期化には、複数のスレッドが同時にアクセスし初期化しようとした場合、並行性の問題や競合状態など、いくつかの問題が生じる可能性があります。また、遅延初期化はコードをより複雑にし、早すぎる最適化の典型的な例となります（16 章を参照）。場合によっては、あるスレッドが別のスレッドのオブジェクトの初期化を待っている一方で、そのスレッドも最初のスレッドの初期化が終わるのを待っているといった状況が発生すると、デッドロックが発生します。

以下は Ruby 組み込みの遅延初期化を使用した非常に簡単な例です。

```
class Employee
  def emails
    @emails ||= []
  end

  def voice_mails
    @voice_mails ||= []
  end
end
```

Ruby では、初めてアクセスするまでリソースの作成を遅らせることができます。`emails` メソッドは`||=`演算子を使用しています。この演算子は「論理和代入」とも呼ばれ、左辺が偽値（`nil` または `false`）の場合にのみ右辺の値を代入します。このケースでは、インスタンス変数`@emails` が `nil` の場合に空の配列 `[]` を代入します。

以下は、遅延初期化を明示的にサポートしていない言語での同じ例です。

```
class Employee {
  constructor() {
    this.emails = null;
    this.voiceMails = null;
  }

  getEmails() {
    if (!this.emails) {
      this.emails = [];
    }
    return this.emails;
  }

  getVoiceMails() {
    if (!this.voiceMails) {
      this.voiceMails = [];
    }
    return this.voiceMails;
  }
}
```

これまでのほかのレシピで説明したように、遅延初期化メカニズムを完全に取り除き、必要な属性をオブジェクト生成時に初期化すべきです。

```
class Employee
  attr_reader :emails, :voice_mails

  def initialize
    @emails = []
    @voice_mails = []
  end
end
# emails や voice_mails を外部から注入することでテストでは
# モックを使えるようにするというデザインパターンを使うことも可能です
```

遅延初期化は、リソースを効率的に使用するために初期化されていない変数をチェックするためによく使われるパターンですが、早すぎる最適化は避けるべきです。実際のパフォーマンス問題がある場合は、**シングルトン**ではなく**プロキシパターン**や**ファサードパターン**、またはより独立した解決策を使用すべきです。シングルトンは遅延初期化とともによく使用されるアンチパターンです（「レシピ 17.2　シングルトンの置き換え」を参照）。

アンチパターン

アンチパターンは、当初は良いアイデアに見えるが、最終的には悪い結果をもたらすデザインパターンです。そういったパターンは当初、多くの専門家によって良い解決策として提示されましたが、今日ではその使用を避けるべきだという強い根拠があります。

関連するレシピ

- レシピ 15.1　Null オブジェクトの作成
- レシピ 17.2　シングルトンの置き換え

レシピ 5.6　変更可能な定数の凍結

問題

const キーワードを使用して定数を宣言しても、その一部を変更できてしまう場合。

解決策

イミュータブルな定数を使いましょう。

考察

おそらく、コンピュータプログラミングの最初のコースで定数を宣言する方法を学ぶでしょう。重要なのは、何かが定数であるということではなく、それが変更されないということなのです。このレシピは利用するプログラミング言語によって対処方法が異なります。JavaScript は驚き最小の原則に反することで有名です。したがって、以下のような振る舞いはまったく驚くべきものではありません。

```
const DISCOUNT_PLATINUM = 0.1;
const DISCOUNT_GOLD = 0.05;
const DISCOUNT_SILVER = 0.02;

// 定数なので、再代入することはできません
const DISCOUNT_PLATINUM = 0.05; // エラー

// グループ化することができます
const ALL_CONSTANTS = {
  DISCOUNT: {
    PLATINUM: 0.1,
    GOLD: 0.05,
    SILVER: 0.02,
  },
};

const ALL_CONSTANTS = 3.14; // エラー

ALL_CONSTANTS.DISCOUNT.PLATINUM = 0.08; // エラーではありません。おっと！

const ALL_CONSTANTS = Object.freeze({
  DISCOUNT: {
    PLATINUM: 0.1,
    GOLD: 0.05,
    SILVER: 0.02,
```

```
  },
});

const ALL_CONSTANTS = 3.14; // エラー

ALL_CONSTANTS.DISCOUNT.PLATINUM = 0.12; // エラーではありません。おっと！
```

定数内の定数には注意が必要です。

```
export const ALL_CONSTANTS = Object.freeze({
  DISCOUNT: Object.freeze({
    PLATINUM: 0.1,
    GOLD: 0.05,
    SILVER: 0.02,
  }),
});

const ALL_CONSTANTS = 3.14; // エラー：再代入はできません

ALL_CONSTANTS.DISCOUNT.PLATINUM = 0.12; // エラー：変更できません

// 定数を直接参照するコードは動作しますが、定数と密結合してしまいます。
// 以下のようにすることで、インターフェースに結合できるようになります。
// この方法なら、テスト時に異なる割引率を注入することもできます。
interface TaxesProvider {
  applyPlatinum(product: Product): number;
}
```

このような厄介な振る舞いは、JavaScript のようないくつかの言語で発生します。以前のレシピで説明したように、値の変更を検出するためにミューテーションテスト（「レシピ 5.1 var の const への変更」を参照）を実行し、適切なツールを使用して不変性を保証する必要があります。

驚き最小の原則

驚き最小の原則は、システムがユーザーにとって最も予測しやすい方法で、そしてユーザーの期待と一致して動作しなければならないと述べています。この原則に従えば、ユーザーはシステムとの相互作用の結果を容易に予測できます。開発者として、より直観的で使いやすいソフトウェアを作成し、ユーザーの満足度と生産性を向上させるべきです。

関連するレシピ

- レシピ 5.4 変更可能な const 配列の回避
- レシピ 6.1 変数の再利用の抑制
- レシピ 6.8 マジックナンバーの定数での置き換え

レシピ 5.7　副作用の除去

問題

副作用を伴う関数が存在する場合。

解決策

副作用を避けましょう。

考察

副作用は、結合を引き起こし、予期せぬ結果をもたらし、驚き最小の原則（「レシピ 5.6　変更可能な定数の凍結」を参照）に違反します。また、並行処理環境で衝突を引き起こすこともあります。参照透過性を高めるには、メソッドが自身の状態と受け取った引数のみを扱うようにし、外部の状態に影響を与えないよう注意深く設計することが重要です。

参照透過性

参照透過性を持つ関数は、同じ入力に対して常に同じ出力を生成し、グローバル変数の変更やI/O 操作などの副作用を持ちません。言い換えると、関数や式が参照透過であるとは、プログラムの振る舞いを変えることなく、その評価結果で置き換えることができる場合を指します。これは関数型プログラミングパラダイムの基本概念であり、関数は入力を出力に写像する数学的表現として扱われます。

以下は、グローバル変数と外部リソースの両方に影響を及ぼす関数の例です。

```
let counter = 0;

function incrementCounter(value: number): void {
  // 2 つの副作用
  counter += value; // グローバル変数 counter を変更する
  console.log(`カウンタの値は${counter}です`); // コンソールにメッセージを表示する
}
```

すべての副作用を避けることで、関数は再入可能（リエントラント）[†2]で予測可能なものになります。

```
let counter = 0;

function incrementCounter(counter: number, value: number): number {
  return counter + value; // 副作用はありませんが、状態を保持していないためあまり意味はありません。
```

†2　訳注：再入可能（リエントラント）とは、ある関数が複数の実行コンテキストから同時に呼び出されても、お互いの実行に影響を与えず、正しく動作する性質を指します。

```
}
```

多くのリンタは、グローバル状態へのアクセスや、関数外部の状態を変更するような副作用を検出して警告を出すことができます。関数型プログラミングは素晴らしいもので、クリーンコードの書き方について多くのことを教えてくれます。

関連するレシピ

- レシピ 18.1 グローバル関数の具象化

レシピ 5.8 変数の巻き上げの防止

問題

変数を宣言する前にその変数を使用している場合。

解決策

変数を明示的に宣言し、そのスコープに注意を払いましょう。

考察

巻き上げ（ホイスティング）[†3]は可読性を損ない、驚き最小の原則に違反します。常に変数宣言を明示的に行い、可能な限り `const` 宣言を使用し（「レシピ 5.1 var の const への変更」を参照）、スコープの先頭で変数を宣言するべきです。JavaScript をはじめとするいくつかのプログラミング言語では、宣言された変数や関数が自動的にそれぞれのスコープの先頭に「巻き上げられる」ため、変数を宣言する前にその変数を使用できてしまいます。次の例では、定義する前に変数を使用しています。

```
console.log(willBeDefinedLater);
// 出力：undefined（ただしエラーはありません）

var willBeDefinedLater = "Beatriz";
console.log(willBeDefinedLater);
// 出力: "Beatriz"
```

明示的な `const` 宣言を使用する場合。

†3 訳注：巻き上げ（ホイスティング）とは、変数宣言や関数宣言がそのスコープの先頭に移動されたかのように振る舞う特性を指します。実際にコードが移動されるわけではありませんが、変数宣言は実行時のスコープの先頭で処理されます。これにより、変数を宣言する前にその変数を参照できてしまうため、予期せぬ動作の原因となることがあります。

```
const dante = "abandon hope all ye who enter here";
// 定数 'dante' を宣言
// 値 "abandon hope all ye who enter here" を持ちます

console.log(dante);
// 出力: "abandon hope all ye who enter here"

dante = "Divine Comedy"; // エラー：定数変数への代入
```

変数のスコープを変更することで予期せぬ結果が生じるかどうかを確認するために、ミューテーションテストを実行できます。巻き上げは、怠惰なプログラマを支援するためにコンパイラが提供する魔法のような道具の一つですが、デバッグ時に逆効果になります。

関連するレシピ

- レシピ 5.1　var の const への変更
- レシピ 21.3　警告オプションとストリクトモードの常時有効化

関連項目

- Wikipedia、「hoisting」(https://oreil.ly/HuOXo)

6章 宣言的なコード

ソフトウェアで最も大切なのは「振る舞い」であり、振る舞いこそがユーザーの求めるものである。期待される振る舞いを私たちが追加すればユーザーは喜ぶが、ユーザーの求める振る舞いを変更、あるいは削除してしまえば、バグの作り込みとなり、私たちへの信頼は失われてしまう。

— Michael Feathers 著、『Working Effectively with Legacy Code』（邦訳『レガシーコード改善ガイド』翔泳社）

はじめに

宣言的なコードとは、プログラムが**何**を達成すべきかを記述するプログラミングスタイルです。このアプローチは、タスクの実行手順（どのように）ではなく、望まれる結果（何を）に焦点を当てています。タスクを達成するための具体的な手順を指定する命令的コードとは異なり、宣言的なコードは読みやすく理解しやすい上、より簡潔で、最終的な結果に焦点を当てたものになります。

宣言的なコードは、関数型プログラミングをサポートする言語でよく使用されます。また、データベース管理に使用される **SQL** や、ウェブ文書の構造とフォーマットを定義する **HTML** など、特定の目的に特化した宣言的言語もあります。

ソフトウェア開発には、時間と空間の制約により低レベル言語でコードを書く必要があった時代の名残が残っています。しかし、現代のコンパイラや仮想マシンはかつてないほど高性能になっており、そのような制約はもはや存在しません。そのため、開発者には高レベルで宣言的、かつクリーンなコードを書くという重要な役割が求められています。

レシピ6.1　変数の再利用の抑制

問題

同じ変数を異なる目的で複数回使用している場合。

解決策

ローカル変数のスコープ（生存期間）をできるだけ狭く定義し、同じ変数を異なる目的で読み書きすることは避けましょう。

考察

変数の再利用は、コードの理解を難しくし、スコープや変数の使用範囲を把握しづらくします。また、自動リファクタリングツールが独立したコードブロックを抽出する際の妨げにもなります。スクリプト言語でプログラミングする際、変数を再利用しがちですが、そのようなコードをコピーアンドペーストすると、意図せず変数のスコープが広がってしまうことがあります。この問題の根本原因はコードの複製にあります。代わりに「レシピ 10.1 重複コードの除去」を適用するべきです。原則として、変数のスコープはできるだけ狭くすべきです。スコープが広がると混乱を招き、デバッグが困難になるためです。

以下のコードサンプルでは、`total` 変数が再利用されています。

```
// 明細合計を出力します
double total = item.getPrice() * item.getQuantity();
System.out.println("明細合計: " + total);

// 金額合計を出力します
total = order.getTotal() - order.getDiscount();
System.out.println( "金額合計: " + total );

// 'total' 変数が再利用されています
```

変数のスコープを狭め、2つの異なるブロックに分割すべきです。これは、「レシピ 10.7 メソッドのオブジェクトとしての抽出」を使用して実現できます。

```
function printLineTotal() {
  double lineTotal = item.getPrice() * item.getQuantity();
  System.out.println("明細合計: " + lineTotal);
}

function printAmountTotal() {
  double amountTotal = order.getTotal() - order.getDiscount();
  System.out.println("金額合計: " + amountTotal);
}
```

一般的な原則として、変数名の再利用は避けるべきです。より局所的で、具体的で、意図が明確に伝わる名前を使用しましょう。

関連するレシピ

- レシピ 10.1　重複コードの除去
- レシピ 10.7　メソッドのオブジェクトとしての抽出
- レシピ 11.1　長過ぎるメソッドの分割
- レシピ 11.3　過度な変数の削減

意図を明示する

意図を明示するコードとは、将来そのコードを読んだり扱う可能性のあるほかの開発者に、その目的や意図を明確に伝えるコードのことです。意図を明示するコードの目標は、コードの振る舞いをよりわかりやすくし、宣言的なスタイルを促進し、読みやすさ・理解しやすさを高め、保守性を改善することです。

レシピ 6.2　不要な空行の整理

問題

コード内に多くの空行があり、それによって大きなコードブロックを区切っている場合。

解決策

空行で区別されている各部分を、「レシピ 10.7　メソッドのオブジェクトとしての抽出」を使用して、独立したメソッドに分割しましょう。

考察

短いメソッドは可読性を向上させ、再利用性を高め、KISS の原則に従います。以下に、空行で区切られた複数のコードブロックを含むメソッドの例を示します。

```
function translateFile() {
    $this->buildFilename();
    $this->readFile();
    $this->assertFileContentsOk();  // さらに多くの行が続きます

    // 処理の塊を区切るための空行
    $this->translateHyperlinks();
    $this->translateMetadata();
    $this->translatePlainText();

    // さらに別の空行
    $this->generateStats();
    $this->saveFileContents();  // さらに多くの行が続きます
}
```

「レシピ 10.7　メソッドのオブジェクトとしての抽出」を使用して、これらのコードブロックを個別のメソッドにグループ化し、より簡潔なものに変更できます。

```
function translateFile() {
    $this->readFileToMemory();
    $this->translateContents();
    $this->generateStatsAndSaveFileContents();
}
```

リンタを使用している場合は、不要な空行の使用やメソッドが長過ぎる際に警告するよう設定できます。空行自体は無害ですが、コードを小さな処理単位に分割する機会と捉えるべきです。コメントや空行、あるいはその両方でコードを分割している場合、それはリファクタリングが必要であることを示すコードの不吉な臭いです（「レシピ8.6　メソッド内のコメントの削除」を参照）。

KISSの原則

KISSの原則は、「Keep It Simple, Stupid（シンプルにしておけ、この間抜け）」の略です。この原則は、システムは複雑にするよりもシンプルに保つ方が最も効果的に機能するというものです。シンプルなシステムは複雑なものよりも理解、使用、保守が容易で、失敗や予期せぬ結果を生む可能性が低くなります。

関連するレシピ

- レシピ8.6　メソッド内のコメントの削除
- レシピ10.7　メソッドのオブジェクトとしての抽出
- レシピ11.1　長過ぎるメソッドの分割

関連項目

- Robert C. Martin著、『Clean Code: A Handbook of Agile Software Craftsmanship』（邦訳『Clean Code アジャイルソフトウェア達人の技』ドワンゴ）

レシピ6.3　メソッド名からのバージョン情報の削除

問題

`sort`、`sortOld`、`sort20210117`、`sortFirstVersion`、`workingSort`など、メソッド名にバージョン情報を含めている場合。

解決策

メソッド名からバージョン情報を削除し、代わりにバージョン管理システムを使用しましょう。

考察

バージョン情報を含むメソッド名は、コードの可読性と保守性を低下させます。きちんと動作するアーティファクト（クラス、メソッド、属性）を１つだけ維持し、変更管理はバージョン管理システムに任せるべきです。以下のようにバージョン情報がメソッド名に含まれている場合、

```
findMatch()
findMatch_new()
findMatch_newer()
findMatch_newest()
findMatch_version2()
findMatch_old()
findMatch_working()
findMatch_for_real()
findMatch_20200229()
findMatch_thisoneisnewer()
findMatch_themostnewestone()
findMatch_thisisit()
findMatch_thisisit_for_real()
```

これらすべてを、次のようなシンプルな形に置き換えるべきです。

```
findMatch()
```

ほかの多くのパターンと同様に、本レシピを徹底するようプロジェクト内ガイドラインを作成し、明確に伝達しましょう。また、バージョン情報を含むメソッド名を検出する自動チェックルールを追加することも可能です。コードの変更履歴の管理は、ソフトウェア開発において常に重要な課題です。幸いなことに、現在では成熟したバージョン管理ツールが豊富に存在し、この問題を効果的に解決できるようになっています。

ソフトウェアソース管理システム

ソフトウェアソース管理システムは、開発者がソースコードの変更履歴を追跡し、複数の開発者が同時に作業できるようにするツールです。これにより、協力作業、変更の取り消し、コードのさまざまなバージョンの管理が容易になります。現在、最も広く利用されているシステムは Git です。

関連するレシピ

- レシピ 8.5　コメントの関数名への変換

レシピ6.4 二重否定の肯定的な表現への書き換え

問題

否定的な条件を表す変数、メソッド、クラスがあり、その条件が発生していないことを確認する必要がある場合。

解決策

変数、メソッド、クラスには常に肯定的な名前を使用しましょう。

考察

このレシピは可読性を向上させるためのものです。否定的な条件を読むと、脳が誤った方向に導かれる可能性があります。以下に二重否定の例を示します。

```
if (!work.isNotFinished())
```

これを肯定的な表現に変えると次のようになります。

```
if (work.isDone())
```

リンタを設定して、`!not` や `!isNot` のような表現に合致する正規表現を使い、警告として検出できます。このような変更を行う際には、十分なテストカバレッジがあることを確認した上で、慎重にリファクタリングを進めることが重要です。

関連するレシピ

- レシピ10.4 コードからの過度な技巧の除去
- レシピ14.3 真偽値変数の具体的なオブジェクトへの置き換え
- レシピ14.11 条件分岐において真偽値を直接返却することの回避
- レシピ24.2 真値の扱い

関連項目

- Refactoring.com、「Remove Double Negative」(https://oreil.ly/bR1Sf)

レシピ6.5 責務の適切な再配置

問題

メソッドが不適切なオブジェクトに配置されている場合。

解決策

MAPPER の原則に従って、責務を適切に担うオブジェクトを特定しましょう。必要に応じて新しいオブジェクトを作成するか、既存のオブジェクトを拡張することで、適切な配置を実現します。

考察

適切なオブジェクトに責務を割り当てるのは難しい課題です。「この責務はどのオブジェクトが担うべきか？」という問いに答える必要があるためです。時として、ドメインエキスパートと対話することで、各責務の適切な配置についての洞察が得られることがあります。一方で、ソフトウェアエンジニアは技術的な観点から考えるあまり、ヘルパークラスのような不自然な場所に振る舞いを配置してしまう傾向があります。

以下に add の責務について、いくつかの例を見てみましょう[†1]。

```
Number>>#add: a to: b
  ^ a + b
// これは多くのプログラミング言語では一般的ですが、現実世界の概念とは一致しません
```

以下に異なるアプローチを示します[†2]。

```
Number>>#add: adder
  ^ self + adder

// 多くの言語では、基本クラス（この場合は Number）の振る舞いを変更することを制限しているため
// そういった言語ではこのコードはコンパイルエラーになります
// しかし、概念的には'add'の責務を Number クラスに持たせるのは適切です
```

プリミティブ型に責務を追加できる言語もいくつかあります。責務を適切なオブジェクトに配置することで、関連する機能を 1 箇所にまとめることができ、コードの理解と保守が容易になります。次に示すのは PI 定数を定義している別の例です。

```
class GraphicEditor {
  constructor() {
    this.PI = 3.14;
    // ここでこの定数を定義すべきではありません
  }

  pi() {
    return this.PI;
    // このオブジェクトの責務ではありません
  }
```

†1　訳注：このコードは Smalltalk で書かれており、Number クラスに#add:to:という二引数のメソッドを定義しています。
†2　訳注：このコードは Number クラスに#add:という一引数のメソッドを定義しています。

```
  drawCircle(radius) {
    console.log(`半径${radius}の円を描画中。` +
    `円周は${2 * this.pi() * radius}です。`);
  }
}
```

責務を RealConstants オブジェクトに移すことで、コードの重複を避けることができます。

```
class GraphicEditor {
  drawCircle(radius) {
    console.log(`半径${radius}の円を描画中。` +
      `円周は${2 * RealConstants.pi() * radius}です。`);
  }
}
// PI の定義は RealConstants（または Number や類似のクラス）の責務です。

class RealConstants {
  static pi() {
    return 3.14;
  }
}
```

関連するレシピ

- レシピ 7.2　ヘルパーとユーティリティクラスの改名と責務の分割
- レシピ 17.8　フィーチャーエンヴィの防止

レシピ 6.6　添字を使ったループ処理の高レベルな反復への置き換え

問題

配列の添字を使った単純なループ構文を使用している場合。プログラミングを学び始めた頃、単純なループ構文について学んだかもしれません。しかし、より洗練された列挙子やイテレータを使用することで、より高い抽象化が可能になります。

解決策

反復処理の際に添字を使用せず、より高レベルのコレクション操作を優先しましょう。

考察

添字（インデックス）の使用は、しばしばカプセル化を破り、宣言的なコードの妨げになります。使用している言語がサポートしている場合は、foreach() や高階イテレータを使用することをお勧めします。これらを使用することで実装の詳細を隠蔽でき、yield() や**キャッシュ**、**プロキシ**、

遅延読み込みなどの高度な機能を利用できるようになります。

以下は、添字 `i` を使用して基本的なループ処理を行う例です。

```
for (let i = 0; i < colors.length; i++) {
  console.log(colors[i]);
}
```

次のコードはより宣言的で高レベルな表現です。

```
colors.forEach((color)  => {
  console.log(color);
});

// クロージャとアロー関数を使用しています
```

ただし、例外的な状況もあります。現実世界の問題の性質上、配列の各要素の位置（添字）が意味を持つ場合（2 章の全単射を参照）、添字を使用したループが適切な選択となります。このような場合でも、常に現実世界の対応物を参考にすることを忘れないでください。多くの開発者はこのようなコードの改善を些細なものと考え、その重要性を見逃しがちです。しかし、クリーンコードを構築する上で、こういった小さな宣言的な要素の積み重ねによって、コード全体の質を大きく向上させることができるのです。

関連するレシピ

- レシピ 7.1 略語の回避

レシピ 6.7 設計上の判断の明確な表現

問題

コードに関して重要な判断をし、その理由や意図をほかの開発者に伝える必要がある場合。

解決策

判断の意図が明確に伝わるような説明的な名前を使用し、コード自体で設計の意図を表現しましょう。

考察

設計や実装に関する判断は、コード自体で明確に表現するべきです。たとえば、特定の判断を反映した処理を独立したメソッドとして抽出し、その意図が明確に伝わる名前を付けることが有効です。コードにコメントを使用するのは避けるべきです。コメントは「死んだコード」であり、簡単に古くなる可能性があり、またコンパイルされないためです。代わりに、判断を明示的にコードで表現し、コメントの内容をメソッドとして実装しましょう。時には、簡単にテストできないような規則や制約が存在する場合があります。たとえば、特定の条件下でテストが失敗するケースを書くことが難しいというような場合です。そのような場合、将来の変更に対する警告としてコメントを残すのではなく、その規則や制約を表現する意図が明確な名前を持つ関数を作成するべきです。

ここに、設計判断が明示的になっていない例を示します。

```
// このプロセスはより大きなメモリ上で実行する必要があります
set_memory("512k");

run_process();
```

次の例は明示的で明確であり、メモリ増加の理由についてのヒントを与えます。

```
increase_memory_to_avoid_false_positives();
run_process();
```

コードは物語を語るものです。そして、設計上の判断はその物語の一部として表現されるべきです。

関連するレシピ

- レシピ 8.5 コメントの関数名への変換
- レシピ 8.6 メソッド内のコメントの削除

レシピ 6.8 マジックナンバーの定数での置き換え

問題

メソッド内で、意味や由来が不明確な数値を直接使用している場合。

解決策

説明のない**マジックナンバー**を避けましょう。これらの数値の出所が不明確であり、変更がコード全体に予期せぬ影響を与える可能性があるため、慎重に扱う必要があります。

考察

マジックナンバーはコードの結合度を高め、テストや理解を難しくします。改善するには、マジックナンバーを定数で置き換え、その定数に意味や意図を明確に示す名前を付けるべきです。さらに可能な場合はこれらの定数をパラメータとして扱うことで、テスト時に外部からモック化できるようになります（「レシピ 20.4 モックの実オブジェクトへの置き換え」を参照）。定数の定義は、多くの場合、その定数を使用するオブジェクトとは別のクラスや場所で行います。幸いなことに、多くのリンタは属性やメソッド内の数値リテラルを検出する機能を持っているので、マジックナンバーの発見に役立ちます。

以下はよく知られた定数の例です。

```
function energy($mass) {
    return $mass * (299792 ** 2);
}
```

例を書き直すと、次のようになります。

```
function energy($mass) {
    return $mass * (LIGHT_SPEED_KILOMETERS_OVER_SECONDS ** 2);
}
```

関連するレシピ

- レシピ 5.2　変更が必要な変数の適切な宣言
- レシピ 5.6　変更可能な定数の凍結
- レシピ 10.4　コードからの過度な技巧の除去
- レシピ 11.4　過剰な括弧の除去
- レシピ 17.1　隠された前提の明確化
- レシピ 17.3　ゴッドオブジェクトの分割

レシピ 6.9　「何を」と「どのように」の分離

問題

時計の針を見て時間を知るのではなく、時計の内部の歯車を覗き込んでいるようなコードがある場合。つまり、コードが達成すべき目的ではなく、その内部の実装の詳細に焦点を当てている場合。

解決策

実装の詳細に立ち入らないようにしましょう。具体的な手順を逐一指定する（命令型）のではなく、達成したい目的や期待される結果を明確に示す（宣言型）ようにプログラミングしましょう。

考察

「何を」と「どのように」を分離する際、適切な名前を選ぶことが重要です。名前は「何を」行うのかを明確に示し、「どのように」行うかの詳細を隠すものであるべきです。関心事の分離、つまり「何を」と「どのように」を区別することは、ソフトウェア開発において難しい課題ですが、非常に重要です。目的に焦点を当てたソフトウェアは、時間が経過しても変更や拡張が容易です。一方、実装の詳細に依存したソフトウェアは、ほかの部分との結合が強くなり、将来的な変更が困難になります。

変更をコメントで文書化することがありますが、コメントは滅多に保守されないため、これは良い解決策ではありません（「レシピ8.5　コメントの関数名への変換」を参照）。変更のしやすさと意図の明確さを重視して設計すれば、コードはより長く生き残り、より効果的に機能するでしょう。

以下のコードサンプルでは、次の段階への移行処理が stepWork の保留中のタスクと密接に結びついています。

```
class Workflow {
    moveToNextTransition() {
        // ビジネスルールを偶発的な実装と結びつけてしまっています
        if (this.stepWork.hasPendingTasks()) {
            throw new Error('前提条件を満たしていません。');
        } else {
            this.moveToNextStep();
        }
    }
}
```

本レシピを適用したより良い解決策は次の通りです。

```
class Workflow {
    moveToNextTransition() {
        if (this.canMoveOn()) {
            this.moveToNextStep();
        } else {
            throw new Error('前提条件を満たしていません。');
        }
    }

    canMoveOn() {
        // 「何を」の中に「どのように」という偶発的な実装を隠蔽
        return !this.stepWork.hasPendingTasks();
    }
}
```

適切な名前を選び、必要に応じて抽象化層を追加することで、早すぎる最適化を避けるべきです（16章を参照）。パフォーマンスへの影響や実装の詳細を知る必要性を懸念する意見は、ここでは重要ではありません。現代の仮想マシンは、これらの追加のメソッド呼び出しをキャッシュしたりインライン化することで、最適化を施します。

関連するレシピ

- レシピ8.5　コメントの関数名への変換
- レシピ19.6　グローバルクラスの適切な命名

レシピ 6.10　正規表現の可読性の向上

問題

複雑で理解しづらい正規表現を使用している場合。

解決策

複雑な正規表現を、より短く、理解しやすいように分解しましょう。

考察

正規表現は可読性や保守性、テスト容易性を損ないます。そのため、主に文字列の検証に使用するべきです。オブジェクトのデータを操作する必要がある場合は、それらを文字列に変換して正規表現を使うのではなく、「レシピ 4.1　小さなオブジェクトの生成」のレシピを参考に、適切なオブジェクトを作成して処理しましょう。

以下は理解しづらい正規表現の例です。

```
val regex = Regex("^\\+(?:[0-9][ -]?){6,14}[0-9]$")
```

これを以下のように分解すると、理解とデバッグが容易になります。

```
val prefix = "\\+"
val digit = "[0-9]"
val space = "[ -]"
val phoneRegex = Regex("^$prefix(?:$digit$space?){6,14}$digit$")
```

正規表現は強力なツールですが、適切に使用しないと問題を引き起こす可能性があります。誤用を自動的にチェックする方法は限られていますが、許可リストの使用などが有効な場合もあります。正規表現は主に文字列の操作や検証に適しています。使用する際は、複雑な正規表現を小さく分解し、それぞれに意味のある名前を付けることで、パターンの意図を明確にしましょう。オブジェクトや階層構造のデータを扱う場合は、通常、オブジェクトを使ったアプローチを優先すべきです。ただし、正規表現の使用が**顕著な**パフォーマンス向上をもたらすことが、ベンチマークで示される場合は例外となります。

関連するレシピ

- レシピ 4.7　文字列検証のオブジェクトとしての実装
- レシピ 10.4　コードからの過度な技巧の除去
- レシピ 16.2　早すぎる最適化の排除
- レシピ 25.4　危険な正規表現の改善

レシピ6.11　ヨーダ条件式の書き換え

問題

等価比較式において、定数値を式の左側に、変数を右側に配置している場合。

解決策

等価比較式を書く際は、変数を左側に、比較対象となる定数値を右側に配置しましょう。

考察

一般的に、プログラマは等価比較式を書く際に変数を先に記述し、その後比較対象となる値を記述します。これは実際にアサーションを書く際の正しい順序でもあります。しかし、一部の言語では、誤って等価比較（==）の代わりに代入（=）をしてしまうことを防ぐために、ヨーダ条件式という書き方が使われることがあります。

以下はヨーダ条件式[†3]の例です。

```
if (42 == answerToLifeMeaning) {
  // タイプミスによる誤った代入を防ぎます
  // '42 = answerToLifeMeaning'は文法的に無効なため、
  // コンパイルエラーになります
}
```

これを書き換えると次のようになります。

```
if (answerToLifeMeaning == 42) {
  // タイプミスで'answerToLifeMeaning = 42'と書いてしまうと、
  // 意図せず代入が行われてしまう可能性があります
}
```

ただし、現代の多くの言語や開発環境では、このような誤りを検出できるため、ヨーダ条件式を使用する必要性は減少しています。可読性を重視し、常に変数は等価比較式の左側に、比較対象となる値を右側に配置しましょう。

関連するレシピ

- レシピ 7.15　引数名の役割に応じた改善

†3　訳注：ヨーダ条件式（Yoda conditions）は、条件式の形式の一つで、スター・ウォーズのキャラクターであるヨーダの独特な話し方に由来しています。具体的には、等価比較式の右辺と左辺を通常とは逆に配置するスタイルを指します。

レシピ 6.12　不適切な表現を含むメソッドの除去

問題

コードやコメント、変数名などに、不適切なユーモアや攻撃的な表現、人々を不快にさせる可能性のある言葉を使用している場合。

解決策

くだけた表現や攻撃的な表現は避けましょう。コードの読み手に対して思いやりを持ちましょう。

考察

意味のある名前を使用して、プロフェッショナルな方法でコードを書く必要があります。プログラミングには創造的な側面があります。時に退屈して冗談を入れようとすると、コードの可読性を損ない、自身の評判を落とすことにつながる可能性があります。以下はプロフェッショナルではないコードの例です。

```
function eradicateAndMurderAllCustomers();
// 不適切で攻撃的です
```

より適切なメソッド名は次のようになります。

```
function deleteAllCustomers();
// より宣言的でプロフェッショナルです
```

禁止語や不適切な用語のリストを作成し、自動チェックやコードレビュー時に確認することをお勧めします。命名規則は汎用的であるべきで、文化固有の俗語は避けるべきです。プロダクションコードは、将来のソフトウェア開発者（未来の自分も含む）が容易に理解できるように書くべきです。

関連するレシピ

- レシピ 7.7　抽象的な名前の変更

レシピ 6.13　コールバック地獄の回避

問題

コールバックを使用した非同期コードが過度にネストされており、読みにくくメンテナンスが困難な状態にある場合。

解決策

コールバックを使用して処理をするのではなく、順序立てて処理を記述しましょう。

考察

コールバック地獄とは、コード内に複数のコールバックがネストされていて、複雑で読みにくいコード構造になっている状態のことです。これはJavaScriptで非同期プログラミングを行う際によく見られ、コールバック関数がほかの関数に引数として渡されます。深いネストは、運命のピラミッド（Pyramid of Doom）と呼ばれることもあります。

このような構造では、各関数がコールバックを引数に取る新しい関数を返すことがあり、結果としてネストされたコールバックの連鎖が形成されます。こうしたコードは、処理の流れを追跡したり全体を理解したりすることが急速に困難になります。

以下はコールバック地獄の簡単な例です。

```
asyncFunc1(function (error, result1) {
  if (error) {
    console.log(error);
  } else {
    asyncFunc2(function (error, result2) {
      if (error) {
        console.log(error);
      } else {
        asyncFunc3(function (error, result3) {
          if (error) {
            console.log(error);
          } else {
            // ネストされたコールバックが続きます...
          }
        });
      }
    });
  }
});
```

これを以下のように書き換えることができます。

```
function asyncFunc1() {
  return new Promise((resolve, reject) => {
    // 非同期処理
    // ...

    // 成功した場合
    resolve(result1);

    // エラーの場合
    reject(error);
```

```
  });
}

function asyncFunc2() {
  return new Promise((resolve, reject) => {
    // 非同期処理
    // ...

    // 成功した場合
    resolve(result2);

    // エラーの場合
    reject(error);
  });
}

async function performAsyncOperations() {
  try {
    const result1 = await asyncFunc1();
    const result2 = await asyncFunc2();
    const result3 = await asyncFunc3();

    // さらなる処理を続行
  } catch (error) {
    console.log(error);
  }
}

performAsyncOperations();
```

この問題を解決するために、Promise や async/await を使用しましょう。これらを使うことで、コードの可読性とデバッグのしやすさを向上させることができます。

関連するレシピ

- レシピ 10.4　コードからの過度な技巧の除去
- レシピ 14.10　ネストされた if 文の書き換え

レシピ 6.14　良いエラーメッセージの作成

問題

あなたのコードを使用する開発者（あなた自身を含む）とエンドユーザーの両方のために、適切なエラーメッセージを作成する必要がある場合。

解決策

エラーメッセージの中では意味のある説明を使用し、発生したエラーへの対処方法を提案しましょう。このような親切心をユーザーに示すことは、大きな効果をもたらします。

考察

プログラマがUXの専門家であることは稀です。それでもなお、エンドユーザーのことを考えたわかりやすいエラーメッセージを使用し、問題解決のための明確な指示をメッセージに含めるべきです。また、ユーザーが予期しない動作や結果に遭遇しないよう、驚き最小の原則（「レシピ5.6 変更可能な定数の凍結」を参照）に従ってインターフェースを設計する必要があります。

以下は悪いエラーメッセージの例です。

```
alert("予約をキャンセルしますか？", "はい", "いいえ");

// これによってどういった結果になるのかや取りうる行動の
// 選択肢が不明確です
```

次のようにより宣言的なエラーメッセージに変更することができます。

```
alert("予約をキャンセルしますか？\n" +
      "すべての履歴を失います",
      "予約をキャンセルする",
      "編集を続ける");

// 結果が明確に示されています
// 選択肢に文脈があります
```

エラーが発生した場合、それを正常な値で表現しないようにしましょう。特にエラー状態と値が0である状態を明確に区別することが重要です。以下は、銀行口座の残高を表示するシステムにおいて、ネットワークエラーなどで残高が取得できない場合にそれを残高が0であると扱い、エンドユーザーに不必要な不安を与えてしまうコードの例です。

```
def get_balance(address):
    url = "https://blockchain.info/q/addressbalance/" + address
    response = requests.get(url)
    if response.status_code == 200:
        return response.text
    else:
        return 0
```

以下のコードはより明確で明示的です。

```
def get_balance(address):
    url = "https://blockchain.info/q/addressbalance/" + address
    response = requests.get(url)
    if response.status_code == 200:
        return response.text
```

```
    else:
        raise BlockchainNotReachableError("ブロックチェーンに接続できませんでした")
```

宣言的な例外の説明

例外の説明は、エラーそのものではなく、ビジネスルールについて言及すべきです。

- 良い説明の例：「数字は 1 から 100 の間である必要があります」
- 悪い説明の例：「数値が範囲外です」 このメッセージからは、どの範囲が適切なのかがわかりません。

コードレビューの際には、すべての例外メッセージを注意深く確認しましょう。また、例外を発生させたりエラーメッセージを表示する際は、常にエンドユーザーの視点に立って考えることが重要です。

関連するレシピ

- レシピ 15.1　Null オブジェクトの作成
- レシピ 17.13　ユーザーインターフェースからのアプリケーションロジックの分離
- レシピ 22.3　期待されるケースにおける例外の使用の回避
- レシピ 22.5　リターンコードの例外への置き換え

レシピ 6.15　自動的な値の変換の回避

問題

一部のプログラミング言語では、コードの意図が不明確なまま自動的に値の変換や暗黙的な処理が行われることがあります。これらの動作をより明示的にし、フェイルファストの原則に従ったコードを書く必要がある場合。

解決策

コードから自動的な値の変換や暗黙的な処理を取り除き、明示的な処理に置き換えましょう。

考察

一部の言語では、問題を隠蔽し、自動的な値の変換や暗黙的な型変換を行います。これはフェイルファストの原則に反します。コードはできる限り明示的に書き、すべての曖昧さを取り除くべきです。以下のような、自動的な値の変換や暗黙的な処理を含むコードを変更しましょう。

```
new Date(31, 02, 2020);

1 + 'Hello';
```

```
!3;

// これらは一部の言語で有効です
```

より明示的なプログラミング言語の場合、以下のようになります。

```
new Date(31, 02, 2020);
// 例外を投げます

1 + 'Hello';
// 型が不一致です

!3;
// 整数型の値を否定できません
```

図6-1 では、数値を文字列に加算した際の予期しない結果が示されています。これは現実世界では無効であり、例外を発生させるべきです。

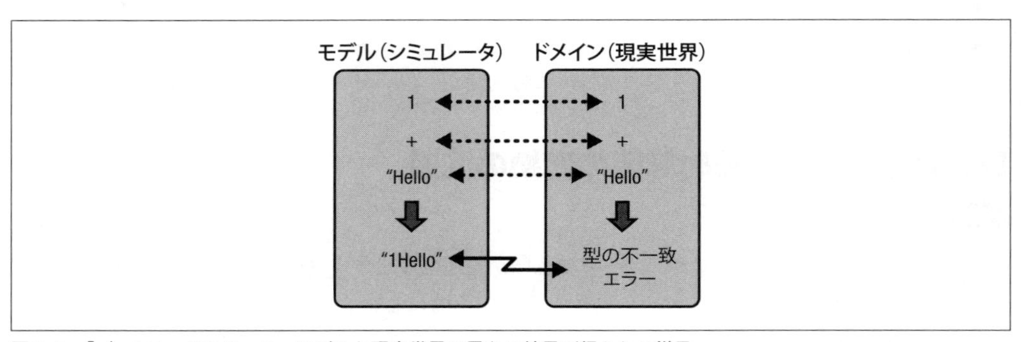

図6-1 「+」メソッドによって、モデルと現実世界で異なる結果が得られる様子

これらの問題の多くは、プログラミング言語自体の特性に起因しています。コードを書く際は、できる限り明確で明示的な表現を心がけるべきです。言語の特殊な動作や暗黙的な機能に頼るのは避けましょう。特に、その動作が直感的ではない、または予測しづらい場合はなおさらです。多くのプログラマは、言語の特殊な機能を利用して賢いコードを書こうとしますが、これは不必要に複雑で難解なコードを生み出すことにつながります。このようなアプローチは、クリーンコードの考え方に反します。

関連するレシピ

- レシピ 10.4 コードからの過度な技巧の除去
- レシピ 24.2 真値の扱い

7章
命名

> コンピュータサイエンスにおいて難しいことは2つだけ。キャッシュの無効化と名前付けです。
>
> — Phil Karlton

はじめに

ソフトウェア開発において命名は重要な側面です。それはコードの可読性、理解のしやすさ、保守性に直接影響します。オブジェクト、クラス、変数、関数などには良い名前を選ぶ必要があります。良い名前は混乱やエラーの発生を防ぎ、ほかの開発者がそのコードを使用、変更、デバッグしやすくなります。名前はコンパイラやインタープリタにとっては無関係です。しかし、コーディングは人間が中心となる活動です。悪い名前は混乱や誤解、さらには欠陥を招きます。名前が一般的すぎたり不明瞭であったりすると、それが表すコンポーネントの目的や振る舞いを正確に反映せず、ほかの開発者がその使用方法や変更方法を理解するのが難しくなり、エラーや時間の無駄につながります。

レシピ7.1　略語の回避

問題

曖昧な略語を名前に使用している場合。

解決策

明確で、十分に長く、曖昧さがなく、説明的な名前を使用しましょう。

考察

不適切な名前は、ほとんどのソフトウェアプロジェクトでプログラマが直面する問題であり、略語は文脈に依存し、曖昧です。過去にはメモリが不足していたため、プログラマは短い名前を使用していましたが、現在ではそういった問題はほとんど発生しません。変数、関数、モジュール、パッケージ、名前空間、クラスなど、すべての文脈で略語を避けるべきです。

以下の例を、標準的なGo言語の命名規則に従って検討してみましょう。

```
package main

import "fmt"

type YVC struct {
    id int
}

func main() {
    fmt.Println("Hello, World")
}
```

名前に略語を使うという早すぎる最適化（16章を参照）は、可読性と保守性を損ないます。一部の言語では、この悪い習慣が根付いており、変えるのは難しいかもしれません。しかし、自由に変更できるのであれば、上記のコードは次のように改善すべきです。

```
package main

import "formatter"

type YouTubeVideoContent struct {
    imdbMovieIdentifier int
}

func main() {
    formatter.Println("Hello, World")
}
```

図7-1に示すように、fmtという省略語は、多くの省略語と同様に、現実世界の複数の異なる概念に対応しています。

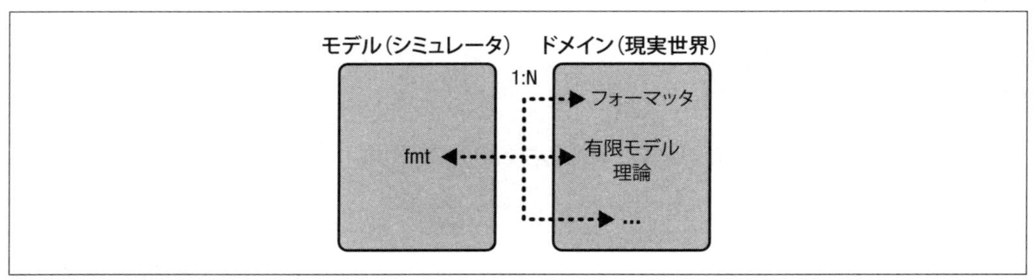

図7-1　名前が省略され、複数の概念に対応しているため、モデルの中で曖昧になっている様子

コンピュータサイエンスは数学から誕生しました。数学では、一文字の変数（**i**、**j**、**x**、**y**）の使用が一般的です。変数の概念から参照の概念が生まれ、多くの人が数学者は短い変数名で作業できるのに、なぜコンピュータ科学者にはそれができないのかと疑問に思っています。数学では、変数は式に組み込まれると具体的な意味を持たなくなり、形式的に扱われます。数学者は厳密な命名規則に従い、変数名を慎重に選びます。数学では常に明確に定義された局所的な文脈があるため、一文字の変数名でも十分区別できるのです。

一方、プログラミングではこのアプローチは適していません。略語の意味を解読しようとすると、脳は多くのエネルギーを消費し、時には誤解を招くこともあります。重要なのは、ソフトウェアは人間が読むために書くものであり、コンパイラのためではないということです。曖昧な名前は複数の意味を持つ可能性があります。たとえば、`/usr` は **user** ではなく **Unix System Resources** を意味し、`/dev` は **development** ではなく **device** を意味します。

関連するレシピ

- レシピ7.6　長い名前の変更
- レシピ10.4　コードからの過度な技巧の除去

レシピ7.2　ヘルパーとユーティリティクラスの改名と責務の分割

問題

`Helper` という名前のクラスがあり、そのクラスの責務が不明確で凝集度が低い場合。

解決策

クラスの名前をより具体的で適切なものに変更し、責務を分割しましょう。

考察

多くのフレームワークやコードサンプルで、ヘルパークラスがよく見られます。しかし、`Helper` という名前は曖昧で意味に乏しく、通常、驚き最小の原則（「レシピ5.6　変更可能な定数の凍結」を参照）と、現実世界との**全単射**（2章を参照）に反しています。この問題に対処するには、まずクラスの実際の役割を反映した、より適切な名前を見つける必要があります。ヘルパークラスが複数の異なる機能を提供するライブラリのような役割を果たしている場合は、各機能を独立したメソッドやクラスとして実装し直すことが有効です。

ヘルパークラスの例を以下に示します。

```
export default class UserHelpers {
  static getFullName(user) {
    return `${user.firstName} ${user.lastName}`;
  }
```

```
  static getCategory(userPoints) {
    return userPoints > 70 ? 'A' : 'B';
  }
}

// スタティックメソッドに注目
import UserHelpers from './UserHelpers';

const alice = {
  firstName: 'Alice',
  lastName: 'Gray',
  points: 78,
};

const fullName = UserHelpers.getFullName(alice);
const category = UserHelpers.getCategory(alice.points);
```

より適切な名前を使用し、責務を分割しましょう。

```
class UserScore {
  // これは貧弱なクラスで、より適切なインターフェースを持つべきです

  constructor(name, lastname, points) {
    this._name = name;
    this._lastname = lastname;
    this._points = points;
  }

  name() {
    return this._name;
  }

  lastname() {
    return this._lastname;
  }

  points() {
    return this._points;
  }
}

class FullNameFormatter {
  constructor(userscore) {
    this._userscore = userscore;
  }

  fullname() {
    return `${this._userscore.name()} ${this._userscore.lastname()}`;
  }
}
```

```
class CategoryCalculator{
  constructor(userscore) {
    this._userscore = userscore;
  }

  display() {
    return this._userscore.points() > 70 ? 'A' : 'B';
  }
}

let alice = new UserScore('Alice', 'Gray', 78);

const fullName = new FullNameFormatter(alice).fullname();
const category = new CategoryCalculator(alice).display();
```

元のヘルパークラスを、状態を持たない形に変更し、より再利用しやすくすることもできます。次の例では、FullNameFormatter と CategoryCalculator クラスが状態を持たなくなり、それぞれのメソッドが引数として UserScore オブジェクトを受け取るように変更されています。

```
class UserScore {
  // これは貧弱なクラスであり、より適切なインターフェースを持つべきです

  constructor(name, lastname, points) {
    this._name = name;
    this._lastname = lastname;
    this._points = points;
  }

  name() {
    return this._name;
  }

  lastname() {
    return this._lastname;
  }

  points() {
    return this._points;
  }
}

class FullNameFormatter {
  fullname(userscore) {
    return `${userscore.name()} ${userscore.lastname()}`;
  }
}

class CategoryCalculator {
  display(userscore) {
    return userscore.points() > 70 ? 'A' : 'B';
```

```
  }
}

let alice = new UserScore('Alice', 'Gray', 78);

const fullName = new FullNameFormatter().fullname(alice);
const category = new CategoryCalculator().display(alice);
```

図7-2 では、`NumberHelper` が実世界の対応する概念よりも多くの責務と振る舞いを持っていることが示されています。

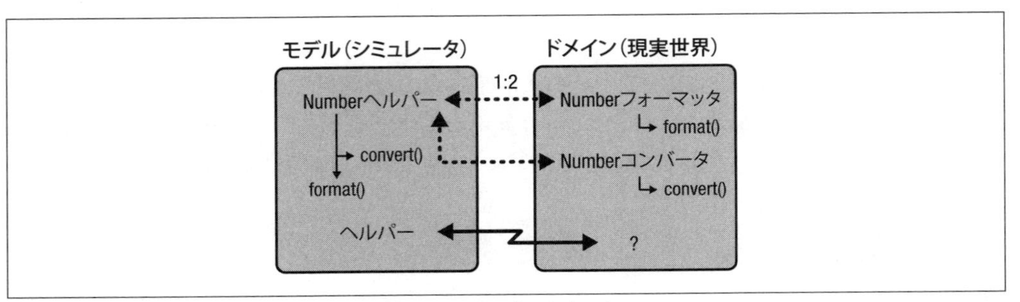

図7-2　`NumberHelper` は実世界の単一の対象にマッピングできません

関連するレシピ

- レシピ 6.5　責務の適切な再配置
- レシピ 7.7　抽象的な名前の変更
- レシピ 11.5　過度なメソッドの削除
- レシピ 18.2　スタティックメソッドの具象化
- レシピ 23.2　無名関数の具象化

レシピ7.3　myで始まるオブジェクト名の変更

問題

変数名が `my` で始まっている場合。

解決策

`my` で始まる変数名を、より適切な名前に変更しましょう。

考察

`my` で始まるオブジェクト名は文脈が欠如しており、全単射の原則に反しています。そのオブジェクトの役割がわかるような名前に変更すべきです。多くの古いチュートリアルでは、`my` という接頭辞を安易に使用しています。これは曖昧で、次の例のような文脈の誤りを招きます。

```
MainWindow myWindow = Application.Current.MainWindow as MainWindow;
```

次は、販売窓口の役割を明確にした改善例です。

```
MainWindow salesWindow = Application.Current.MainWindow as MainWindow;

/*
窓口の名前が具体的になっており、はっきりとした役割を持った窓口オブジェクト
であるということが明確になりました
*/
```

レシピ 7.4　result という名の変数の回避

問題

関数、メソッドの呼び出し、または計算の結果を `result` という曖昧な名前で表している場合。

解決策

常に役割を明確に示す適切な名前を使用しましょう。`result` という名前は常に避けるべき選択肢です。

考察

結果の意味を明確にしましょう。名前の付け方がわからない場合は、最後の関数呼び出しと同じ名前を変数に付けるだけでも良いです。以下は、メソッド呼び出し後の結果が `result` 変数に割り当てられる例です。

```
var result;
result = lastBlockchainBlock();

// 多くの関数呼び出し
addBlockAfter(result);
```

より適切な、役割を示す名前の使用例は以下の通りです。

```
var lastBlockchainBlock;
lastBlockchainBlock = findLastBlockchainBlock();

// 多くの関数呼び出し
// 変数の定義と使用箇所の間隔を最小限に抑えるために
```

```
// リファクタリングすべきです
addBlockAfter(lastBlockchainBlock);
```

`result`は一般的で意味のない名前の一例であり、名前を変更するリファクタリングはコストもかからず安全です。このようなコードに遭遇した場合は、ボーイスカウトのルールに従いましょう。

ボーイスカウトのルール

アンクル・ボブの**ボーイスカウトのルール**では、ボーイスカウトがキャンプ場を去る時に来た時よりもきれいにしておくように、コードも以前よりも良い状態にしておくことを提唱しています。このルールは、開発者にコードベースに触れるたびに小さな段階的な改善を行うことを奨励し、後で対処が困難になる技術的負債（21章を参照）の蓄積を防ぎます。さらに、このルールは現状では問題なく機能しているコードであっても改善の余地があれば変更を加えることを推奨しています。これは「うまく動いているものには手を加えるな」という一般的な考えとは対照的です。

`theResult`という名前にも同様の問題があります。別の例を見てみましょう。

```
var result;
result = getSomeResult();

var theResult;
theResult = getSomeResult();
```

同じレシピを適用すると、次のようになります。

```
var averageSalary;
averageSalary = calculateAverageSalary();

var averageSalaryWithRaises;
averageSalaryWithRaises = calculateAverageSalary();
```

「うまく動いているものには手を加えるな」原則

「**うまく動いているものには手を加えるな**」原則は、ソフトウェア開発でよく聞かれる表現です。この原則は、ソフトウェアシステムが問題なく機能している場合、変更や改善を加えるべきではないという考え方を示しています。この原則の背景には歴史的な理由があります。この考え方は、ソフトウェアに自動テストが普及していなかった時代に遡ります。当時は、変更を加えることで既存の機能を損なう可能性が高く、リスクが大きかったのです。実際のユーザーは通常、新機能の欠陥は許容しますが、これまで正常に動作していたものが期待通りに動かなくなると非常に怒ります。

関連するレシピ

- レシピ 7.7　抽象的な名前の変更

関連項目

- Robert C. Martin 著、『Clean Code: A Handbook of Agile Software Craftsmanship』（邦訳『Clean Code アジャイルソフトウェア達人の技』ドワンゴ）

レシピ 7.5　型に基づいた変数名の変更

問題

名前は常に役割を示すべきですが、変数名に型情報が含まれている場合。

解決策

型情報は偶発的なものであり、現実世界との全単射の観点から見ると本質的ではないため、名前から削除しましょう。

考察

常に変更を想定して設計し、偶発的な実装に結びついた実装の詳細は隠蔽すべきです。そのために、変数をそれらの役割に応じて名前を変更しましょう。以下の例では、`regex` という名前を使って新しいインスタンスを作成しています。

```
public bool CheckIfPasswordIsValid(string textToCheck)
{
  Regex regex = new Regex(@"[a-z]{2,7}[0-9]{3,4}");
  var isValid = regex.IsMatch(textToCheck);
  return isValid;
}
```

変数 `regex` に意味のある名前を付けると次のようになります。

```
public bool CheckIfStringHas3To7LowercaseCharsFollowedBy3or4Numbers(
  string password)
{
  Regex stringHas3To7LowercaseCharsFollowedBy3or4Numbers =
    new Regex(@"[a-z]{2,7}[0-9]{3,4}");
  var hasMatch =
    stringHas3To7LowercaseCharsFollowedBy3or4Numbers.IsMatch(password);
  return hasMatch;
}
```

名前は役割を伝えるのに十分な長さであるべきですが、長すぎてもいけません（次の「レシピ7.6　長い名前の変更」も参照）。また、リンタを使って、既存のクラス、型、予約語に関連した名前の使用に対して警告を出すようにすることで、この意味論的なルールを確実に遵守することもできます。そういった名前は実装に関連しすぎています。最初に思いつく名前は、実装の詳細という偶発的な視点に基づいていることがあります。2章で定義されているMAPPERの原則に基づいて適切なモデルを構築するには時間がかかります。モデルの理解が深まり、より本質的な役割が明確になったら、それに合わせて変数の名前を見直し、必要に応じて変更する必要があります。

関連するレシピ

- レシピ7.6　長い名前の変更
- レシピ7.7　抽象的な名前の変更
- レシピ7.9　属性名からのクラス名の削除

レシピ7.6　長い名前の変更

問題

非常に長く冗長な名前を使っている場合。

解決策

名前は長くて説明的であるべきですが、長すぎないように注意しましょう。名前を短くする際には、独自の略語は使用しないようにしましょう。

考察

長い名前は可読性を低下させ、認知的負荷を増加させる可能性があります。目安として、現実世界の対象のシステムや機能に関連する名前を使用すると良いでしょう。現実世界で一般的に使用されている略語の場合（例：URL、HTTP、SSNなど）、曖昧さがなければ、その略語を使用することは全く問題ありません。

以下に長くて冗長な名前の例を示します。

```
PlanetarySystem.PlanetarySystemCentralStarCatalogEntry
```

こちらはより短くて簡潔な名前です。

```
PlanetarySystem.CentralStarCatalogEntry
```

リンタを設定して、長すぎる名前について警告を出すことができます。ただし、名前の長さに関しては厳格なルールはありません。あくまで目安があるだけで、その目安も状況によって変わることに注意しましょう。

認知的負荷

認知的負荷とは、情報を処理し、タスクを完了するために必要な精神的な努力とリソースの量のことです。これは、人が情報を処理し、理解し、同時に記憶しようとする際に、作業記憶にかかる負担を指します。

関連するレシピ

- レシピ 7.1　略語の回避

関連項目

- Agile Otter、「Long and Short of Naming」(https://oreil.ly/G_69K)

レシピ 7.7　抽象的な名前の変更

問題

名前が抽象的すぎる場合。

解決策

現実世界との対応付けに基づいて、抽象的な名前を具体的なものに置き換えましょう。

考察

名前は現実世界の意味を反映すべきです。プログラム内の要素に名前を付ける際は、抽象的な概念を現実世界の具体的な概念に結びつける必要があります。このような適切な名前は、多くの具体的な概念をモデル化した後、開発プロセスの後半で見出されることが多いです。通常、適切なドメイン固有の名前は存在しますが、それらを特定するのは容易ではありません。一方で、`abstract`、`base`、`generic`、`helper` などの漠然とした名前を使用することは避けるべきです。

以下に抽象的な名前の例をいくつか示します。

```
final class MeetingsCollection {}
final class AccountsComposite {}
final class NotesArray {}
final class LogCollector {}
abstract class AbstractTransportation {}
```

これらに対する、現実世界の概念に対応した、より具体的で良い名前の例は以下の通りです。

```
final class Schedule {}
final class Portfolio {}
final class NoteBook {}
final class Journal {}
final class Vehicle {}
```

リンタを使って、`base`、`abstract`、`helper`、`manager`、`object`などの特定の単語の使用に対して警告を出すよう、独自のポリシーやルールを設定することができます。適切な名前を見つけることは、設計プロセスの最後に行うべき作業です。ビジネスロジックを十分に理解していない段階では、まず振る舞いの境界を定義し、その後で適切な名前が自然と浮かび上がってくることが多いです。

関連するレシピ

- レシピ7.2　ヘルパーとユーティリティクラスの改名と責務の分割
- レシピ7.14　クラス名からのImplの削除
- レシピ12.5　過剰なデザインパターンの見直し

レシピ7.8　スペルミスの修正

問題

コード内の名前にスペルミスがある場合。

解決策

名前には注意を払ってください。自動スペルチェッカーを使用しましょう。

考察

可読性は常に重要です。スペルミスはコード内の用語の検索を困難にします。また、ポリモーフィズム（「レシピ14.14　非ポリモーフィック関数からポリモーフィック関数への変換」を参照）は、同じ名前のメソッドを異なるクラスで定義することで実現されます。そのため、スペルミスはポリモーフィズムの正しい動作を妨げる可能性があります。以下の例では、スペルミスがどのような問題を引き起こすかを示しています。

```
comboFeededBySupplyer = supplyer.providers();
```

修正後は以下のようになります。

```
comboFedBySupplier = supplier.providers();
```

名前には十分注意を払いましょう。数ヶ月後にそのコードを読み返すのは、おそらくあなた自身だからです。

関連するレシピ

- レシピ 9.1　コーディング規約への準拠

レシピ 7.9　属性名からのクラス名の削除

問題

属性名にクラス名が含まれている場合。

解決策

属性名にクラス名を接頭辞として使用しないようにしましょう。

考察

名前における冗長性はコードの不吉な臭いです。属性は常にクラスのコンテキスト内で使用されるため、クラス名を接頭辞としてつける必要はありません。これはシンプルですが効果的な改善方法です。以下のコードスニペットを見てみましょう。クラス `Employee` の属性に `emp` という接頭辞が付いています。

```
public class Employee {
  String empName = "John";
  int empId = 5;
  int empAge = 32;
}
```

これらの接頭辞を取り除くと、冗長性がなくなり、コードはよりコンパクトになります。

```
public class Employee {
  String name;
  int id; // id の使用は別の問題です
  int age; // 年齢を保存すること自体も別の問題です
}
```

接頭辞に完全なクラス名が含まれている場合、リンタが警告を出すことができます。常に覚えておくべきことですが、型やデータではなく、その属性が表す機能や役割に基づいて名前を付けるようにしましょう。

関連するレシピ

- レシピ 7.3　my で始まるオブジェクト名の変更

- レシピ 7.5 型に基づいた変数名の変更
- レシピ 7.10 クラス・インターフェース名からの識別用文字の削除

レシピ7.10 クラス・インターフェース名からの識別用文字の削除

問題

クラスやインターフェースの名前の先頭に、その種類を示す文字（例：抽象クラスを表す“A”やインターフェースを示す“I”）を使用している場合。

解決策

クラスやインターフェースの名前に識別用の文字を付けないようにしましょう。代わりに、MAPPERの原則に従い、現実世界の概念を適切に表す名前を使用しましょう。

考察

この慣習は一部の言語で非常に一般的ですが、コードの可読性を損ない、コード内の概念と現実世界の概念を対応させる際に不必要な認知的負荷を生み出します。また、意図せずに実装の詳細を露呈してしまう可能性もあります。オブジェクトの名前は、その性質ではなく機能に基づいてつけるべきです。一部の言語では、データ型、抽象クラス、インターフェースに関する慣習的な命名規則がありますが、これらはモデルの理解を複雑にし、KISSの原則に反することになります（「レシピ6.2 不要な空行の整理」を参照）。たとえば、C#では、インターフェースの名前の先頭に“I”をつけるのが一般的です。これは、インターフェースとクラスを区別するためです。

以下は、エンジンのインターフェースと車のクラスを示す例です。

```
public interface IEngine
{
    void Start();
}

public class ACar {}
```

MAPPERの原則に従った名前を使用すると、次のようにより明確になります。

```
public interface Engine
{
    void Start();
}

public class Vehicle {}
public class Car {}
```

適切な名前が見つからない場合は、類語辞典を活用して、概念を適切に表現する別の用語を探してみるのも良いでしょう。

関連するレシピ

- レシピ 7.9 属性名からのクラス名の削除
- レシピ 7.14 クラス名からの Impl の削除

レシピ 7.11 「Basic」や「Do」という関数名の変更

問題

同じ機能を持つ関数に対して、さまざまなバリエーションが存在している場合。たとえば、`sort`、`doSort`、`basicSort`、`doBasicSort`、`primitiveSort`、`superBasicPrimitiveSort` などが混在している場合。

解決策

混乱を招き、急場しのぎの解決策のように見える関数ラッパーを取り除きましょう。

考察

ラッパーを使用すると、可読性が損なわれ、メソッド間に不必要な結合が生じます。これにより、ある機能の呼び出し点（エントリーポイント）が分かりにくくなります。また、似たような名前や役割を持つメソッドが複数存在するため、どのメソッドを使用すべきかの判断も難しくなります。機能を追加したり変更したりする必要がある場合は、単純なラッパーの代わりに、デコレータパターンなどを使いましょう。

以下は複数のエントリーポイントを持つ `Calculator` クラスの例です。

```
final class Calculator {

    private $cachedResults;

    function computeSomething() {
        if (isset($this->cachedResults)) {
            return $this->cachedResults;
        }
        $this->cachedResults = $this->logAndComputeSomething();
    }

    private function logAndComputeSomething() {
        $this->logProcessStart();
        $result = $this->basicComputeSomething();
        $this->logProcessEnd();
        return $result;
    }
```

```
    private function basicComputeSomething() {
        // ここで実際の処理を行います
    }
}
```

以下のスニペットは、メソッドの代わりにオブジェクトを使用してデコレータパターンを実装しています。

```
final class Calculator {
    function computeSomething() {
        // ここで実際の処理を行います
    }
}

// クリーンで凝集度が高く、単一の責務を持つクラス

final class CalculatorDecoratorCache {

    private $cachedResults;
    private $decorated;

    function computeSomething() {
        if (isset($this->cachedResults)) {
            return $this->cachedResults;
        }
        $this->cachedResults = $this->decorated->computeSomething();
    }
}

final class CalculatorDecoratorLogger {

    private $decorated;

    function computeSomething() {
        $this->logProcessStart();
        $result = $this->decorated->computeSomething();
        $this->logProcessEnd();
        return $result;
    }
}
```

リンタを使うことで、`doXXX()`、`basicXXX()` などの規則に従うラッピングメソッドを見つけることができます。

デコレータパターン

デコレータパターンを使用すると、同じクラスのほかのオブジェクトの振る舞いに影響を与えずに、個々のオブジェクトに動的に振る舞いを追加できます。

レシピ 7.12　複数形のクラス名の単数形への変更

問題

クラス名が複数形で表現されている場合。

解決策

クラス名は単数形で表現しましょう。クラスは概念を表し、概念は単数形です。

考察

適切な命名には時間と労力が必要です。また、チーム全体で一貫した命名規則に合意することが重要です。以下は、複数形のクラス名を使用している例です。

```
class Users
```

これを単純に次のように名前を変更すべきです。

```
class User
```

これにより、複数のユーザーを個別に作成し、それらをまとめて１つのコレクションに格納することができます。

レシピ 7.13　名前からの Collection の削除

問題

名前に `collection` という単語が含まれている場合。

解決策

名前に `collection` を含めないようにしましょう。それは具体的な概念に対してあまりにも抽象的です。

考察

適切な命名は非常に重要です。プログラミングにおいてコレクションを扱う機会は多いでしょう。コレクションには大きな利点があります。まず、要素の不在を表現するのに `null` を使う必要がありません。また、空のコレクションも要素を含むコレクションと同じように扱えるため、`null` チェックや `if` 文による分岐を減らすことができます。しかし、名前の一部に `collection` という語を含めると、かえって読みづらくなり、抽象化の乱用につながる可能性があります。適切な名前を選ぶ際は、MAPPER の原則に従って考えましょう。

変数に customerCollection という名前を付けた短い例を以下に示します。

```
for (var customer in customerCollection) {
    // 現在の customer を使った処理
}

for (var currentCustomer in customerCollection) {
    // 現在の currentCustomer を使った処理
}
```

次は、変数名を簡潔に修正した例です。

```
for (var customer in customers) {
    // 現在の customer を使った処理
}
```

リンタでは一般的に、このような不適切な命名を検出できます。しかし、時として誤検出も起こり得るため、リンタの結果は慎重に扱う必要があります。コードの理解には正確な命名が不可欠です。そのため、変数、クラス、関数など、コードのあらゆる要素に対して適切な名前をつけるよう心がけましょう。これはクリーンコードを維持する上で重要な取り組みです。

関連するレシピ

- レシピ 12.6　独自のコレクションクラスの見直し

レシピ7.14　クラス名からのImplの削除

問題

クラス名に Impl が含まれている場合。

解決策

クラスには現実世界の概念に基づいた名前を付けましょう。

考察

プログラミング言語によっては、適切なモデル設計の命名規則に反するような慣用的な表現や一般的な命名方法が存在することがあります。しかし、そのような慣習に従うのではなく、名前は常に慎重に選ぶべきです。クラスがどのインターフェースを実装しているかが名前から分かるのは確かに便利です。しかしそれ以上に重要なのは、そのクラスが実際に何を行うのかが名前から理解できることです。以下に、インターフェースとそれを実装するクラスの例を示します。

```
public interface Address extends ChangeAware, Serializable {
    String getStreet();
}

// 不適切な名前 - 現実世界に「AddressImpl」という概念は存在しません
public class AddressImpl implements Address {
    private String street;
    private String houseNumber;
    private City city;
    // ..
}
```

以下のシンプルな解決策では、Address だけになります。

```
// シンプルな方法
public class Address {
    private String street;
    private String houseNumber;
    private City city;
    // ..
}

// または
// インターフェースとクラスの両方とも現実世界に存在する名前を付けます
public class Address implements ContactLocation {
    private String street;
    private String houseNumber;
    private City city;
    // ..
}
```

クラス名を選ぶ際は、そのクラスが表す概念や役割を正確に反映させることを心がけましょう。実装の細かな詳細に引きずられないようにし、インターフェース名に I をつけたり、実装クラス名に Impl をつけるような慣習は避けましょう。

関連するレシピ

- レシピ 7.5　型に基づいた変数名の変更
- レシピ 7.7　抽象的な名前の変更

レシピ 7.15　引数名の役割に応じた改善

問題

メソッドの引数に説明的な名前が付いていない場合。

解決策

引数の名前は、その順番や位置ではなく、果たす役割や目的に基づいて命名しましょう。

考察

メソッドを作成する際、適切な名前を見つけるのに時間をかけなかったり、意図を明確に示す名前へのリファクタリングをほとんど行わないことがあります。以下の例で引数の名前を見てみましょう。

```
class Calculator:
  def subtract(self, first, second):
    return first - second
```

この例では、引数名が抽象的で役割が不明確です。役割に基づく名前を使用すると、以下のように文脈に即したものになります。

```
class Calculator:
  def subtract(self, minuend, subtrahend):
    return minuend - subtrahend
```

ユニットテストフレームワークを使用した別の例を見てみましょう。

```
$this->assertEquals(one, another);
```

本レシピに従って引数の名前を変更すると、以下のようになります。

```
$this->assertEquals(expectedValue, actualValue);
```

引数の定義がその使用箇所から離れている場合、役割を反映した命名はより一層重要になります。役割に基づいて命名することで、その引数の目的や用途がより明確になり、コードの理解が容易になります。

関連するレシピ

- レシピ 7.5　型に基づいた変数名の変更

レシピ 7.16　冗長な引数名の改善

問題

メソッドの引数名が冗長な場合。

解決策

引数名に重複した名前を使わないようにしましょう。名前は状況に応じて適切であり、その場所（スコープ）に固有のものであるべきです。

考察

引数名の重複は、コードの重複という、より大きな問題の一部です。引数には、その役割を適切に表す名前をつけるべきですが、作成しているクラスの名前を含める必要はありません。一見些細に見えるこの問題ですが、実は重要な意味を持っています。クラス名を含む引数名を使用すると、オブジェクトの振る舞いよりも属性に焦点を当てた設計になりがちです。これは、貧弱なオブジェクトを生み出す可能性があります。また、命名の際は全体的な文脈を考慮することが重要です。個々の単語だけでなく、それらが組み合わさってどのような意味を持つかを考える必要があります。

次の冗長な例を見てみましょう。

```
class Employee
  def initialize(
    @employee_first_name : String,
    @employee_last_name : String,
    @employee_birthdate : Time)
  end
end
```

名前から重複した部分を取り除くと、より簡潔な名前になります。

```
class Employee
  def initialize(
    @first_name : String,
    @last_name : String,
    @birthdate : Time)
  end
end
```

関連するレシピ

- レシピ 7.9　属性名からのクラス名の削除
- レシピ 9.5　引数の順序の統一

レシピ 7.17　名前からの不必要な文脈の除去

問題

クラスの接頭辞または接尾辞にグローバルな識別子を付けている場合。

解決策

名前に無関係な情報を接頭辞や接尾辞として付けないようにしましょう。MAPPERの原則を尊重し、コード検索を容易にするために、不要な情報を削除しましょう。

考察

クラスに接頭辞を付けることは、かつてはコードの所有権を主張するために広く行われていました。しかし、現在ではクリーンな名前がより重要であることが分かっています。不必要な文脈とは、ソフトウェアの機能や使いやすさに貢献しない余分な情報や識別子をコードやユーザーインターフェースに含めることを指します。

以下は、不必要な「WEBB」という接頭辞を使用した例です[†1]。

```
struct WEBBExoplanet {
    name: String,
    mass: f64,
    radius: f64,
    distance: f64,
    orbital_period: f64,
}

struct WEBBGalaxy {
    name: String,
    classification: String,
    distance: f64,
    age: f64,
}
```

これらの構造体から不必要な接頭辞を削除すると、次のように改善されます。

```
struct Exoplanet {
    name: String,
    mass: f64,
    radius: f64,
    distance: f64,
    orbital_period: f64,
}

struct Galaxy {
    name: String,
    classification: String,
    distance: f64,
    age: f64,
}
```

†1 訳注：ジェイムズ・ウェッブ宇宙望遠鏡（James Webb Telescope）に由来する“WEBB”という接頭辞をつけていますが、太陽系外惑星（exoplanet）や銀河（galaxy）の機能には直接関係はありません。

IDE のリファクタリングツールを使えば、このレシピの適用は簡単かつ安全に行うことができます。名前は常にその使用される文脈に適したものにすべきであるということを忘れないようにしましょう。

関連するレシピ

- レシピ 7.9　属性名からのクラス名の削除
- レシピ 7.10　クラス・インターフェース名からの識別用文字の削除
- レシピ 7.14　クラス名からの Impl の削除

レシピ 7.18　名前からの data の削除

問題

プログラム内で扱う対象や概念を表すオブジェクトに、現実世界の概念を反映しない名前を使用している場合。

解決策

変数名に data を使わないようにしましょう。

考察

不適切な命名は可読性を損ないます。名前をつける際は、オブジェクトの役割や目的を明確に示す名前を選ぶことが重要です。その際、名前はそのオブジェクトが表す現実世界の対象や概念と一致させるべきです。data のような一般的で曖昧な言葉を含む名前は避けましょう。このような名前を使うと、オブジェクトを貧弱に扱うことになりかねません。代わりに、そのプログラムが扱うドメインに特化した、オブジェクトの役割を適切に表現する名前を使用しましょう。

以下はデータが存在するかどうかを確認する例です。

```
if (!dataExists()) {
  return '<div>Loading Data...</div>';
}
```

そして以下は人々が見つかったかどうかを確認する例です。

```
if (!peopleFound()) {
  return '<div>Loading People...</div>';
}
```

リンタを設定することで、コード内で data という単語を含む変数名をチェックし、開発者に警告を出すことができます。プログラミングにおいて、すべてをデータとして捉えがちですが、実際には私たちが操作するのはデータそのものではありません。むしろ、対象の振る舞いを通じてデータの存在を把握しているのです。たとえば、現在の気温を直接知ることはできません。温度計が35度を指しているのを観察して、初めて気温を把握できるのです。同様に、プログラム内の変数名も、それが属するドメインと、プログラム内での役割を適切に表現するものであるべきです。

関連するレシピ

- レシピ 3.1 貧血オブジェクトのリッチオブジェクトへの変換
- レシピ 7.5 型に基づいた変数名の変更

8章
コメント

適切なコメントの使用方法とは、コードでうまく表現することに失敗したときに、それを補うのに使うことです。

— Robert C. Martin 著、『Clean Code: A Handbook of Agile Software Craftsmanship』（邦訳『Clean Code アジャイルソフトウェア達人の技』ドワンゴ）

はじめに

かつてのアセンブリ言語を使ったプログラミングでは、プログラマの意図とコンピュータの動作の間に大きな隔たりがありました。数行ごと、あるいは行ごとに、各命令の意味を理解するための簡単な説明が必要でした。今日、コメントは多くの場合、適切な命名に失敗した結果として使われています。本来、コメントは非常に重要な設計上の決定を説明する場合にのみ必要とされるべきです。しかし、コメントにはいくつかの問題があります。まず、コメントはコンパイルされず実行もされないため、実質的にデッドコードとなります。また、時間が経つにつれ、コメントが説明しているコードの内容と食い違うことがよくあります。その結果、コメントはコードに無関係、あるいは誤解を招く情報の断片となってしまいます。クリーンコードは、ほとんどコメントを必要としません。コメントの適切な使用方法については、本章のレシピで説明します。

アセンブリ言語

アセンブリ言語は、特定のコンピュータアーキテクチャ向けのソフトウェアプログラムを記述するための低レベルプログラミング言語です。これは人間が読める命令型のコードで、コンピュータが理解できる言語である機械語に容易に変換されるように設計されています。

レシピ 8.1　コメントアウトされたコードの除去

問題

コメントアウトされたコードがある場合。

解決策

コメントアウトされたコードを残さないようにしましょう。バージョン管理システムを使用し、安全にコメントアウトされたコードを削除しましょう。

考察

2000年代以前は、バージョン管理システムは一般的ではなく、自動テストを実施する習慣も確立されていませんでした。そのため、プログラマはデバッグや小さな変更をテストする際に、しばしばコードの一部をコメントアウトしていました。しかし、今日ではそれは杜撰さの表れとみなされます。現在では、以前のバージョンや変更点を特定するためのツールが利用可能です。たとえば、Gitを使用している場合は`git bisect`コマンドを使って、特定の変更がいつ導入されたかを効率的に調べることができます。

また、コメントアウトされたコードについては「レシピ8.5 コメントの関数名への変換」で説明するように、コメントアウトされたコードを新しい関数として抽出し、元の場所にはその関数の呼び出しをコメントアウトした形で残すことができます。その後、その機能が本当に必要ないと判断した場合は、コメントアウトした関数呼び出しを削除し、さらに未使用となった関数自体も削除できます。最終的に、すべてのテストが通ったことを確認した後、クリーンコードの実践に従って残りのコメントも削除します。次の例では、コメントアウトされた行が存在する状況を示しています。

```
function arabicToRoman(num) {
  var decimal = [1000, 900, 500, 400, 100, 90, 50, 40, 10, 9, 5, 4, 1];
  var roman = ['M', 'CM', 'D', 'CD', 'C', 'XC',
               'L', 'XL', 'X', 'IX', 'V', 'IV', 'I'];
  var result = '';

  for(var i = 0; i < decimal.length; i++) {
    // print(i)
    while(num >= decimal[i]) {
      result += roman[i];
      num -= decimal[i];
    }
  }
  // if (result > 0) return ' ' + result

  return result;
}
```

テストが通ったら、これらは安全に削除できます。

```
function arabicToRoman(num) {
  var decimal = [1000, 900, 500, 400, 100, 90, 50, 40, 10, 9, 5, 4, 1];
  var roman = ['M', 'CM', 'D', 'CD', 'C', 'XC',
```

```
                'L', 'XL', 'X', 'IX', 'V', 'IV', 'I'];
  var romanString = '';

  for(var i = 0; i < decimal.length; i++) {
    while(num >= decimal[i]) {
      romanString += roman[i];
      num -= decimal[i];
    }
  }

  return romanString;
}
```

このレシピを適用すべきタイミングを判断するのは難しい場合があります。一部の商用リンタや機械学習を使った解析ツールは、コメントを検出・解析し、それらを削除するように指摘してくれます。

git bisect

Git はソフトウェア開発のためのバージョン管理システムです。コードに対する変更を追跡し、ほかの人と協力し、必要に応じて以前のバージョンに戻すことができます。Git はすべてのファイルのすべてのバージョンの履歴を保存します。また、同じコードベース上で複数の開発者が作業を管理することもできます。

`git bisect` は、コードに特定の変更をもたらしたコミットを見つけるのに役立つコマンドです。このプロセスは、問題が発生していないことが確認されている「良い」コミットと、問題が発生していることが確認されている「悪い」コミットを指定して開始します。二分探索を用いてその間のコミットを調べることで、問題を引き起こしたコミットを効率的に見つけ出し、根本原因を迅速に特定することができます。

関連するレシピ

- レシピ 8.2 古くなったコメントの整理
- レシピ 8.3 条件式内の不適切なコメントの除去
- レシピ 8.5 コメントの関数名への変換
- レシピ 8.6 メソッド内のコメントの削除

レシピ 8.2 古くなったコメントの整理

問題

正確でなくなったコメントが存在する場合。

解決策

陳腐化したコメントを削除しましょう。

考察

コメントはコードに対して大きな価値を付加しません。そのため、コメントの使用は非常に重要な設計上の決定を記載する場合のみに限定すべきです。多くの場合、開発者はコードのロジックを変更してもコメントを更新し忘れがちで、その結果コメントはすぐに古くなってしまいます。したがって、コメントを追加する際は慎重に検討してください。一度コードベースに組み込まれたコメントは、開発者の意図とは無関係に変化し、時間が経つにつれて誤解を招く可能性があります。Ron Jeffries の言葉を借りれば、「コードは決して嘘をつかない。コメントは時として嘘をつく」のです。不要になったコメントは削除するか、可能であればテストで置き換えることを検討しましょう（「レシピ 8.7　コメントのテストでの置き換え」を参照）。以下のコードサンプルでは、作者が必要な変更を示すコメントを残しています。

```
void Widget::displayPlugin(Unit* unit)
{
  // TODO Plugin は間もなく修正される予定なので、今はこれを実装しません

  if (!isVisible) {
    // すべてのウィジェットを隠す
    return;
  }
}
```

コメントを削除し、**TODO** や **FIXME** は残さないようにしましょう（「レシピ 21.4　TODO と FIXME コメントの削除」を参照）。

```
void Widget::displayPlugin(Unit* unit)
{
  if (!isVisible) {
    return;
  }
}
```

このレシピの例外として、本章のどのレシピを使用しても説明することが不可能な、重要な設計上の決定に関連するコメントは削除しないでください。たとえば、コードの実際の動作とは関係のないパフォーマンス、セキュリティなどに関する重要な決定などです。

関連するレシピ

- レシピ 8.1　コメントアウトされたコードの除去
- レシピ 8.3　条件式内の不適切なコメントの除去
- レシピ 8.5　コメントの関数名への変換
- レシピ 8.7　コメントのテストでの置き換え

レシピ 8.3　条件式内の不適切なコメントの除去

問題

if 文などの条件式の中に、true や false といった論理値をコメントとして含めている場合。

解決策

このような条件式内のコメントは削除しましょう。もし特定のコードブロックを一時的に無効にしたい場合は、ソース管理システムを使用して変更を管理しましょう。不要になった条件式は削除すべきです。

考察

条件式内にこのようなコメントを含めることは避けるべきです。このようなコメントはコードの可読性を損ない、開発者の意図が明確に伝わらず、コードの品質の低さを示唆してしまいます。一時的な変更が必要な場合は、ソース管理システムを活用すべきです。コード内にコメントで一時的な変更を行うのは非常に危険な習慣です。なぜなら、その一時的な変更について**忘れてしまい**、それが永続的にコード内に残ってしまう可能性があるからです。

まず、次のようなコードがあるとします。

```
if (cart.items() > 11 && user.isRetail())  {
  doStuff();
}
doMore();
// 本番コード
```

開発者が doStuff() 関数の実行を避けてデバッグを高速化したい場合、時には次のように false 条件を追加することがあります。

```
// false は一時的に if 条件をスキップするために使用されています
if (false && cart.items() > 11 && user.isRetail())  {
  doStuff();
}
doMore();

if (true || (cart.items() > 11 && user.isRetail()))  {
// 同じハックで強制的に条件を適用します
// true の後のコードは評価されません
```

しかし、このようなアプローチは避けるべきです。代わりに、適切なデバッグのために、異なるユニットテストを使用して両方のケースをカバーするべきです。

```
if (cart.items() > 11 && user.isRetail())  {
  doStuff();
}
doMore();
// 本番コード

// 条件を強制またはスキップする必要がある場合
// 本番コードの中でそれを行うのではなく、それぞれの条件を
// カバーする実世界のシナリオに基づいたテストで確認するべきです

testLargeCartItems()
testUserIsRetail()
```

関心事の分離は非常に重要であり、ビジネスロジックとハックは常に別々に扱うべきです。

関心事の分離

関心事の分離という概念は、ソフトウェアシステムを明確で独立した部品に分割し、各部品がシステム全体の特定の側面や関心事を扱うことを目的とします。この概念の目標は、モジュール化された保守可能な設計を作り出し、コードの再利用性を高め、システムの拡張性を向上させ、コードの理解を容易にすることです。これらの目標を達成するために、システムをより小さく、扱いやすい部品に分解します。これにより、開発者は一度に 1 つの関心事に集中して作業することができるようになります。

関連するレシピ

- レシピ 8.1　コメントアウトされたコードの除去

レシピ 8.4　ゲッターのコメントの削除

問題

ゲッターに関して、自明なコメントが記述されている場合。

解決策

ゲッターの使用自体を見直しましょう。また、ゲッターなどの自明な関数にコメントを付けるのは避けましょう。

考察

このレシピでは、ゲッターそのものについてと、ゲッターに付けられた自明なコメントという二重の問題に対処します。数十年前、人々はあらゆるメソッドにコメントをつける習慣がありました。自明なメソッドに対してさえもです。以下の例では、`getPrice()` 関数に付けられたコメントを示します。

```
contract Property {
    int private _price;

    function price() public view returns(int) {
        /* 価格を返します */
        return _price;
    }
}
```

ゲッターのコメントを削除すると次のようになります。

```
contract Property {
    int private _price;

    function price() public view returns(int) {
        return _price;
    }
}
```

例外として、メソッドに説明が必要で、そのメソッドがたまたまゲッターである場合は、意味のあるコメントを追加することができます。特に、そのコメントが設計上の重要な決定を説明するものであればより有用です。

関連するレシピ

- レシピ 3.1　貧血オブジェクトのリッチオブジェクトへの変換
- レシピ 3.8　ゲッターの除去
- レシピ 8.5　コメントの関数名への変換

レシピ 8.5　コメントの関数名への変換

問題

コメントが多く含まれるコードがある場合。これらのコメントは実装に密接に関連しており、保守が困難です。

解決策

コメントの内容を反映した適切な名前の関数を作成し、該当するコードをその関数に移動しましょう。

考察

関数の動作を説明するコメントがある場合、その内容を関数名自体に反映させるのが最善の方法です。関数名を見ただけでその目的や動作が明確にわかるようにしましょう。以下に、クラス名が不適切であり、コメントによる説明がなされている例を見てみましょう。

```
final class ChatBotConnectionHelper {
    // ChatBotConnectionHelper は Bot Platform
    // への接続文字列を作成するために使われます
    // このクラスはプラットフォームへの接続文字列を
    // 取得するために getString() 関数と共に使用してください
    function getString() {
        // チャットボットから接続文字列を取得します
    }
}
```

本レシピを適用することで、クラス名と関数名から意図が伝わるようになり、コメントは不要となります。

```
final class ChatBotConnectionSequenceGenerator {
    function connectionSequence() {
    }
}
```

参考までに、リンタを使用してコメントを検出し、コメントとコード行の比率を計算する方法があります。この比率を事前に定義された閾値と比較し、低いほど良いと判断します。理想的には、この比率がゼロに近い値であることが望ましいです。

関連するレシピ

- レシピ 8.6 メソッド内のコメントの削除

レシピ 8.6 メソッド内のコメントの削除

問題

メソッド内にコメントがある場合。

解決策

メソッド内にコメントを書くのは避けましょう。代わりに、コメントで説明しようとしている内容を別のメソッドとして抽出してください。コメントは、非常に複雑な設計上の決定を説明する場合にのみ、宣言的に残すようにしましょう。

考察

メソッド内のコメントは、多くの場合、大きな処理を小さな部分に分けて説明しようとしています。これは、実際にそのメソッドが複数の責務を持っている可能性を示唆しています。このような場合、「レシピ 10.7 メソッドのオブジェクトとしての抽出」のレシピを適用し、コメントで説明されている各部分を独立したメソッドとして抽出すべきです。抽出したメソッドには、元のコメントの内容を反映した明確な名前を付けましょう。

```
function recoverFromGrief() {
    // 否認の段階
    absorbTheBadNews();
    setNumbAsProtectiveState();
    startToRiseEmotions();
    feelSorrow();

    // 怒りの段階
    maskRealEffects();
    directAngerToOtherPeople();
    blameOthers();
    getIrrational();

    // 取引の段階
    feelVulnerable();
    regret();
    askWhyToMyself();
    dreamOfAlternativeWhatIfScenarios();
    postponeSadness();

    // 抑うつの段階
    stayQuiet();
    getOverwhelmed();
    beConfused();

    // 受容の段階
    acceptWhatHappened();
    lookToTheFuture();
    reconstructAndWalkThrough();
}
```

このメソッドを分割すると読みやすくなります。

```
function recoverFromGrief() {
    denialStage();
    angerStage();
    bargainingStage();
    depressionStage();
    acceptanceStage();
}

function denialStage() {
    absorbTheBadNews();
    setNumbAsProtectiveState();
    startToRiseEmotions();
    feelSorrow();
}
```

```
function angerStage() {
    maskRealEffects();
    directAngerToOtherPeople();
    blameOthers();
    getIrrational();
}

function bargainingStage() {
    feelVulnerable();
    regret();
    askWhyToMyself();
    dreamOfAlternativeWhatIfScenarios();
    postponeSadness();
}

function depressionStage() {
    stayQuiet();
    getOverwhelmed();
    beConfused();
}

function acceptanceStage() {
    acceptWhatHappened();
    lookToTheFuture();
    reconstructAndWalkThrough();
}
```

コメントは、明らかでない設計上の選択を文書化する上で貴重な役割を果たしますが、関数の本体の中に配置すべきではありません。

関連するレシピ

- レシピ 6.2　不要な空行の整理
- レシピ 6.7　設計上の判断の明確な表現
- レシピ 8.5　コメントの関数名への変換
- レシピ 10.7　メソッドのオブジェクトとしての抽出
- レシピ 11.1　長過ぎるメソッドの分割

レシピ 8.7　コメントのテストでの置き換え

問題

関数の動作や実装方法を説明するコメントがコード内にある場合。このようなコメントは時間とともに古くなり、コードの実際の動作と一致しなくなる可能性があります。そこで、古くなりがちなコメントの代わりに、コードの変更に応じて更新が必要な、より信頼性の高いドキュメンテーション方法が必要になります。

解決策

コメントの内容を反映した関数名に変更し、その関数をテストしましょう。そして、コメントを削除します。

考察

コメントはめったにメンテナンスされず、テストよりも読みにくいものです。時には関係のない実装についての情報を含んでいることもあります。メソッドのコメントが関数の動作を説明している場合、そのコメントの説明を使ってメソッドの名前を変更し（その動作についての意図を伝える）、コメントの内容を検証するようなテストを作成し、関係のない実装の詳細についてのコメントは削除しましょう。次は、関数が何をするか、またそれをどのように達成するかをコメントで説明している簡単な例です。

```
def multiply(a, b):
    # この関数は 2 つの数字を掛け合わせて、結果を返します
    # もし数値のどちらかがゼロなら、結果もゼロになります
    # 両方の数が正の場合、結果も正になります
    # もし両方の数字が負の場合、結果は正になります
    # 掛け算はプリミティブ型に対する演算によって実行されます
    return a * b

# このコードには関数の機能を説明するコメントがあります。
# このコメントによってコードの振る舞いを理解するのではなく、
# 関数の振る舞いを検証するユニットテストを書きましょう。
```

コメントを削除してテストケースを作成すると次のようになります。

```
def multiply(first_multiplier, second_multiplier):
    return first_multiplier * second_multiplier

class TestMultiply(unittest.TestCase):
    def test_multiply_both_positive_outcome_is_positive(self):
        result = multiply(2, 3)
        self.assertEqual(result, 6)
    def test_multiply_both_negative_outcome_is_positive(self):
        result = multiply(-2, -4)
        self.assertEqual(result, 8)
    def test_multiply_first_is_zero_outcome_is_zero(self):
        result = multiply(0, -4)
        self.assertEqual(result, 0)
    def test_multiply_second_is_zero_outcome_is_zero(self):
        result = multiply(3, 0)
        self.assertEqual(result, 0)
    def test_multiply_both_are_zero_outcome_is_zero(self):
        result = multiply(0, 0)
        self.assertEqual(result, 0)
```

```
# ここでは以下の手順でコメントをテストに置き換えています：
# 1. メソッドの振る舞いについて説明しているメソッドのコメントを取り出します。
# 2. メソッドや引数の名前をコメントの説明に従って変更します。
# 3. 元のコメントで説明されていた振る舞いを検証するためのテストを作成します。
```

コメントの内容をテストケースとして実装する際、必ずしも機械的に書き換えられるわけではありません。このアプローチは安全なリファクタリングとは言えないものの、コードのテストカバレッジを向上させる利点があります。ただし、このアプローチには例外があります。それはプライベートメソッドです。プライベートメソッドはテストできないため（「レシピ 20.1 プライベートメソッドのテスト」を参照）、異なるアプローチが必要です。プライベートメソッドのコメントを置き換える必要がある場合は、そのメソッドを間接的にテストするか、「レシピ 10.7 メソッドのオブジェクトとしての抽出」のレシピを使用して別のオブジェクトに抽出することを検討してください。最後に重要な点として、システムの重要な設計上の決定を説明するコメントは残すべきです。

関連するレシピ

- レシピ 8.2 古くなったコメントの整理
- レシピ 8.4 ゲッターのコメントの削除
- レシピ 10.7 メソッドのオブジェクトとしての抽出
- レシピ 20.1 プライベートメソッドのテスト

9章 コーディング規約

> 標準の素晴らしいところは、選択肢が山ほどあることです。そして、もしどれも気に入らなければ、来年の新しい規約が出るまで待てば良いのです。
>
> — Andrew S. Tanenbaum 他著、『Computer Networks, Fourth Edition』（邦訳『コンピュータネットワーク 第4版』日経BP）

はじめに

大規模な組織では、異なるチームや開発者が共通のルールやベストプラクティスを用いて確実に作業できるように、コーディング規約を設けることが重要です。これにより、コードに一貫性を持たせ、可読性を向上できるため、作業や保守が容易になり、コードベース全体の品質の向上にも寄与します。一連のコーディング規約を遵守することで、組織は開発者がベストプラクティスに従い、信頼性が高く、スケーラブルで、保守が容易なコードを書くことを保証できます。

レシピ9.1　コーディング規約への準拠

問題

多くの開発者と共に大規模なコードベースで作業しているが、コード全体で統一された構造や規約がなく、さまざまな規約が混在している場合。

解決策

組織全体で同じ規約に従い、それを（可能なら自動的に）適用しましょう。

考察

1人でプロジェクトを進めるのは、数ヶ月後に再び取り組む必要がない限り、簡単です。多くのほかの開発者と協力する場合には、いくつかの合意が必要です。共通のコーディング規約に従うことは、保守性と可読性を高め、コードレビュアーの助けにもなります。現代のほとんどの言語には、

PHP の PSR2（https://oreil.ly/DZlCv）のような共通のコーディング規約があり、最新の IDE はそれを自動的に適用します。以下の例では、コーディング規約が混在している様子を示します。

```
public class MY_Account {
    // このクラス名には大文字と小文字とアンダースコアが混在しています

    private Statement privStatement;
    // 属性の名前に可視性に関する接頭辞がついています

    private Amount currentbalance = amountOf(0);

    public SetAccount(Statement statement) {
        this.statement = statement;
    }
    // セッターがあるのにゲッターがありません

    public GiveAccount(Statement statement)
    { this.statement = statement; }
    // 関数宣言の次の行に開き中括弧が書かれています

    public void deposit(Amount value, Date date) {
        recordTransaction(
         value, date
        );
        // 一部の引数の名前が役割ではなく型に基づいて付けられています
        // 括弧の位置が一貫していません
    }

    public void extraction(Amount value, Date date) {
        recordTransaction(value.negative(), date);
        // 「deposit」の反対語は「withdrawal」であるべきです
    }

    public void voidPrintStatement(PrintStream printer)
    {
    statement.printToPrinter(printer);
    // インデントが統一されていません
    // 名前が冗長です
    }

    private void privRecordTransactionAfterEnteredthabalance(
        Amount value, Date date) {

        Transaction transaction = new Transaction(value, date);
        Amount balanceAfterTransaction =
             transaction.balanceAfterTransaction(balance);

        balance = balanceAfterTransaction;

        statement.addANewLineContainingTransation(
            transaction, balanceAfterTransaction);
        // 名前が統一されていません
```

```
        // 行の折り返し位置が一貫していません
    }
}
```

（任意の）一般的なコーディング規約に従った場合は次のようになります。

```
public class Account {

    private Statement statement;

    private Amount balance = amountOf(0);

    public Account(Statement statement) {
        this.statement = statement;
    }

    public void deposit(Amount value, Date date) {
        recordTransaction(value, date);
    }

    public void withdrawal(Amount value, Date date) {
        recordTransaction(value.negative(), date);
    }

    public void printStatement(PrintStream printer) {
        statement.printOn(printer);
    }

    private void recordTransaction(Amount value, Date date) {
        Transaction transaction = new Transaction(value, date);
        Amount balanceAfterTransaction =
            transaction.balanceAfterTransaction(balance);
        balance = balanceAfterTransaction;
        statement.addLineContaining(transaction, balanceAfterTransaction);
    }
}
```

リンタや IDE を使用して、マージリクエストの承認前にコーディング規約に従っているかどうかをチェックするべきです。オブジェクト、クラス、インターフェース、モジュールなどの命名規則に関して、独自のルールを追加することも可能です。適切に書かれたクリーンコードは、常に命名規則、フォーマット、コードスタイルの規約に従います。これらの規約は、あなた自身を含むすべてのコードの読み手にとって、コードを明確で予測可能なものにする上で重要です。

自動コードフォーマッタは、開発者が書いたコードを一貫したスタイルに整えるツールです。これにより、コードのスタイルが統一され、チーム内での解釈の違いを減らすことができます。そして、開発者間の意見の相違を防ぎ、フェイルファストの原則にも従うことができます。大規模な組織では、集団によるコードのオーナーシップを確立するために、コーディングスタイルの自動適用が必須となります。

集団によるオーナーシップ

集団によるオーナーシップとは、開発チームの全メンバーが、元々誰が書いたコードであっても、コードベースのどの部分にも変更を加えることができるべきだという考え方です。これは責任を共有するという意識を促進し、コードをより管理しやすく、改善しやすくすることを目的としています。

関連するレシピ

- レシピ 7.8 スペルミスの修正
- レシピ 10.4 コードからの過度な技巧の除去

レシピ 9.2 インデントの標準化

問題

コード内でインデントにタブとスペースが混在している場合。

解決策

インデントには一貫したスタイルを使用しましょう。タブかスペースのどちらかを選び、それを一貫して使用しましょう。

考察

タブとスペースのどちらのスタイルが優れているかについては様々な意見がありますが、どちらを採用するかは組織やプロジェクトで決定しましょう。ここで最も重要なのは一貫性です。コーディング規約を定め、その規約に従うことを徹底しましょう。混在したスタイルの例を以下に示します。

```
function add(x, y) {
→      return x + y; // タブとスペースが混在
}

function main() {
→   var x = 5, // タブでインデント
→          y = 7; // タブとスペースが混在
}
```

標準化すると次のようになります。

```
function add(x, y) {
    return x + y; // スペースでインデント
}
```

Python のような言語ではインデントを構文の一部とみなします。これらの言語では、インデントはコードの意味を変えるため、偶発的なものではありません。また、一部の IDE では、ある規約から別の規約へ自動的に変換する機能があります。

関連するレシピ

- レシピ 9.1　コーディング規約への準拠

レシピ 9.3　大文字・小文字に関する規約の統一

問題

世界中の様々な人々によってメンテナンスされているコードベースで、異なる大文字・小文字の規約が使われている場合。

解決策

異なる大文字・小文字の規約を混在させないようにしましょう。1 つを選択し、それを適用しましょう。

考察

複数の開発者が共同でソフトウェアを開発する際、命名規則に関する個人的な好みや文化的な違いが生じることがあります。たとえば、キャメルケース（https://oreil.ly/QyVTA）、スネークケース（https://oreil.ly/h-SFq）、マクロケースなど、様々な命名規則（https://oreil.ly/o5tl-）が存在します。コードは明快で読みやすいものであるべきです。また、プログラミング言語によっては、大文字・小文字の使用に関する標準的な規約があります。たとえば、Java ではキャメルケースが、Python ではスネークケースが一般的です。以下は、JSON ファイルの中で複数の命名規則が混在している例です。

```
{
    "id": 2,
    "userId": 666,
    "accountNumber": "12345-12345-12345",
    "UPDATED_AT": "2022-01-07T02:23:41.305Z",
    "created_at": "2019-01-07T02:23:41.305Z",
    "deleted at": "2022-01-07T02:23:41.305Z"
}
```

1つの規約だけを選んだ場合、次のようになります。

```
{
    "id": 2,
    "userId": 666,
    "accountNumber": "12345-12345-12345",
    "updatedAt": "2022-01-07T02:23:41.305Z",
    "createdAt": "2019-01-07T02:23:41.305Z",
    "deletedAt": "2022-01-07T02:23:41.305Z"
    // 注：この例は 1 つの可能な規約を示しているだけです
}
```

リンタを使用して、組織の命名規則を適用することができます。新しいメンバーが加わった際には、自動化されたツールが規約に沿っていないコードを検出し、適切な修正を提案するようにしましょう。ただし、外部のコードとの連携が必要な場合は例外となります。そのような場合は、自分たちの規約ではなく、連携先のコードの規約に合わせるべきです。

関連するレシピ

- レシピ 9.1 コーディング規約への準拠

レシピ 9.4 英語でのコードの記述

問題

ビジネスにおける名称を翻訳するのが難しいため、（英語以外の）ローカル言語を使用したコードがある場合。

解決策

英語を使用しましょう。ビジネスにおける名称も英語に翻訳しましょう。

考察

すべてのメジャーなプログラミング言語は英語をベースに設計されています。90 年代に行われたいくつかの失敗した実験を除いて、ほとんどの現代的な言語は、そのプリミティブやフレームワークにおいて英語を使用しています。中世ヨーロッパの時代に読み書きをしたいと思ったら、ラテン語を学ばなければなりませんでした。今日のプログラミング言語においても同様で、英語がその役割を果たしています。英語の名前と非英語の名前を混在させると、ポリモーフィズムを壊したり（「レシピ 14.14 非ポリモーフィック関数からポリモーフィック関数への変換」を参照）、認知的負荷を増加させたり、文法上の誤りを犯したり、全単射を壊したり（2 章を参照）する可能性があります。今日では、ほとんどの IDE やリンタは翻訳ツールや類語辞典と連携が可能であり、外国語の単語の英語訳を検索することができます。

以下の例では英語の中にスペイン語が混在しています。

```
const elements = new Set();
elements.add(1);
elements.add(1);

// これは標準の集合です
// 集合は重複した要素は持ちません
console.log(elements.size()); // 1 を返します

// スペイン語の名前を持つマルチセットを定義しています
// これは標準的な集合の概念を拡張したものです
// 'multiconjunto'はスペイン語で'multiset'を表します
var moreElements = new MultiConjunto();

// 'agregar'はスペイン語で'add'を表します
moreElements.agregar('hello');
moreElements.agregar('hello');
console.log(moreElements.size()); // これはマルチセットなので 2 を返します

// elements と moreElements は互換性がありません
// インターフェースが異なるため、簡単に置き換えることはできません

class Person {
  constructor() {
    this.visitedCities = new Set();
  }

  visitCity(city) {
    this.visitedCities.add(city);
    // set を MultiConjunto で置き換えると動作しなくなります
    // set は'add()'を期待し、MultiConjunto は'agregar()'を期待するためです
  }
}
```

これを、すべて英語で書くと次のようになります。

```
const elements = new Set();
elements.add(1);
elements.add(1);

// これは標準の集合です
console.log(elements.size()); // 1 を返します

// 英語でマルチセットを定義します
var moreElements = new MultiSet();

moreElements.add('hello');
moreElements.add('hello');
console.log(moreElements.size()); // 2 を返します

// elements と moreElements は同じインターフェースを持つため、互換性があります
// そのため、Person クラスでは両方を使用でき、実行時に切り替えることも可能です
```

レシピ9.5 引数の順序の統一

問題

メソッドや関数で使用している引数の順序に一貫性がない場合。

解決策

コードを読む人を混乱させないよう、引数の順序を一貫させましょう。

考察

コードは文章のように読まれます。すべてのメソッドは、引数の順序が一貫している必要があります。言語がサポートしていれば、名前付き引数を使用することもできます。以下の例では、2つのメソッドは似ているように見えます。

```
function giveFirstDoseOfVaccine(person, vaccine) { }

function giveSecondDoseOfVaccine(vaccine, person) { }

giveFirstDoseOfVaccine(jane, flu);
giveSecondDoseOfVaccine(jane, flu);
// 引数の順序が入れ替わっているために気づかなかったミス
```

引数の順序に一貫性を持たせた場合、次のようになります。

```
function giveFirstDoseOfVaccine(person, vaccine) { }

function giveSecondDoseOfVaccine(person, vaccine) { }

giveFirstDoseOfVaccine(jane, flu);
giveSecondDoseOfVaccine(jane, flu);
```

名前付き引数を使用する場合、次のようになります。

```
function giveFirstDoseOfVaccine(person, vaccine) { }

giveFirstDoseOfVaccine(person=jane, vaccine=flu);
// giveFirstDoseOfVaccine(vaccine=flu, person=jane); としても同じです
giveSecondDoseOfVaccine(person=jane, vaccine=flu);
// giveSecondDoseOfVaccine(vaccine=flu, person=jane); としても同じです
```

名前付き引数

名前付き引数とは、多くのプログラミング言語において利用可能な機能です。この機能によって、プログラマが引数のリストの中での位置ではなく、その名前を指定することによって引数の値を指定できます。キーワード引数とも呼ばれます。

関連するレシピ

- レシピ 7.16　冗長な引数名の改善
- レシピ 11.2　多過ぎる引数の削減

レシピ 9.6　割れた窓の修理

問題

コードの一部を変更しているときに、別の問題のある部分を見つけた場合。

解決策

ボーイスカウトのルール（「レシピ 7.4　result という名の変数の回避」を参照）に従い、見つけたコードをきれいにしてから去りましょう。ごちゃごちゃしたコードを見つけたら、誰が作ったものかに関わらず片付けましょう。問題を見つけたら、それを修正しましょう。

考察

プログラマとして、コードを書くよりも多くの時間をコードを読むことに費やします。エラーを含むコードを見つけたら、そのコードに責任を持ち、改善してから離れましょう。ほかの変更を加えている最中に、次のようなコードに遭遇したと想像してみてください。

```
   int mult(int a,int other)
    { int prod
      prod= 0;
      for(int i=0;i<other ;i++)
        prod+= a ;
         return prod;
    }
// フォーマット、命名、代入に関する規約が一貫していない
```

多くのレシピを適用して、次のように変更すべきです。

```
int multiply(int firstMultiplier, int secondMultiplier) {
  int product = 0;
  for(int index=0; index<secondMultiplier; index++) {
    product += firstMultiplier;
  }
```

```
  return product;
}

// または、単純に乗算演算子を使用することもできます :)
```

変更を加えることを恐れないでください。常に十分なテストカバレッジを確保し、ビジネスの機能に影響が出ないようにしましょう。また、ソフトウェア開発はチーム活動であることを忘れずに、このような変更を行う際にはチームの合意を得ることが必要です。

関連するレシピ

- レシピ 9.2 インデントの標準化
- レシピ 9.3 大文字・小文字に関する規約の統一
- レシピ 21.4 TODO と FIXME コメントの削除

10章 複雑さ

オブジェクト指向プログラミングは、ソフトウェアの複雑性を管理することで、再利用性やテスト容易性、保守性、拡張可能性といった重要な指標を向上させます。複雑性に対処するための最も効果的な手法は抽象化です。抽象化にはさまざまな方法がありますが、オブジェクト指向プログラミングでは主にカプセル化を用いて複雑性を管理します。

— Rebecca Wirfs-Brock、Brian Wilkinson 著、「Object-Oriented Design: A Responsibility-Driven Approach」(https://oreil.ly/WKGAl)

はじめに

David Farley によれば、優れたソフトウェアエンジニアになるためには、学習のエキスパートである必要があります。そして、ソフトウェアエンジニアの最も重要な責務は、偶発的な複雑さを可能な限り低く抑えることです。複雑さはあらゆる大規模なソフトウェアシステムに存在し、多くの問題の根源となっています。若手のソフトウェアエンジニアと経験豊富なソフトウェアエンジニアの主な違いの一つは、この偶発的な複雑さをいかに管理し、最小限に抑えるかという点にあります。

レシピ 10.1　重複コードの除去

問題

コード内に重複した振る舞いが存在する場合。ここで注意すべきは、重複した振る舞いと重複したコードは同じではないということです。コードは単なるテキストではなく、その意味や目的が重要だからです。

解決策

適切な抽象化を見出し、そこに重複している振る舞いを集約しましょう。

考察

重複したコードは保守性を損ない、それは**DRY**原則に反します。また、保守コストを増加させ、変更作業に時間がかかり、ミスが発生しやすくなります。重複したコードに欠陥がある場合、その欠陥が複数箇所に存在する可能性があります。さらに、重複したコードは適切な抽象化が欠如しているため、再利用性を低下させます。コピーアンドペーストを行う前に、これらのデメリットを十分に検討する必要があります。以下は、`WordProcessor`と`Obfuscator`で使用されるテキスト置換機能が重複している例です。

```
class WordProcessor {

    function replaceText(string $patternToFind, string $textToReplace) {
        $this->text = '<<<' .
            str_replace($patternToFind, $textToReplace, $this->text) . '>>>';
    }
}

final class Obfuscator {
    function obfuscate(string $patternToFind, string $textToReplace) {
        $this->text =
            strtolower(str_ireplace($patternToFind, $textToReplace, $this->text));
    }
}
```

テキスト置換ロジックを独立したクラスとして抽出すると、次のようになります。

```
final class TextReplacer {
    function replace(
        string $patternToFind,
        string $textToReplace,
        string $subject,
        string $replaceFunctionName,
        $postProcessClosure) {
        return $postProcessClosure(
            $replaceFunctionName($patternToFind, $textToReplace, $subject));
    }
}

// テキスト置換に関するテストを豊富に書くことで、自信を持って利用できます。

final class WordProcessor {
    function replaceText(string $patternToFind, string $textToReplace) {
        $this->text = (new TextReplacer())->replace(
            $patternToFind,
            $textToReplace,
            $this->text,
            'str_replace', fn($text) => '<<<' . $text . '>>>';
    }
```

```
}

final class Obfuscator {
    function obfuscate(string $patternToFind, string $textToReplace) {
        $this->text = (new TextReplacer())->replace(
            $patternToFind,
            $textToReplace,
            $this->text,
            'str_ireplace', fn($text) => strtolower($text));
    }
}
```

リンタは重複したコードを見つけ出すことはできますが、類似のパターンを検出するのは得意ではありません。近い将来、機械学習技術によって、このような抽象化の機会を自動的に特定できるようになるかもしれません。リファクタリングを行う際は、適切なツールを使用し、テストを安全網として活用しながら、こうした重複や類似のコードを改善していく必要があります。

コピーアンドペーストプログラミング

コピーアンドペーストプログラミングとは、新しいコードを書く代わりに既存のコードをコピーして別の場所に貼り付けるやり方です。コピーアンドペーストを頻繁に利用すると、コードは保守が困難になります。

関連するレシピ

- レシピ 19.3　コード再利用のためのサブクラス化の回避

レシピ 10.2　設定/コンフィグおよび機能フラグの削除

問題

コードがグローバルな設定、コンフィグ、または機能フラグに依存している場合。

解決策

機能フラグやカスタマイズしている機能を追跡し、それらの機能が成熟していれば機能フラグやカスタマイズを削除しましょう。また、設定は小さなオブジェクトに具象化しましょう。

考察

機能フラグ

機能フラグ（別名：**機能トグル**、**機能スイッチ**）は、デプロイすることを必要とせずに、実行時に特定の機能や機能性を有効または無効にすることを可能にします。これにより、A/B テストや初期ベータ版、カナリアリリースを実施するために、新しい機能を一部のユーザーや環境にリリースし、ほかのユーザーや環境ではそれらを非表示にしておくことが可能になります。

システムの動作を設定画面で簡単に変更できることは、顧客にとっては理想的ですが、ソフトウェアエンジニアにとっては頭痛の種となります。設定機能はグローバルな結合を生み出し、テストシナリオを複雑化させます。この問題に対処するには、ポリモーフィズムを持つオブジェクトを作成し、それらを外部から注入することで設定を管理すると良いでしょう。オブジェクトの振る舞いを柔軟に変更できるように設計し、その振る舞いを明確に定義したオブジェクトを用いて実装すべきです。設定項目の数が増えると、テストの組み合わせは指数関数的に増加します。たとえば、300個の真偽値の設定項目を持つシステムは、テストの組み合わせ（2^{300}）が宇宙の原子の数（10^{80}）よりも多くなってしまいます。

以下は、グローバルな設定がオブジェクトの振る舞いに直接影響を与える問題のある例です。この例では、データ取得の方法がシステム全体で共有される設定に基づいて決定されています。

```
class VerySpecificAndSmallObjectDealingWithPersistency {
  retrieveData() {
    if (GlobalSettingsSingleton.getInstance().valueAt('RetrievDataDirectly')) {
      // 「RetrievDataDirectly」の見落とされたタイポに注意してください
      this.retrieveDataThisWay();
    }
    else {
      this.retrieveDataThisOtherWay();
    }
  }
}
```

グローバルな結合を取り除いた後、ストラテジーデザインパターン（「レシピ14.4 switch/case/elseifの置き換え」を参照）を明示的に使用し、テストするようにしましょう。

```
class VerySpecificAndSmallObjectDealingWithPersistency {
  constructor(retrievalStrategy) {
    this.retrievalStrategy = retrievalStrategy;
  }
  retrieveData() {
    this.retrievalStrategy.retrieveData();
  }
}
// if 文による条件分岐をポリモーフィックなストラテジーを使って取り除きます
```

この問題は設計の根幹に関わるものです。そのため、適切な設計方針を定めて管理するか、そもそもこのような状況が発生しないように設計段階で回避すべきです。ただし、例外的に機能フラグを安全策として使用する場合もあります。これはレガシーシステムでは許容されますが、CI/CDを採用している現代的なシステムでは、こうした機能フラグは非常に短期間（数週間程度）で削除されるべきです。

A/B テスト

A/B テストは、リリースされたソフトウェアの 2 つの異なるバージョンを比較し、どちらがエンドユーザーにとってより良いかを判断するための手法です。

関連するレシピ

- レシピ 14.16　ハードコードされたビジネス条件の具象化
- レシピ 17.3　ゴッドオブジェクトの分割

レシピ 10.3　オブジェクトの状態変化を属性変更で表現することの廃止

問題

オブジェクトの内部属性を直接変更することで状態を管理している場合。

解決策

オブジェクトの状態を、実世界の概念に近い形で表現し、状態をオブジェクトの外部で管理しましょう。

考察

このアプローチは一見すると直感に反するかもしれません。しかし、オブジェクトの変更可能性という観点から考えると理にかなっています。状態は本質的にオブジェクトの一時的な性質であるため、**偶発的**です。そのため、状態はオブジェクトから切り離して管理すべきです。このアプローチは、オブジェクトのライフサイクル上のあらゆる状態に適用できます。ただし、ソフトウェアの長期的な進化に耐えうる優れたモデルを設計することは非常に困難であり、そのようなモデルは稀であることを認識しておく必要があります。

以下は、注文（Order）オブジェクトの状態を単純な属性として表現している例です。

```
public abstract class OrderState {}

public class OrderStatePending extends OrderState {}
// これは状態ごとに異なる振る舞いを実装できるポリモーフィックな階層構造です
// 単純な enum では、このような複雑な状態をモデル化するには不十分です

public class Order {
    private LinkedList<int> items;
    private OrderState state;

    public Order(LinkedList<int> items) {
        this.items = items;
        this.state = new OrderStatePending();
    }
```

```
    public void changeState(OrderState newState) {
        this.state = newState;
    }

    public void confirm() {
        this.state.confirm(this);
    }

}
```

Orderから状態を取り除き、状態ごとにコレクションを持つようにすると次のようになります。

```
class Order {
    private LinkedList<int> items;

    public Order(LinkedList<int> items) {
        this.items = items;
    }

}

class OrderProcessor {
    public static void main(String args[]) {
        LinkedList<int> elements = new LinkedList<int>();
        elements.add(1);
        elements.add(2);

        Order sampleOrder = new Order(elements);

        Collection<Order> pendingOrders = new LinkedList<Order>();
        Collection<Order> confirmedOrders = new LinkedList<Order>();

        pendingOrders.add(sampleOrder);

        pendingOrders.remove(sampleOrder);
        confirmedOrders.add(sampleOrder);
    }
}
```

図10-1は、注文（**Order 1**）が「保留中の注文」というグループに属している様子を示しています。この図では、実世界での状況とプログラム内のモデルが一致しています。もし注文の状態を単なる属性として扱うと、この全単射が失われてしまいます。なお、この時点では「確定済みの注文」グループは空です。

極端な考え方をすれば、**すべて**のセッターは潜在的に状態変化をもたらす可能性があると見なすことができます。しかし、このアプローチを過度に適用することは避けるべきで、適切な設計の境界を見極めるのは難しい問題です（この点については、「レシピ 4.1　小さなオブジェクトの生成」を参照ください）。たとえば、ビジュアルコンポーネントの色を変更する場合は、これを状態変化と

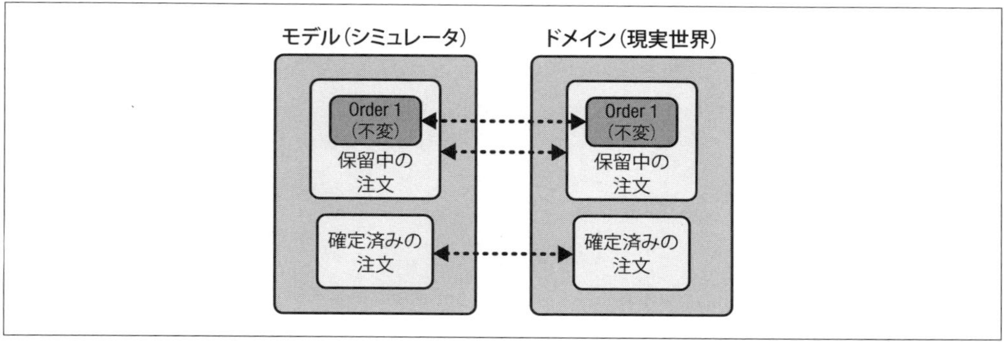

図10-1　モデルと実世界で注文が同じセットに属している様子

して扱う必要はないでしょう。このアプローチを適用する際は、慎重に判断する必要があります。

過度な設計

過度な設計とは、ソフトウェアアプリケーションに不必要な偶発的な複雑さを追加することです。これは、ソフトウェアに可能な限り多くの機能を追加することに過度に注目し、本来の核心的な機能をシンプルに保つことを疎かにした場合に発生します。

関連するレシピ

- レシピ 3.3　オブジェクトからのセッターの除去
- レシピ 16.2　早すぎる最適化の排除

レシピ 10.4　コードからの過度な技巧の除去

問題

コードが読みにくく、複雑で、意味の不明確な名前が多用されている場合。また、プログラミング言語の特殊な機能を過剰に利用している場合。

解決策

過度に技巧的なコードや小手先の工夫は避けましょう。謙虚な姿勢を保ち、自身の技術力を誇示するようなコードは書かないようにしましょう。クリーンコードでは、小さな技巧よりも可読性とシンプルさを重視します。

考察

過度な技巧は可読性と保守性を損ないます。早すぎる最適化を施した技巧的なコードは保守が困難で、しばしば品質面での問題を引き起こします。以下は、素因数分解を行うアルゴリズムの例です。

```
function primeFactors(n){
  var f = [], i = 0, d = 2;

  for (i = 0; n >= 2; ) {
    if(n % d == 0) {
      f[i++] = (d);
      n /= d;
    }
    else{
      d++;
    }
  }
  return f;
}
```

コードの正常な動作を保証するために、十分なテストを作成しておく必要があります。そして、本書のレシピを使って小さなリファクタリングと名前変更を行い、コードをよりクリーンにしていきましょう。ボーイスカウトのルールに従い、そのコードに出会ったときよりも良い状態にするために、巧妙さを取り除きます。

```
function primeFactors(numberToFactor) {
  var factors = [],
  divisor = 2,
  remainder = numberToFactor;

  while(remainder>=2) {
    if(remainder % divisor === 0){
      factors.push(divisor);
      remainder = remainder / divisor;
    }
    else {
      divisor++;
    }
  }
  return factors;
}
```

技巧的なコードが許容される例外的なケースとして、低レベルの操作の最適化があります。このような場合、可読性よりもパフォーマンスが重要となります。ただし、そのような最適化を行う際も、まずは最適化を考えずにコードを書き、そのコードに対して自動テストを作成して期待通りに動作することを確認しましょう。十分なテストカバレッジが得られた後に、可読性を多少犠牲にしてでもパフォーマンスを改善していきます。この過程は、既存のシステムにテスト駆動開発（「レシピ 4.8 不要な属性の除去」を参照）を適用する良い機会にもなります。

関連するレシピ

- レシピ 6.8　マジックナンバーの定数での置き換え
- レシピ 6.15　自動的な値の変換の回避
- レシピ 16.2　早すぎる最適化の排除

レシピ 10.5　複数の Promise の分解

問題

複数の独立した Promise があり、それらすべてが完了するのを待つ必要がある場合。

解決策

Promise を一つずつ順番に処理してブロックすることは避けましょう。代わりに、すべての Promise を並行して実行し、それらの完了を待ちましょう。

考察

オペレーティングシステムについて学習する際に、セマフォについて学んだことがあるでしょう。セマフォは、順序に関係なく、すべての条件が満たされるまで待機するのに役立ちます。

セマフォ

セマフォは、共有リソースへのアクセスを管理し、並行するプロセスやスレッド間の通信を調整するための同期オブジェクトです。

以下は、連続する Promise の例です。

```
async fetchLongTask() { }
async fetchAnotherLongTask() { }

async fetchAll() {
  let result1 = await this.fetchLongTask();
  let result2 = await this.fetchAnotherLongTask();
  // しかし、これは並列に実行できます !!
}
```

次が、並列で待つようにしたものです。

```
async fetchLongTask() { }
async fetchAnotherLongTask() { }

async fetchAll() {
  // すべてが完了するまで待ちます
```

```
  let [result1, result2] =
      await Promise.all([this.fetchLongTask(), this.fetchAnotherLongTask()]);
}
```

リンタを設定して、Promiseの非効率な待機パターンを検出するようにし、コードをできるだけ実世界のビジネスルールに近づけるよう努めましょう。ビジネスルールが**すべて**の操作の完了を待つ必要があると定めている場合は、それらの操作に特定の実行順序を強制すべきではありません。

Promise

Promiseは、非同期操作の最終的な完了（または失敗）とその結果の値を表す特別なオブジェクトです。

レシピ10.6　長く続くメソッド呼び出しの連鎖の分割

問題

メソッド呼び出しが長く連鎖している場合。

解決策

長いメソッドチェーンは、オブジェクト間の密結合を生み、変更の影響が広範囲に及ぶ可能性があります。チェーンの途中のメソッドに対する変更がコード全体に影響を及ぼす恐れがあります。解決策は、直接関係のあるオブジェクトとのみやりとりを行い、複雑な呼び出しの連鎖を避けることです。

考察

長いメソッドチェーンがある場合、オブジェクト間の結合が連鎖全体に広がります。また、カプセル化を破壊し、デメテルの法則（「レシピ3.8　ゲッターの除去」を参照）および「求めるな、命令せよ」の原則（「レシピ3.3　オブジェクトからのセッターの除去」を参照）に反します。この問題を解決するには、中間的なメソッドを作成し、より抽象度の高い操作を実現しましょう。以下の例では、犬に歩行の指示を出す際の問題のあるコードを示しています。

```
class Dog {
  constructor(feet) {
    this.feet = feet;
  }
  getFeet() {
    return this.feet;
  }
}

class Foot {
```

```
  move() { }
}

feet = [new Foot(), new Foot(), new Foot(), new Foot()];
dog = new Dog(feet);

for (var foot of dog.getFeet()) {
  foot.move();
}
// dog.getFeet()[0].move(); dog.getFeet()[1].move() ... に相当する
```

責務を犬に委譲して、その目的を達成するようにすると、以下のようになります。

```
class Dog {
  constructor(feet) {
    this.feet = feet;
  }
  walk() {
    // これは犬がどのように歩くかをカプセル化しています
    for (var foot of this.feet) {
      foot.move();
    }
  }
}

class Foot {
  move() { }
}

feet = [new Foot(), new Foot(), new Foot(), new Foot()];
dog = new Dog(feet);
dog.walk();
```

連続するメソッド呼び出しを避け、オブジェクト間のやりとりを隠蔽し、新しいインターフェースを作成しましょう。

関連するレシピ

- レシピ 17.9　中間者の排除

レシピ 10.7　メソッドのオブジェクトとしての抽出

問題

複雑で長大なアルゴリズムを含むメソッドがあり、それを理解し、テストし、一部を再利用したいと考えている場合。

解決策

そのメソッドをオブジェクトに移動させ、それをより小さな部分に分割しましょう。

考察

長いメソッドはデバッグやテストが難しいものです。特にそのメソッドの可視性が protected の場合はなおさらです。アルゴリズムは実世界に存在し、それ自体が独自のオブジェクトを持つに値します。メソッドの呼び出しを表すオブジェクトを作成し、大きなメソッドを新しいオブジェクトへ移動させ、メソッド内で使っている一時変数をプライベート属性に変換する必要があります。最終的には、メソッド呼び出しから引数を取り除き、それらもプライベート属性に変換します。

アルゴリズムの一部として複数の**メソッドの抽出**を行い、それらのメソッド間で部分的な状態を受け渡す場合、メソッドオブジェクトの使用が適しています。特に、計算処理が元のメソッドの本来の責務と密接に関連していない場合、メソッドオブジェクトの導入を検討すべきです。また、無名関数をメソッドオブジェクトとして具象化することで、より小さな単位で、凝集度が高く、テストしやすいコードを作成することができます。

例として、次のような複雑な残高計算メソッドを考えてみましょう。

```
class BlockchainAccount {
  // ...
  public double balance() {
    String address;
    // 非常に長くてテスト不能なメソッド
  }
}
```

メソッドオブジェクトとして具象化すると、以下のようになります。

```
class BlockchainAccount {
  // ...
  public double balance() {
    return new BalanceCalculator(this).netValue();
  }
}

// 1. メソッドの呼び出しを表すオブジェクトを作成します
// 2. 大きなメソッドを新しいオブジェクトに移動します
// 3. メソッドの一時変数をプライベート属性に変換します
// 4. メソッドの抽出により、新しいオブジェクトの大きなメソッドを分割します
// 5. 引数をプライベート属性に変換することで
//    メソッド呼び出しから引数を削除します

class BalanceCalculator {
  private String address;
  private BlockchainAccount account;
```

```
  public BalanceCalculator(BlockchainAccount account) {
    this.account = account;
  }

  public double netValue() {
    this.findStartingBlock();     //...
    this.computeTransactions();
  }
}
```

一部の IDE には、関数をメソッドオブジェクトに抽出するツールがあります。安全な方法で自動的に変更を行い、ロジックを新しいコンポーネントに抽出し、それをユニットテストし、再利用し、交換することができます。

関連するレシピ

- レシピ 11.1　長過ぎるメソッドの分割
- レシピ 11.2　多過ぎる引数の削減
- レシピ 14.4　switch/case/elseif の置き換え
- レシピ 14.13　複雑で長い三項演算子の簡素化
- レシピ 20.1　プライベートメソッドのテスト
- レシピ 23.2　無名関数の具象化

関連項目

- Kent Beck 著、『Smalltalk Best Practice Patterns』第 3 章（邦訳『ケント・ベックの Smalltalk ベストプラクティス・パターン』ピアソン・エデュケーション）
- C2 Wiki、「メソッドオブジェクト」(https://oreil.ly/P1M-c)

レシピ 10.8　配列コンストラクタの使用の回避

問題

JavaScript で `new Array()` を使用して配列を作成している場合。

解決策

JavaScript の配列作成には注意が必要です。`new Array()` の使用は避けましょう。この方法で作成された配列は、要素の型が不均一になる可能性があり、また動作が予測しにくいためです。

考察

JavaScript には多くの予想外の動作があります。`new Array()` もその一つで、驚き最小の原則（「レシピ 5.6　変更可能な定数の凍結」を参照）に反する動作をします。理想的には、プログラミング言語は直感的で一貫性があり、予測可能でシンプルであるべきです。しかし、JavaScript、Python、PHPなど、多くの言語がこの理想とは異なる特性を持っています。これらの言語を使う際は、できるだけシンプルで明確な、予測可能なコードを書くよう心がけましょう。

以下は、1つの引数（数字の3）で配列を作成する際の、直感に反する例です。

```
const arrayWithFixedLength = new Array(3);

console.log(arrayWithFixedLength); // [ <3 empty items> ]
console.log(arrayWithFixedLength[0]); // undefined
console.log(arrayWithFixedLength[1]); // undefined
console.log(arrayWithFixedLength[2]); // undefined
console.log(arrayWithFixedLength[3]); // これも undefined
// しかし、Index out of range となるべきです。
console.log(arrayWithFixedLength.length); // 3
```

そして、2つの引数を指定してArrayを作成すると、次のようになります。

```
const arrayWithTwoElements = new Array(3, 1);

console.log(arrayWithTwoElements); // [ 3, 1 ]
console.log(arrayWithTwoElements[0]); // 3
console.log(arrayWithTwoElements[1]); // 1
console.log(arrayWithTwoElements[2]); // undefined (Index out of range になるべきです)
console.log(arrayWithTwoElements[5]); // undefined
console.log(arrayWithTwoElements.length); // 2

const arrayWithTwoElementsLiteral = [3, 1];

console.log(arrayWithTwoElementsLiteral); // [ 3, 1 ]
console.log(arrayWithTwoElementsLiteral[0]); // 3
console.log(arrayWithTwoElementsLiteral[1]); // 1
console.log(arrayWithTwoElementsLiteral[2]); // undefined
console.log(arrayWithTwoElementsLiteral[5]); // undefined
console.log(arrayWithTwoElementsLiteral.length); // 2
```

最良の解決策は、new Array()の使用を避け、代わりに配列リテラル[]を使用することです。多くの「モダン」な言語には、プログラマの作業を簡略化することを目的とした特殊な機能が数多く含まれていますが、実際にはこれらの機能が見つけづらい潜在的な欠陥の原因となっていることがよくあります。

関連するレシピ

- レシピ10.4 コードからの過度な技巧の除去
- レシピ13.3 引数の型の厳格な制限
- レシピ24.2 真値の扱い

レシピ 10.9　ポルターガイストオブジェクトの除去

問題

プログラム中で突然現れては消える、目的が不明確なオブジェクトがある場合。

解決策

オブジェクト間の関係を整理し、必要最小限の抽象化レベルを維持しましょう。

考察

オブジェクト間に新たな中間層を導入すると、不必要な複雑さが増し、コードの可読性が低下する可能性があります。ビジネスロジックに価値を加えない中間オブジェクトは、YAGNI（12 章を参照）の原則に従って除去すべきです。特に、短命で不安定な中間オブジェクトは、コードの複雑さを増すだけで実質的に利点がない場合が多いため、注意が必要です。

ポルターガイストオブジェクト

ポルターガイストオブジェクトは、生存期間の長いクラスの初期化を行ったり、メソッドを呼び出すために使われる、短命なオブジェクトです。

たとえば、次の例には、車を動かすために作成し、その後すぐに破棄されるドライバーオブジェクトがあります。

```
public class Driver
{
    private Car car;

    public Driver(Car car)
    {
        this.car = car;
    }

    public void driveCar()
    {
        car.drive();
    }
}

Car porsche = new Car();
Driver homer = new Driver(porsche);
homer.driveCar();
```

次に示すように、ドライバーオブジェクトは取り除くことができます。

```
// ドライバーは必要ありません
Car porsche = new Car();
porsche.driveCar();
```

既に抱えている本質的な複雑さに偶発的な複雑さをさらに追加しないようにしましょう。もし必要ないならば仲介者の役割しか果たさないオブジェクトは取り除きましょう。

関連するレシピ

- レシピ 16.6　未使用コードの削除
- レシピ 17.9　中間者の排除

11章
肥大化要因

ソフトウェアエンジニアリングの目的は、複雑さを生み出すことではなく、それを管理することです。

— Jon Bentley 著、『Programming Pearls, 2nd Edition』（邦訳『珠玉のプログラミング』丸善出版）

はじめに

コードが成長し、多くの人が協力する際に、コードの肥大化は避けられません。肥大化によって性能問題を引き起こすことがなかったとしても、保守性やテスト容易性を損ない、良質なソフトウェアの進化を妨げます。コードは不要な機能の追加、設計上の不適切な選択、過度の繰り返しなどにより、不必要に大きく、複雑で、保守が困難になります。コードの肥大化は少しずつ進行し、気がつくと手に負えない状態になってしまいます。あなたは長いメソッドを書くつもりはなくても、小さな部分の追加が重なり、チームメイトもさらにコードを加えることで、メソッドが次第に肥大化してしまいます。これは技術的負債の一種であり、最先端の自動化ツールを使用することで軽減しやすくなります（21 章を参照）。

レシピ 11.1　長過ぎるメソッドの分割

問題

コード行数が多すぎるメソッドがある場合。

解決策

長いメソッドを小さな部分に抽出しましょう。複雑なアルゴリズムを小さい部品に分割しましょう。そして、それらの部品に対して単体テストを実施しましょう。

考察

長いメソッドは、凝集度が低く、結合度が高いため、デバッグが困難で再利用性も低いです。本レシピを使って、構造化されたライブラリやヘルパーをより小さな振る舞いに分割することができます（「レシピ7.2 ヘルパーとユーティリティクラスの改名と責務の分割」を参照）。メソッドあたりの適切な行数はプログラミング言語によって異なりますが、ほとんどの場合には8行から10行で十分でしょう。

ここに長いメソッドがあります。

```
function setUpChessBoard() {
    $this->placeOnBoard($this->whiteTower);
    $this->placeOnBoard($this->whiteKnight);
    // 多くの行
    // .....
    $this->placeOnBoard($this->blackTower);
}
```

次のように部分に分割することができます。

```
function setUpChessBoard() {
    $this->placeWhitePieces();
    $this->placeBlackPieces();
}
```

これで、それぞれの部品を単体テストすることができます。ただし、テストを実装の詳細に結合させないように注意する必要があります。リンタによってメソッドのサイズを測定し、事前に定義された閾値を超えた場合に警告を発することができます。

関連するレシピ

- レシピ7.2 ヘルパーとユーティリティクラスの改名と責務の分割
- レシピ8.7 コメントのテストでの置き換え
- レシピ10.7 メソッドのオブジェクトとしての抽出
- レシピ14.10 ネストされたif文の書き換え
- レシピ14.13 複雑で長い三項演算子の簡素化

関連項目

- Refactoring Guru、「Long Method」（https://oreil.ly/bZVzJ）

レシピ 11.2　多過ぎる引数の削減

問題

引数が多すぎるメソッドがある場合。

解決策

メソッドに3つ以上の引数を渡さないようにしましょう。関連し合う引数をパラメータオブジェクトとしてまとめましょう。それらを結びつけることができます。

考察

引数が多すぎるメソッドは、保守性が低く、再利用性が低く、結合度が高くなります。引数同士の関連性を見出すために、それらをグループ化する必要があります。または、関連する引数同士をまとめた小さなオブジェクトを作成することもできます。そのような関連し合う情報を持つオブジェクトを作るとき、引数間の関係を作成時に強制することでフェイルファストの原則に従うようにしましょう。

また、プリミティブ型（文字列、配列、整数など）は避け、具体的な役割を持つ小さなオブジェクトについて考えるべきです（「レシピ 4.1　小さなオブジェクトの生成」を参照）。引数をグループ化する際には、常に現実世界との対応関係を考慮しましょう。現実世界における引数の対応物がどのように凝集したオブジェクトにまとまるかを突き止めましょう。関数の引数が多すぎる場合、それらの引数の一部は新たなクラスとして切り出すことができる可能性があります。

この例では、多くの引数を使って print メソッドを呼び出しています。

```
public class Printer {
    void print(
          String documentToPrint,
          String paperSize,
          String orientation,
          boolean grayscales,
          int pageFrom,
          int pageTo,
          int copies,
          float marginLeft,
          float marginRight,
          float marginTop,
          float marginBottom
        ) {
    }
}
```

代わりに、プリミティブへの執着を避けるために、いくつかの引数をまとめましょう。

```
final public class PaperSize { }
final public class Document { }
final public class PrintMargins { }
final public class PrintRange { }
final public class ColorConfiguration { }
final public class PrintOrientation { }
// 上のクラスの定義では、簡略化のためにメソッドや属性を省略しています

final public class PrintSetup {
    public PrintSetup(
          PaperSize papersize,
          PrintOrientation orientation,
          ColorConfiguration color,
          PrintRange range,
          int copiesCount,
          PrintMargins margins
        ) {}
}

final public class Printer {
    void print(
        Document documentToPrint,
        PrintSetup setup
      ) {
    }
}
```

ほとんどのリンタは、引数の数が多すぎる場合に警告を発するので、必要に応じてこのレシピを適用できます。

関連するレシピ

- レシピ 3.7 空のコンストラクタの除去と適切な初期化の実施
- レシピ 9.5 引数の順序の統一
- レシピ 10.7 メソッドのオブジェクトとしての抽出
- レシピ 11.6 多すぎる属性の分割

レシピ 11.3 過度な変数の削減

問題

コード内で宣言され、同時に使用されている変数が多すぎる場合。

解決策

スコープを分割し、可能な限り変数を局所的にしましょう。

考察

変数のスコープを狭めることで、コードの可読性が向上し、より小さなコードの断片を再利用しやすくなります。また、使用されていない変数を削除する機会も見つかるでしょう。プログラミング中にコードが汚れたり、テストケースが失敗することがあります。十分なカバレッジがあれば、リファクタリングの際、スコープを狭めつつ、「レシピ 10.7　メソッドのオブジェクトとしての抽出」を使ってメソッドの数を減らすことができます。コンテキストを制限することでスコープはより明確になります。

次の例には、同時に多くのアクティブな変数があります。

```
function retrieveImagesFrom(array $imageUrls) {
  foreach ($imageUrls as $index => $imageFilename) {
    $imageName = $imageNames[$index];
    $fullImageName = $this->directory() . "\\" . $imageFilename;
    if (!file_exists($fullImageName)) {
      if (str_starts_with($imageFilename, 'https://cdn.example.com/')) {
        $url = $imageFilename;
        // 変数のスコープが適切であれば、このように変数を複製する必要はありません。
        $saveTo = "\\tmp"."\\".basename($imageFilename);
        $ch = curl_init ($url);
        curl_setopt($ch, CURLOPT_HEADER, 0);
        curl_setopt($ch, CURLOPT_RETURNTRANSFER, 1);
        $raw = curl_exec($ch);
        curl_close ($ch);
        if(file_exists($saveTo)){
          unlink($saveTo);
        }
        $fp = fopen($saveTo,'x');
        fwrite($fp, $raw);
        fclose($fp);
        $sha1 = sha1_file($saveTo);
        $found = false;
        $files = array_diff(scandir($this->directory()), array('.', '..'));
        foreach ($files as $file){
          if ($sha1 == sha1_file($this->directory()."\\".$file)) {
            $images[$imageName]['remote'] = $imageFilename;
            $images[$imageName]['local'] = $file;
            $imageFilename = $file;
            $found = true;
            // 見つけた後も反復処理は続行します
          }
        }
        if (!$found){
          throw new \Exception('画像が見つかりません');
        }
        // この時点でデバッグすると、すでに不要になった前の実行時の
        // 変数によってコンテキストが汚染されています
        // 例：curl ハンドラ
      }
    }
```

```
  }
}
```

スコープの一部を狭めると次のようになります。

```
function retrieveImagesFrom(array $imageUrls) {
  foreach ($imageUrls as $index => $imageFilename) {
    $imageName = $imageNames[$index];
    $fullImageName = $this->directory() . "\\" . $imageFilename;
    if (!file_exists($fullImageName)) {
      if ($this->isRemoteFileName($imageFilename)) {
        $temporaryFilename = $this->temporaryLocalPlaceFor($imageFilename);
        $this->retrieveFileAndSaveIt($imageFilename, $temporaryFilename);
        $localFileSha1 = sha1_file($temporaryFilename);
        list($found, $images, $imageFilename) =
          $this->tryToFindFile(
            $localFileSha1, $imageFilename, $images, $imageName);
          if (!$found) {
            throw new Exception('ファイルがローカルに見つかりません (' . $imageFilename
            . ') そのファイルを取得して保存する必要があります');
          }
      } else {
        throw new \Exception('画像がディレクトリに見つかりません ' .
          $fullImageName);
      }
    }
  }
}
```

ほとんどのリンタは、長いメソッドに対して警告を発します。この警告は、変数のスコープを分割すべきことも示唆しています。その場合、「レシピ 10.7 メソッドのオブジェクトとしての抽出」を、ベイビーステップで使用するべきです。

ベイビーステップ

ベイビーステップとは、開発プロセスを小さな単位に分割し、一歩ずつ着実に進めていく手法のことです。具体的には管理しやすい小規模なタスクや変更を繰り返し行いながら、徐々にプロジェクトを前進させていきます。この考え方は、アジャイル開発の方法論から生まれたものです。

関連するレシピ

- レシピ 6.1 変数の再利用の抑制
- レシピ 11.1 長過ぎるメソッドの分割
- レシピ 14.2 状態を表す真偽値変数の名前の改善

レシピ 11.4　過剰な括弧の除去

問題

括弧が多すぎる式がある場合。

解決策

コードの意味を変えない範囲で、括弧の使用を最小限に抑えましょう。

考察

（少なくとも）西洋文化では、コードは左から右に読みますが、括弧はしばしばこの流れを断ち、認知的な複雑さを増加させます。コードは一度書かれた後、何度も読まれるため、可読性が最も重要です。以下の例では、シュワルツシルト半径を計算するための式がありますが、括弧が多すぎます。シュワルツシルト半径とは、回転していないブラックホールのサイズを測る指標です。

```
schwarzschild = ((((2 * GRAVITATION_CONSTANT)) * mass) / ((LIGHT_SPEED ** 2)))
```

不要な括弧を削除した後の式は次のようになります。

```
schwarzschild = (2 * GRAVITATION_CONSTANT * mass) / (LIGHT_SPEED ** 2)
```

さらにコンパクトにすることができます。

```
schwarzschild = 2 * GRAVITATION_CONSTANT * mass / (LIGHT_SPEED ** 2)
```

数学の演算の順序では、掛け算と割り算は足し算と引き算よりも優先されます。したがって、2、`GRAVITATION_CONSTANT`、`mass` の乗算を先に行い、その結果を `(LIGHT_SPEED ** 2)` で割ることができます。しかし、このように括弧を省略した式は、括弧を使用した前の例と比べて可読性が低くなります。複雑な式においては、各項の意味を明確にするために余分な括弧を加えることも有効です。多くのレシピと同様に、可読性と簡潔さのバランスをとることが重要です。

関連するレシピ

- レシピ 6.8　マジックナンバーの定数での置き換え

レシピ 11.5　過度なメソッドの削除

問題

クラスにメソッドが多すぎる場合。

解決策

クラスをより凝集度の高い小さな部品に分割し、偶発的なインターフェースをクラスに追加しないようにしましょう。

考察

エンジニアは、最初に適切だと思ったクラスにインターフェースを配置しがちです。それ自体は問題ではありませんが、機能をカバーするテストが完了した後にリファクタリングする必要があります。この例では、ヘルパークラスに互いに無関係なメソッドが多く含まれています。

```
public class MyHelperClass {
  public void print() { }
  public void format() { }
  // ... 他にも多くのメソッド

  // ... さらに多くのメソッド
  public void persist() { }
  public void solveFermiParadox() { }
}
```

これらのメソッドを、MAPPERの原則に従って、それぞれの役割に応じた適切なクラスに分割することで、より明確な構造にすることができます。

```
public class Printer {
  public void print() { }
}

public class DateToStringFormatter {
  public void format() { }
}

public class Database {
  public void persist() { }
}

public class RadioTelescope {
  public void solveFermiParadox() { }
}
```

ほとんどのリンタはメソッドの数をカウントし、警告を発することができるので、それに基づいてクラスをリファクタリングすることができます。メソッドの数が多いクラスを分割することは、小さく再利用可能なオブジェクトを重視するための良い実践です。

関連するレシピ

- レシピ 7.2　ヘルパーとユーティリティクラスの改名と責務の分割
- レシピ 11.6　多すぎる属性の分割
- レシピ 11.7　import のリストの削減
- レシピ 17.4　関連性のない責務の分離
- レシピ 17.15　データの塊のリファクタリング

関連項目

- Refactoring Guru、「Large Class」（https://oreil.ly/r1jQO）

レシピ 11.6　多すぎる属性の分割

問題

属性が多数定義されているクラスがある場合。

解決策

クラスをより凝集度の高い構造に改善するため、まず属性に関連するメソッドを特定しましょう。次に、それらのメソッドと属性をまとめ、各まとまりを新しいオブジェクトとして切り出します。その後、新しく作成したオブジェクトへの参照に置き換えます。

考察

次に、属性が多すぎるスプレッドシートを示します。

```
class ExcelSheet {
  String filename;
  String fileEncoding;
  String documentOwner;
  String documentReadPassword;
  String documentWritePassword;
  DateTime creationTime;
  DateTime updateTime;
  String revisionVersion;
  String revisionOwner;
  List previousVersions;
  String documentLanguage;
  List cells;
  List cellNames;
  List geometricShapes;
}
```

パーツに分割すると次のようになります。

```
class ExcelSheet {
  FileProperties fileProperties;
  SecurityProperties securityProperties;
  DocumentDatingProperties datingProperties;
  RevisionProperties revisionProperties;
  LanguageProperties languageProperties;
  DocumentContent content;
}

// このクラスでは属性の数が減りました
// 単にテストのしやすさだけでなく、凝集度の向上やほかの部分との衝突リスクの低下、
// 再利用性の向上などの利点があります
// たとえば、FileProperties や SecurityProperties はほかのドキュメントでも再利用できます
// また、fileProperties に関するルールや前提条件は、このオブジェクトに移動されます
// これにより、ExcelSheet クラスのコンストラクタがよりシンプルになります
```

多くのリンタは、オブジェクト内の属性数が多すぎる場合に警告を発します。これは重要な機能です。なぜなら、属性が多すぎる肥大化したオブジェクトはさまざまな問題を引き起こすからです。このようなオブジェクトは、担う責務が多すぎて変更が困難になり、オブジェクトの凝集度が低下して関連性の低い機能が混在してしまいます。さらに、開発者がこのようなオブジェクトを変更する頻度も高まるため、コードのマージ時に衝突が発生しやすくなります。

関連するレシピ

- レシピ 11.2　多過ぎる引数の削減
- レシピ 11.5　過度なメソッドの削除
- レシピ 17.3　ゴッドオブジェクトの分割
- レシピ 17.4　関連性のない責務の分離

レシピ 11.7　importのリストの削減

問題

クラスがあまりにも多くのほかのクラスに依存している場合、それは密結合で壊れやすいものになります。`import` リストが長いというのは、この問題の兆候です。

解決策

同じファイル内であまり多くを `import` しないようにし、依存関係と結合を分割しましょう。

考察

クラスを分割することで、偶発的な実装を隠すことができます。次に非常に長い `import` のリストを示します。

```
import java.util.ConcurrentModificationException;
import java.util.Iterator;
import java.util.LinkedList;
import java.util.List;
import java.util.ListIterator;
import java.util.NoSuchElementException;
import java.util.Queue;
import javax.persistence.*;
import org.fermi.common.util.ClassUtil;
import org.fermi.Data;
// あまりにも多くのライブラリに依存しています

public class Demo {
  public static void main(String[] args) {

  }
}
```

次に簡素化したものを示します。

```
import org.fermi.domainModel;
import org.fermi.workflow;

// 依存するライブラリは非常に少ないです
// そしてその実装は隠蔽されています
// おそらく依存している先では先と同じものを import しているでしょう
// しかし、カプセル化を破壊していません

public class Demo {
  public static void main(String[] args) {

  }
}
```

多くのリンタでは、1 つのファイル内での `import` 文の数に対して警告を発する閾値を設定できます。また、システムやモジュールの設計時には、コンポーネント間の依存関係を慎重に検討することが重要です。適切に設計された依存関係は、ある部分の変更がほかの部分に及ぼす波及効果を最小限に抑えることができます。さらに、多くの現代的な IDE には、使用されていない `import` 文を自動的に検出し、警告を発する機能が備わっています。

関連するレシピ

- レシピ 11.5　過度なメソッドの削除
- レシピ 17.4　関連性のない責務の分離
- レシピ 17.14　クラス間の強い依存関係の解消
- レシピ 25.3　外部パッケージへの依存の最小化

レシピ11.8　名前にAndが付いた関数の分割

問題

1つの関数で複数のタスクを実行している場合。

解決策

アトミック性が必要な場合を除き、関数ごとに1つのタスクしか実行しないようにし、2つ以上のタスクを実行している関数を分割しましょう。

考察

関数名にandが含まれており、かつアトミック性[†1]が必要でない場合、その関数は複数の責務を持っている可能性が高いです。このような関数は単一責任の原則（「レシピ4.7　文字列検証のオブジェクトとしての実装」を参照）に違反するため、分割すべきです。複数の責務を1つの関数内で持つと、それらの責務が互いに依存し合ってしまい、コードの結合度が高くなり、テストしづらくなります。

次のコードは2つのタスクを実行する関数の例です。

```
def fetch_and_display_personnel():
  data = # ...

  for person in data:
    print(person)
```

これを分割すると次のようになります。

```
def fetch_personnel():
  return # ...

def display_personnel(data):
  for person in data:
    print(person)
```

以下は別の例です。

```
calculatePrimeFactorsRemoveDuplicatesAndPrintThem()

// このメソッドは3つの責務を持っています
```

これを3つのパーツに分割すると、次のようになります。

---

†1　訳注：一連の処理を不可分なものとして扱う性質のこと。

```
calculatePrimeFactors();

removeDuplicates();

printNumbers();

// 3 つの異なるメソッドになりました
// テストして再利用することができます
```

名前に「and」が含まれる関数は分割するのに適した候補ですが、それだけでは分割するべきと判断できない場合もあり得るため慎重にチェックする必要があります。関数は必要最低限のことだけを行うものであり、かつアトミックであるべきです。メソッドを作成する際には、正しく行っているかを判断するためにラバーダック法を利用することが非常に重要です。

ラバーダックデバッグ

ラバーダックデバッグは、あたかもゴム製のアヒルにコードの動作を説明するかのように、プログラムの各行を詳細に解説するという手法です。コードの各ステップを声に出して説明することで、それまで気づかなかったエラーや論理的な矛盾を発見できることがあります。

関連するレシピ

- レシピ 11.1　長過ぎるメソッドの分割

レシピ 11.9　肥大化したインターフェースの分割

問題

1 つのインターフェースで定義されているメソッドが多すぎる場合。

解決策

インターフェースを分割しましょう。

考察

「肥大化したインターフェース」という用語は、インターフェースが多くのメソッドで過剰に定義されている状態を表しています。これには、すべてのクライアントにとって必要ではない、あるいは使用されないメソッドも含まれていることを意味します。このようなインターフェースは、インターフェース分離の原則に反しています。この原則は、インターフェースをより小さく、特定の目的に焦点を絞ったものに分割すべきだと述べています。

インターフェース分離の原則

インターフェース分離の原則は、オブジェクトは使用しないインターフェースに依存すべきではないと述べています。1つの大きな一枚岩のインターフェースを持つよりも、多くの小さく専門的なインターフェースを持つ方が良いです。

次の例では、いくつかの振る舞いをオーバーライドしています。

```
interface Animal {
  void eat();
  void sleep();
  void makeSound();
  // このインターフェースはすべての動物に共通しているはずです
}

class Dog implements Animal {
  public void eat() { }
  public void sleep() { }
  public void makeSound() { }
}

class Fish implements Animal {
  public void eat() { }
  public void sleep() {
    throw new UnsupportedOperationException("眠りません");
  }
  public void makeSound() {
    throw new UnsupportedOperationException("鳴きません");
  }
}

class Bullfrog implements Animal {
  public void eat() { }
  public void sleep() {
    throw new UnsupportedOperationException("眠りません");
  }
  public void makeSound() { }
}
```

インターフェースをよりアトミックなものに分離した場合、次のようになります。

```
interface Animal {
  void move();
  void reproduce();
}
// これら2つの責務を分けることもできます

class Dog implements Animal {
  public void move() { }
```

```
  public void reproduce() { }
}

class Fish implements Animal {
  public void move() { }
  public void reproduce() { }
}

class Bullfrog implements Animal {
  public void move() { }
  public void reproduce() { }
}
```

インターフェースが定義するメソッドの数と種類を確認し、それらのメソッド群全体の凝集度を評価しましょう。小規模で再利用可能なコード単位を設計することで、コードと振る舞いの再利用性が高まります。

関連するレシピ

- レシピ 12.4 実装が 1 つしかないインターフェースの削除
- レシピ 17.14 クラス間の強い依存関係の解消

12章 YAGNI

アインシュタインは、神は気まぐれでも独断的でもないのだから、自然について単純化された説明があるはずだ、と繰り返し主張した。ソフトウェアエンジニアにとっては、そういう信念は何の慰めにもならない。

— Fred Brooks 著、『The Mythical Man-Month』（邦訳『人月の神話』丸善出版）

はじめに

YAGNI は「You Ain't Gonna Need It（それは必要にならないよ）」の略で、将来使われるかもしれないと想定して不要な機能を追加するのではなく、現時点で実際に必要な機能のみを実装するよう開発者に勧める原則です。YAGNI の考え方の核心は、偶発的な複雑さを最小限に抑え、目の前の最重要課題に集中することにあります。

YAGNI の原則は、ソフトウェア開発でよく見られる過剰設計や将来の要件を見越した不要な機能追加の傾向に対する警鐘と言えます。こうした過剰な対応は、システムを不必要に複雑にし、時間と労力を無駄にし、さらにはメンテナンスコストを増大させる可能性があります。

YAGNI の原則は、開発者にプロジェクトの現在のニーズに焦点を絞り、それらを満たすために必要最小限の機能のみを実装するよう促します。これにより、プロジェクトをシンプルに保ち、開発の焦点を明確にすることができます。結果として、開発者はより柔軟に、変化する要求に素早く対応できるようになります。

レシピ 12.1　デッドコードの除去

問題

使用されていない、または必要とされていないコードがある場合。

解決策

「念のため必要になるかもしれない」という理由でコードを保持してはいけません。そういったコードは削除しましょう。

考察

デッドコードは保守性を損ない、KISSの原則（「レシピ6.2 不要な空行の整理」を参照）に反します。なぜなら、コードが実行されなければ誰もメンテナンスをしないからです。以下に、金メッキが施されたコードの例を示します。

```
class Robot {
  walk(){
    //...
  }
  serialize(){
    //...
  }
  persistOnDatabase(database){
    //...
  }
}
```

金メッキ

金メッキを施すとは、最小限の要件や仕様を超えて、製品やプロジェクトに不必要な機能や性能を追加することを指します。これは、顧客を感心させたい、市場で製品を際立たせたいといったさまざまな理由で発生することがあります。しかし、金メッキを施すことはプロジェクトにとって有害であることが多く、コストやスケジュールの超過を招く可能性があり、エンドユーザーに実際の価値を提供しない場合があります。

こちらは、適切な責務を持ったシンプルなオブジェクトの例です。

```
class Robot {
  walk(){
    // ...
  }
}
```

コードカバレッジ測定ツールを使用すると、十分に網羅的なテストスイートがある場合、デッドコード（テストで実行されていないコード）を発見できます。ただし、メタプログラミング（23章を参照）を使用している場合は、カバレッジの測定が正確に行えない可能性があることに注意してください。メタプログラミングを使用している場合、コードの参照関係を追跡することが非常に困難になります。コードの簡潔さを保つため、デッドコードは削除しましょう。もし、あるコードが本当に不要か確信が持てない場合は、機能フラグを使用して一時的に無効化することができます。コードを追加するよりも削除する方が、多くの場合プロジェクトにとって有益です。また、削除したコードは必要に応じてGitの履歴から参照できることを覚え

ておきましょう（「レシピ 8.1　コメントアウトされたコードの除去」を参照）。

関連するレシピ

- レシピ 16.6　未使用コードの削除
- レシピ 23.1　メタプログラミングの使用の停止

レシピ 12.2　図ではなくコードによる表現

問題

ソフトウェアの動作を説明するために図を使用している場合。

解決策

コードとテストを生きたドキュメントとして使用しましょう。

考察

ほとんどの図は構造（偶発的な部分）にのみ焦点を当てており、振る舞い（本質的な部分）には注目していません。図はほかの人とアイデアをコミュニケーションするためにのみ使用すべきです。テストを信頼しましょう。テストは生きており、適切にメンテナンスされています。

図 12-1 は、サンプルの UML（統一モデリング言語）図を示しています。この図は役立ちますが、開発中に古くなる可能性があるため、図よりもコードとテストを理解することがより重要です。テストは継続的に実行していれば嘘をつくことはありません。

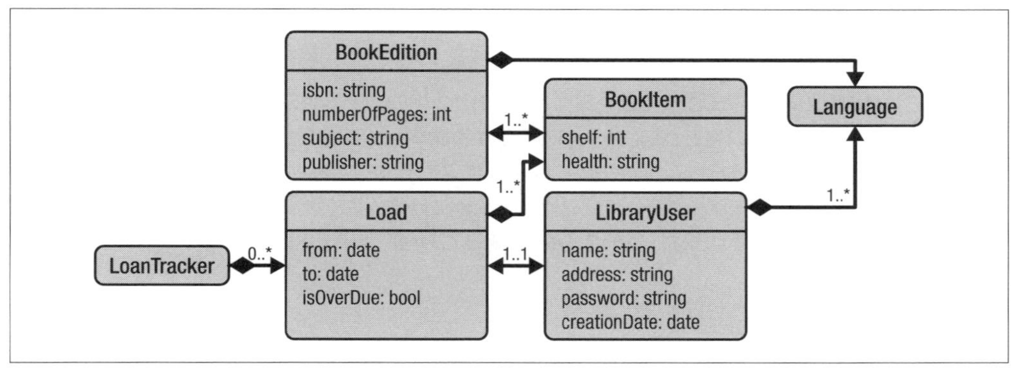

図 12-1　図書館を表すシンプルな UML 図

以下は、図書館ドメインの一部をモデリングした図から取り出した、単純化された実行可能なコードです。

```
final class BookItem {
    function numberOfPages() { }
    function language(): Language { }
    function book(): Book { }
    function edition(): BookEdition { }
    // 貸し出しや延滞は本のアイテムの責務ではありません
}

final class LoanTracker {
    function loan(
        BookItem $bookCopy,
        LibraryUser $reader,
        DatePeriod $loanDates) {
        // DatePeriod は貧弱な$fromDate と$toDate よりも優れています
    }
}

final class LoanTrackerTests extends TestCase {
    // システムの実際の動作を教えてくれる多数のテスト
}
```

すべてのコードに関するドキュメントを削除し、プロジェクトのポリシーとしてその使用を禁止しましょう。ソフトウェア設計は机上の空論ではなく、実際に動くものを作りながら学んでいく必要があります。そのため、プロトタイプを作成し、実際に動作するモデルから学ぶことが重要です。スプレッドシートや JPEG 画像は静的なものであり、実行することはできません。これらはすべてが理想通りに動作する架空の世界に存在するものです。ただし、システム全体の構造を把握したり、特定の設計概念を他のチームメンバーと共有したりする際には、高レベルのアーキテクチャ図が役立つことがあります。

UML 図

UML（統一モデリング言語）図は、ソフトウェアシステムやアプリケーションの構造と振る舞いを共通の記号と表記法を用いて図示する標準的な手法です。UML 図は 1980 年代から 1990 年代に流行し、ウォーターフォール開発モデルと密接に関連していました。ウォーターフォール開発モデルでは、アジャイル方法論とは対照的に、実際のコーディングを開始する前に設計を完了させます。現在でも多くの組織で UML が使用されています。

関連するレシピ

- レシピ 3.1　貧血オブジェクトのリッチオブジェクトへの変換
- レシピ 12.5　過剰なデザインパターンの見直し

関連項目

- Wikipedia、「Computer Aided Software Engineering」(https://oreil.ly/pAN3o)

ウォーターフォールモデル

David Farley によれば、ソフトウェア開発に適用される**ウォーターフォールモデル**とは、作業を一連の明確な段階に分けて段階的に進め、各段階間で明確に引き継ぐという方法です。この考え方は、反復するのではなく、各段階を順番に取り組むというものです。ウォーターフォールモデルは、1990 年代にアジャイル方法論がより広まるまで、主流の考え方でした。

レシピ 12.3　サブクラスが 1 つしかないクラスのリファクタリング

問題

サブクラスを 1 つだけ持つクラスがある場合。

解決策

事前に過度に一般化することは推測に基づく設計になるため、避けましょう。代わりに、現時点で把握している知識に基づいて設計を進めましょう。より具体的な要件や使用例が明らかになるまでは、抽象クラスの使用を控えましょう。

考察

以前は、専門家たちはエンジニアに将来の変更に備えて設計するよう助言していました。しかし現在では、実際のニーズや要件に基づいて設計を進めることが推奨されています。コードの重複は見つかり次第解消すべきですが、重複が実際に発生するまでは過度に抽象化や一般化を行わないことが重要です。以下に推測に基づく設計の例を示します。

```
class Boss(object):
    def __init__(self, name):
        self.name = name

class GoodBoss(Boss):
    def __init__(self, name):
        super().__init__(name)

# これは適切とは言えないクラスの例でもあります
# Boss は不変であるべきですが、建設的なフィードバックによって
# 態度や行動は変化し得ます
```

階層をコンパクトにすると次のようになります。

```
class Boss(object):
    def __init__(self, name):
        self.name = name
```

```
# Bossは抽象クラスではなく具体的なクラスとして実装されています
# その振る舞いは変化し得ます
```

リンタは、このような問題をコンパイル時に検出できます。サブクラス化は慎重に行うべきです。抽象化の必要性が明確になるまで待つべきであり、推測に基づいてサブクラスを作成すべきではありません。また、サブクラス化を最初の選択肢として考えるのは適切ではありません。より良い解決策としては、使用言語がサポートしている場合、インターフェースを宣言することが挙げられます。インターフェースはクラス間の結合度が低く抑えられるため、より柔軟な設計が可能です。ただし、例外的なケースもあります。一部のフレームワークでは、将来的に具体的なクラスを実装するための基盤として抽象クラスを使用することがあります。

関連するレシピ

- レシピ 12.4 実装が1つしかないインターフェースの削除
- レシピ 19.3 コード再利用のためのサブクラス化の回避
- レシピ 19.6 グローバルクラスの適切な命名
- レシピ 19.7 具象クラスの final 化
- レシピ 19.8 クラスの継承可否の明確化
- レシピ 19.9 振る舞いのないクラスの除去

レシピ 12.4 実装が1つしかないインターフェースの削除

問題

実装クラスが1つしかないインターフェースがある場合。

解決策

複数の具体的な実装例が出てくるまでは、インターフェースによる一般化は控えましょう。複数の例があってはじめて、共通で有用な機能を適切に抽出できます。

考察

インターフェースを事前に設計したり、抽象的な仕様を早期に一般化したりすることは、推測に基づく設計や過度な設計につながる可能性があります。以下の例は、乗り物の一般的な振る舞いを定義しようとする試みを示しています。

```
public interface Vehicle {
    public void start();
    public void stop();
}
```

```
public class Car implements Vehicle {
    public void start() {
        System.out.println("走行中...");
    }
    public void stop() {
        System.out.println("停止中...");
    }
}
// ほかに具体的な乗り物がないだろうか？？
```

十分な根拠がない場合は、インターフェースを使わず、1 つの具体クラスにとどめておくべきです。

```
public class Car {
    public void start() {
        System.out.println("走行中...");
    }
    public void stop() {
        System.out.println("停止中...");
    }
}

// ほかの具体的な乗り物が必要になるまで、抽象化は待ちましょう
```

このルールはビジネスロジックに適用されますが、いくつかの例外があります。一部のフレームワークでは、特定の機能を実装するためのガイドラインとしてインターフェースを定義することがあります。また、ソフトウェアと現実世界の概念との全単射において、現実に存在する仕様や規約をインターフェースとしてモデル化することがあります。これは 2 章で説明した MAPPER の原則に基づいています。さらに、依存性逆転の原則を適用する場合にもインターフェースを宣言する必要があります。この場合、実装が追加されるまでインターフェースは空であってもかまいません。テストのためにモックオブジェクトを使用する言語では、「レシピ 20.4　モックの実オブジェクトへの置き換え」のレシピを参考にすることをお勧めします。最後に重要なのは、抽象化を急がないことです。具体的な実装例が複数出てくるまでは、抽象化や一般化は控え、推測に基づく設計を避けるべきです。

依存性の逆転

依存性の逆転は、従来の依存関係を逆転させることによって、高レベルのオブジェクトと低レベルのオブジェクトの結合を緩める設計原則です。高レベルのオブジェクトが直接低レベルのオブジェクトに依存するのではなく、この原則では両者が抽象またはインターフェースに依存すべきだと提案しています。これにより、コードベースの柔軟性とモジュール性が向上し、低レベルモジュールの実装の変更が必ずしも高レベルモジュールの変更を必要としないようになります。

関連するレシピ

- レシピ7.14 クラス名からのImplの削除
- レシピ12.3 サブクラスが1つしかないクラスのリファクタリング
- レシピ20.4 モックの実オブジェクトへの置き換え

レシピ12.5 過剰なデザインパターンの見直し

問題

コードに過度な設計の兆候があり、いくつかのデザインパターンを不適切に使用している場合。

解決策

不必要なデザインパターンの使用を避けましょう。より単純な概念を用いましょう。実装パターンの名称（偶発的な特性）ではなく、現実世界の概念（本質的な特性）に基づいた名称を使用しましょう。

考察

表12-1のクラスは、実装に基づいて名付けられています。

表12-1 デザインパターンを反映した不適切な名前

不適切な例	適切な例
FileTreeComposite	FileSystem
DateTimeConverterAdapterSingleton	DateTimeFormatter
PermutationSorterStrategy	BubbleSort
NetworkPacketObserver	NetworkSniffer
AccountsComposite	Portfolio

表12-1に「適切な例」として挙げた5つの名前は現実世界の概念を反映しています。これらの名前を使用することで、プログラマは直感的にソフトウェア内のオブジェクトと現実世界の概念を対応づけることができます。デザインパターンの過剰な使用を避ける際の課題は、パターンによって導入された不必要な複雑さを取り除き、オブジェクトの本質的な機能を維持することです。これには、オブジェクトの振る舞いを再設計する必要がある場合もあります。

関連するレシピ

- レシピ7.7 抽象的な名前の変更
- レシピ10.4 コードからの過度な技巧の除去
- レシピ12.2 図ではなくコードによる表現
- レシピ17.2 シングルトンの置き換え

レシピ 12.6　独自のコレクションクラスの見直し

問題

標準的なコレクションと比べて特別な機能を持たない、独自のコレクションクラスを使用している場合。

解決策

不必要な抽象化を避けましょう。代わりに、プログラミング言語が提供する標準のコレクションクラスを使用しましょう。

考察

現実世界の概念とソフトウェアの対応関係（MAPPER）において、適切な抽象化を見出すのは難しい作業です。新しい機能や振る舞いを追加しない限り、不要な抽象化は避けるべきです。以下に単語辞典の例を示します。

```
Namespace Spelling;

final class Dictionary {

    private $words;

    function __construct(array $words) {
        $this->words = $words;
    }

    function wordCount(): int {
        return count($this->words);
    }

    function includesWord(string $subjectToSearch): bool {
        return in_array($subjectToSearch, $this->words);
    }
}

// このクラスは、辞書の抽象データ型に似た機能を提供しています
// 以下は、このクラスのテストコードです

final class DictionaryTest extends TestCase {
    public function test01EmptyDictionaryHasNoWords() {
        $dictionary = new Dictionary([]);
        $this->assertEquals(0, $dictionary->wordCount());
    }

    public function test02SingleDictionaryReturns1AsCount() {
        $dictionary = new Dictionary(['happy']);
        $this->assertEquals(1, $dictionary->wordCount());
    }
```

```
    public function test03DictionaryDoesNotIncludeWord() {
        $dictionary = new Dictionary(['happy']);
        $this->assertFalse($dictionary->includesWord('sadly'));
    }

    public function test04DictionaryIncludesWord() {
        $dictionary = new Dictionary(['happy']);
        $this->assertTrue($dictionary->includesWord('happy'));
    }
}
```

同じことを達成するために標準クラスを使用することができます。

```
Namespace Spelling;

// final な Dictionary クラスはもはや必要ではありません

// テストでは標準クラスを使用します
// PHP では連想配列を使用します
// Java や他の言語には、ハッシュテーブル、辞書などがあります。

use PHPUnit\Framework\TestCase;

final class DictionaryTest extends TestCase {
    public function test01EmptyDictionaryHasNoWords() {
        $dictionary = [];
        $this->assertEquals(0, count($dictionary));
    }

    public function test02SingleDictionaryReturns1AsCount() {
        $dictionary = ['happy'];
        $this->assertEquals(1, count($dictionary));
    }

    public function test03DictionaryDoesNotIncludeWord() {
        $dictionary = ['happy'];
        $this->assertFalse(in_array('sadly', $dictionary));
    }

    public function test04DictionaryIncludesWord() {
        $dictionary = ['happy'];
        $this->assertTrue(in_array('happy', $dictionary));
    }
}
```

この例は、一見すると MAPPER の概念と矛盾しているように見えるかもしれません。MAPPER では通常、現実世界の概念とソフトウェア上のオブジェクトを全単射の関係で対応させることを推奨しています。しかし、ここで重要なのは MAPPER の最初の「P」、つまり「Partial（部分的）」という概念です。これは、現実世界のすべての要素をモデル化する必要はないということを意味します。代わりに、システムにとって本当に重要で関連性の高い概念だけをモデル化すれば良いのです。

例外として、パフォーマンス上の理由からコレクションを最適化する必要がある場合がありますが、それは十分に強い証拠がある場合に限ります（16 章を参照）。それ以外の場合は、コードを定期的に整理する際に独自のコレクションは標準クラスに置き換えましょう。

関連するレシピ

- レシピ 13.5　コレクションの繰り返し処理中の変更の回避

13章
フェイルファスト

間違いを犯した場合にプログラムが迅速に失敗するよう、どこで何をチェックすべきかを見極めるには技術が必要です。そのような判断は、簡素化の技術の一部と言えるでしょう。

— Ward Cunningham

はじめに

クリーンコードにとって、迅速に失敗する能力は重要です。ビジネスルールが失敗したらすぐに対応する必要があります。静かに失敗することは、改善の機会を逃していることに他なりません。問題を正確にデバッグするためには、根本原因を見つける必要があります。根本原因を特定することで、失敗の追跡と解決に向けた確かな手がかりが得られます。フェイルファストのシステムは、失敗を隠蔽し、結果に影響が出た後も処理を続行するような脆弱なシステムよりも堅牢です。

レシピ13.1　変数の再利用を避けるリファクタリング

問題

異なるスコープで変数を再利用している場合。

解決策

変数名は再利用しないようにしましょう。再利用すると可読性が低下し、リファクタリングの機会を失います。また、メモリの節約にもならない、早すぎる最適化となってしまいます。代わりに、変数のスコープをできるだけ狭く保ちましょう。

考察

変数を再利用してそのスコープを拡大すると、自動リファクタリングツールが正しく機能しなくなったり、仮想マシンが最適化の機会を逃したりする可能性があります。変数のライフサイクルを短く保つことをお勧めします。つまり、変数を定義し、利用し、不要になったらすぐに廃棄しましょう。以下の例では、互いに関連性のない2つの商品を扱います。

```
class Item:
  def taxesCharged(self):
    return 1

lastPurchase = Item('Soda');

# 購入品に関する処理
taxAmount = lastPurchase.taxesCharged();

# ソーダを飲むなど、購入した商品に関するさまざまな処理

# これ以降の部分をメソッドとして抽出しようとすると、
# 不要な lastPurchase を引数として渡す必要があります

# 数時間後…
lastPurchase = Item('Whisky') # 別のドリンクを購入
taxAmount += lastPurchase.taxesCharged()
```

スコープを狭めると、次のようになります。

```
class Item:
  def taxesCharged(self):
    return 1

def buySupper():
  supperPurchase = Item('Soda')

  # ソーダを飲むなど、購入した商品に関するさまざまな処理

  return supperPurchase

def buyDrinks():
  # この部分を独立したメソッドとして抽出できました

  # 数時間後...
  drinksPurchase = Item('Whisky') # 別のドリンクを購入
  return drinksPurchase

taxAmount = buySupper().taxesCharged() + buyDrinks().taxesCharged()
```

変数を再利用することは、適切な文脈を考慮せずにコピーアンドペーストすることに似ています。

関連するレシピ

- レシピ 11.1　長過ぎるメソッドの分割

仮想マシンの最適化

現代のほとんどのプログラミング言語は**仮想マシン**（VM）上で動作します。仮想マシンはハードウェアの詳細を抽象化し、さまざまな**最適化**を裏側で行うため、開発者はコードの可読性を高めることに集中できます（16 章を参照）。パフォーマンスを重視した複雑なコードを書く必要はほとんどありません。多くのパフォーマンス問題は仮想マシンが解決してくれるからです。16 章では、コードを最適化する必要があるかどうかを判断するために、実際の証拠をどのように収集するかを説明しています。

レシピ 13.2　事前条件の強制

問題

事前条件、事後条件、および不変条件を用いて、より堅牢なオブジェクトを作成したい場合。

解決策

アサーションが著しいパフォーマンス問題を引き起こすという明確な証拠がない限り、開発環境と本番環境の両方でアサーションを有効にしましょう。

考察

オブジェクトの一貫性は、2 章で定義した MAPPER の原則に従うための重要な要素です。ソフトウェアの契約に違反した場合には、即座に警告を発する必要があります。問題が発生した直後にデバッグする方が容易だからです。まず、オブジェクトの作成時に正しい初期化を行い、契約の条件を確認することが、問題を防ぐ最初の重要なステップとなります。これはコンストラクタで実現できるため、コンストラクタは契約を守っているかどうかの最初の防衛線と言えます。

契約による設計

Bertrand Meyer による『Object-Oriented Software Construction』（邦訳『オブジェクト指向入門』翔泳社）は、オブジェクト指向パラダイムを使用したソフトウェア開発に関する包括的なガイドです。この本の重要なアイデアの一つに、「契約による設計」という概念があります。これは、ソフトウェアの各部分（モジュール）間で、明確な取り決め（契約）を行うことの重要性を強調しています。この契約は、各モジュールの役割と期待される振る舞いを明確に定義します。これにより、モジュール同士が正しく連携して動作し、ソフトウェアが長期にわたって信頼性と保守性を維持することが保証されます。契約が守られなかった場合、フェイルファストの原則に従って即座に問題が検出され、迅速に対応することができます。

次の例は、馴染みのある `Date` に対する検証の例です。

```
class Date:
  def __init__(self, day, month, year):
    self.day = day
    self.month = month
    self.year = year

  def setMonth(self, month):
    self.month = month

startDate = Date(3, 11, 2020)
# OK

startDate = Date(31, 11, 2020)
# 失敗するべきですが、失敗しません

startDate.setMonth(13)
# 失敗するべきですが、失敗しません
```

Dateを作成する前に、検証するように変更すると次のようになります。

```
class Date:
  def __init__(self, day, month, year):
    if month > 12:
      raise Exception("月は12を超えるべきではありません")
    # 同様のチェックを日、年についても行います

    self._day = day
    self._month = month
    self._year = year

startDate = Date(3, 11, 2020)
# OK

startDate = Date(31, 11, 2020)
# 失敗する

startDate.setMonth(13)
# 失敗します（このオブジェクトは不変でありsetMonthメソッドが定義されていないため）
```

オブジェクトの整合性については常に明示的であるべきで、わずかなパフォーマンスのペナルティがあっても本番環境でのアサーションを有効にすべきです。データやオブジェクトの破損は発見が難しいため、迅速に失敗を検出できることは有難いことです。

関連するレシピ

- レシピ3.1　貧血オブジェクトのリッチオブジェクトへの変換
- レシピ25.1　入力値のサニタイズ

関連項目

- Bertrand Meyer 著、『Object-Oriented Software Construction』(https://oreil.ly/3s8G5、邦訳『オブジェクト指向入門』翔泳社)

事前条件、事後条件、不変条件

事前条件とは、関数またはメソッドが呼び出される前に真でなければならない条件です。これは、関数やメソッドへの入力が満たすべき要件を指定します。**不変条件**は、プログラムの実行中、どのような変更が発生しても常に真でなければならない条件です。ここでは、時間が経っても変わるべきではないプログラムの特性を指定します。最後に、**事後条件**はメソッドが呼び出された後に成り立っていなければならない条件です。これらを使用して、正確さを保証したり、欠陥を検出したり、プログラムの設計を導いたりすることができます。

レシピ 13.3　引数の型の厳格な制限

問題

ポリモーフィズムを適切に利用せずに、様々な型の引数を受け取ることができる柔軟性の高すぎる関数がある場合。

解決策

明確な契約を作成しましょう。関数が受け取る引数の型を 1 つのインターフェースに限定しましょう。

考察

関数シグネチャは非常に重要です。型の自動変換を行う言語機能は、一見便利に見えますが、実際には問題を引き起こします。これらの機能は簡単な解決策を提供するように見えますが、実際には予期しない値による欠陥のデバッグに時間を費やすことになります。様々な型に対応するために `if` 文を多用した複雑な関数を作るのではなく、1 つの明確に定義されたインターフェースを実装する型の引数のみを受け入れる関数を設計すべきです。

関数シグネチャ

関数シグネチャとは、関数の定義を一意に識別する情報のことです。厳密な型付けを行う言語では、関数シグネチャには関数名、引数の型、戻り値の型が含まれます。これにより、関数の呼び出しが正しく行われることを保証し、同名で異なる引数を持つ関数を区別することができます。

以下の例では、ポリモーフィズムを適切に利用せずに、様々な型の引数を受け取っています。

```
function parseArguments($arguments) {
    $arguments = $arguments ?: null;
    // null の使用は深刻な問題を引き起こす可能性があります
    if (is_empty($arguments)) {
        $this->arguments = http_build_query($_REQUEST);
        // グローバルな結合と副作用
    } elseif (is_array($arguments)) {
        $this->arguments = http_build_query($arguments);
    } elseif (!$arguments) { // null が隠蔽される
        $this->arguments = null;
    } else {
        $this->arguments = (string)$arguments;
    }
}
```

次に標準的な解決策を示します。

```
function parseArguments(array $arguments) {
    $this->arguments = http_build_query($arguments);
}
```

型の自動変換や過度に柔軟な引数の扱いには問題があります。これらは表面的には便利に見えますが、実際には問題を隠蔽し、エラーを即座に検出して対応するというフェイルファストの原則に反します。

関連するレシピ

- レシピ 10.4　コードからの過度な技巧の除去
- レシピ 15.1　Null オブジェクトの作成
- レシピ 24.2　真値の扱い

レシピ 13.4　switch 文の default 節における通常処理の除去

問題

`switch` 文内で、未知のケースに対して適切に例外を発生させていない場合。

解決策

`switch` 文内の `default` 節で通常の処理を行うのではなく、代わりに未知のケースに対して明示的に例外を発生させましょう。これにより、想定外の状況に対する不適切な処理を避けることができます。

考察

default 節は「まだ想定していないすべての場合」を意味します。将来の状況をすべて予測することは不可能なので、default 節は「想定外のケース」として例外を発生させるべきです。多くの場合、プログラマはエラーを避けるために default 節を追加しますが、これは適切ではありません。根拠のない処理を行うよりも、明示的にエラーとして扱う方が望ましいです。switch 文は様々な問題を引き起こす可能性があるため「レシピ 14.4　switch/case/elseif の置き換え」のレシピを参考に、別の方法で実装することを検討しましょう。

以下は、適切ではない default 節の例です。

```
switch (value) {
  case value1:
    // value1 と一致する場合、以下が実行されます
    doSomething();
    break;
  case value2:
    // value2 と一致する場合、以下が実行されます
    doSomethingElse();
    break;
  default:
    // value が上記のいずれとも一致していない場合
    // （現在定義されていない値も含む）
    // 以下が実行されます
    doSomethingSpecial();
    break;
}
```

例外に置き換えた場合、次のようになります。

```
switch (value) {
  case value1:
    // value1 と一致する場合、以下が実行されます
    doSomething();
    break;
  case value2:
    // value2 と一致する場合、以下が実行されます
    doSomethingElse();
    break;
  case value3:
  case value4:
    // これらの選択肢が存在することが現在わかっています
    doSomethingSpecial();
    break;
  default:
    // 上記の値に一致しない場合、人間による判断が必要です
    throw new Exception('予期しない値です ' + value + ', 対処法を検討してください');
    break;
}
```

リンタを使って、`default` 節の中で例外を発生させていない場合は警告を出すように設定することができます。堅牢なコードを書くということは、想定外のケースを適切に処理することを意味します。ただし、`default` 節には正当な使用法も多くあるため、リンタの警告が必ずしも問題を示しているとは限らないことに注意してください。

関連するレシピ

- レシピ 14.4 switch/case/elseif の置き換え

レシピ 13.5 コレクションの繰り返し処理中の変更の回避

問題

コレクションを繰り返し処理しながら、同時にその内容を変更している場合。

解決策

コレクションの内部構造に不整合を生じさせる可能性があるため、繰り返し処理中にはコレクションの内容を変更しないようにしましょう。

考察

一部の開発者は、コレクションのコピーが処理時間を増加させると考え、パフォーマンスを過度に意識したコードを書く傾向があります。しかし、小規模から中規模のコレクションでは、これは大きな問題にはなりません。プログラミング言語は様々な方法でコレクションを繰り返し処理します（16章を参照）。繰り返し処理中にコレクションを変更することは一般的に安全ではなく、その結果として発生する問題は、繰り返し処理を行っている箇所とは異なる部分のコードで現れる可能性があります。

以下に、予期せぬ結果をもたらす例を示します。

```
// ここでコレクションに要素を追加します...
Collection<Object> people = new ArrayList<>();

for (Object person : people) {
    if (condition(person)) {
        people.remove(person);
    }
}
// 繰り返し処理中に要素を削除しているため、
// ほかの削除すべき要素を見落とす可能性があります
```

この問題を解決するために、コレクションをコピーして安全に処理する方法を以下に示します。

```
// ここでコレクションに要素を追加します...
Collection<Object> people = new ArrayList<>();

List<Object> iterationPeople = ImmutableList.copyOf(people);

for (Object person : iterationPeople) {
    if (condition(person)) {
        people.remove(person);
    }
}
// コピーに対して繰り返し処理を行い、元のコレクションから削除します

people.removeIf(currentIndex -> currentIndex == 5);
// または、言語が提供している場合はこのような関数を利用しましょう
```

このような問題は開発者が早い段階で学ぶべきことですが、実際の業界やソフトウェア開発では今でも頻繁に発生しています。

関連するレシピ

- レシピ 6.6 添字を使ったループ処理の高レベルな反復への置き換え
- レシピ 12.6 独自のコレクションクラスの見直し

レシピ 13.6 オブジェクトのハッシュ値と等価性の適切な実装

問題

オブジェクトのハッシュ値を計算するメソッドを実装しているが、等価性を判定するメソッドを適切に実装していない場合。

解決策

オブジェクトの**ハッシュ値**を計算するメソッドを実装する場合は、必ず**等価性**を判断するメソッドも適切に実装しましょう。これにより、一貫性のある動作が保証されます。

考察

オブジェクトのハッシュ値が異なる場合、2つのオブジェクトが異なることは保証されます。しかし、ハッシュ値が同じであっても、それらのオブジェクトが等価であるとは限りません。この非対称性が全単射の原則に反する可能性があります。そのため、2つのオブジェクトが等しいかどうかを比較する時は常にまずハッシュ値（高速）をチェックし、ハッシュ値が同じ場合にのみ等価性（より低速）をチェックするという順序で実装すべきです。

以下に、大規模なコレクション上での Person オブジェクトの比較の例を示します。

```
public class Person {

  public String name;

  @Override
  public boolean equals(Person anotherPerson) {
    return name.equals(anotherPerson.name);
  }

  @Override
  public int hashCode() {
    return (int)(Math.random()*256);
  }
}
```

ここではハッシュ値をオブジェクトの属性に基づいて適切に計算していないので、ハッシュマップを使用する際、コレクション内にオブジェクトが存在しないと誤って推測することがあります。以下に、ハッシュの計算を適切に再定義した場合の様子を示します。

```
public class Person {

  public String name; // public 属性を持つことは別の問題です

  @Override
  public boolean equals(Person anotherPerson) {
    return name.equals(anotherPerson.name);
  }

  @Override
  public int hashCode() {
    return name.hashCode();
  }
}
```

多くのリンタは、静的解析や構文解析木を用いたハッシュ値と等価性の再定義のためのルールを持っています。ミューテーションテスト（「レシピ 5.1　var の const への変更」を参照）を使用すれば、同じハッシュ値を持つ異なるオブジェクトを意図的に生成し、テストの有効性を確認することができます。すべてのパフォーマンス改善には潜在的なリスクがあります。そのため、コードが正しく動作し、かつ自動化された機能テストで十分にカバーされていることを確認した後に、初めてパフォーマンスのチューニングを行うべきです。

関連するレシピ

- レシピ 14.15　オブジェクトの等価性の比較の改善
- レシピ 16.7　ドメインオブジェクトにおけるキャッシュの見直し

ハッシュ化

ハッシュ化は、任意のサイズのデータを固定サイズの値にマッピングするプロセスを指します。ハッシュ関数の出力はハッシュ値またはハッシュコードと呼ばれます。ハッシュ値は、大規模なコレクションでインデックステーブルとして使用でき、要素を順に繰り返して探すよりも効率的な方法で要素を見つけるためのショートカットとして機能します。

レシピ 13.7　機能変更を伴わないリファクタリング

問題

機能の実装とコードのリファクタリングを同時に行っている場合。

解決策

機能の追加や変更と、コードのリファクタリングは別々に行うようにしましょう。

考察

リファクタリングと機能変更を同時に行うことは、コードレビューをより困難にし、コードの衝突を引き起こす可能性があります。機能の実装中にリファクタリングが必要だと気づいた場合は、機能の実装を一時的に中断しましょう。まずリファクタリングを完了させ、その後で機能の実装を再開しましょう。

以下は、シンプルなリファクタリングと機能変更を同時に行う例です。

```
getFactorial(n) {
  return n * getFactorial(n);
}

// 名前を変更し、機能も変更する

factorial(n) {
  return n * factorial(n-1);
}

// これは非常に小さな例です
// さらに大きなコードを扱うとき、事態は悪化します
```

機能実装とリファクタリングを分けて行うことで、より明確になります。

```
getFactorial(n) {
  return n * getFactorial(n);
}
// 変更

getFactorial(n) {
```

```
  return n * getFactorial(n-1);
}
// テストを実行する

factorial(n) {
  return n * factorial(n-1);
}
// 名前の変更
```

手元に置く物理的なアイテムを、作業段階のリマインダーとして活用できます。これにより、現在取り組んでいるのがリファクタリングなのか、新規開発なのかを明確に区別することができます。

14章
If

変更を容易にし（注意：これは難しいでしょう）、それから簡単に変更を行おう。

— Kent Beck の X より（https://oreil.ly/bNz48）

はじめに

goto 文を使用することは、Edsger Dijkstra[†1]が彼の画期的な論文[†2]「Go To Statement Considered Harmful（goto 文の害について）」[†3]を書くまで広く実践されていました。現在では、goto 文を使用する人はほとんどおらず（「レシピ 18.3　goto 文の構造化コードへの置き換え」を参照）、ごく少数のプログラミング言語でしかサポートされていません。なぜなら、goto 文を使うことで、保守が困難でエラーを招きやすいスパゲッティコードを生み出すからです。構造化プログラミングは何年も前にすでにスパゲッティコードの問題を解決しています。

スパゲッティコード

スパゲッティコードは、構造が貧弱で理解や保守が困難なコードのことです。「スパゲッティ」という名前は、コードが絡み合い、皿の上の絡み合ったスパゲッティの麺のように見えることから来ています。冗長または重複したコード、数多くの条件文、ジャンプ、ループが含まれており、追いかけるのが難しいことがあります。

プログラミング言語における次の進化は、ほとんどの if 文を取り除くことになるでしょう。if 文や case 節、switch 文などは構造化されたフローに見せかけた goto 文と言えます。goto 文も if 文も、アセンブリのような低レベルのマシンプログラミング言語には存在しています。

ほとんどの if 文は**偶発的な決定**と結びついています。この結びつきが波及効果を生み、コードの保守を難しくする原因となります。偶発的な if 文は goto 文と同様に開放/閉鎖原則に反する

†1　https://oreil.ly/N9Krv

†2　https://oreil.ly/6KiG6

†3　https://oreil.ly/8WBw2

ため、有害と見なされることが多いです（「レシピ 14.3 真偽値変数の具体的なオブジェクトへの置き換え」を参照）。そういった設計は拡張性が低くなります。ifを使うことで、switch、case、default、return、continue、breakといったさらに深刻な問題につながります。これらは、アルゴリズムを不明瞭にし、結果的に**偶発的に複雑な**解決策を作り出してしまう原因となります。

構造化プログラミング

構造化プログラミングは、ループや関数などの制御フロー構造を使用して、コンピュータプログラムの明確性、保守性、可読性、信頼性を向上させることを重視しています。プログラムを小さく扱いやすい部分に分割し、それらの部分を構造化された制御フロー構造を用いて組織化します。

レシピ 14.1　偶発的なif文のポリモーフィズムを用いた書き換え

問題

コード内に偶発的な if 文が存在している場合。

解決策

偶発的な if 文をポリモーフィズムを活用したオブジェクトに置き換えましょう。

考察

以下は**本質的な** if 文です。

```
class MovieWatcher {
  constructor(age) {
    this.age = age;
  }
  watchXRatedMovie() {
    if (this.age < 18)
      throw new Error("この映画を視聴することはできません");
    else
      this.watchMovie();
  }
  watchMovie() {
    // ..
  }
}

const jane = new MovieWatcher(12);

jane.watchXRatedMovie();
// ジェーンはこの映画を見るには若すぎるため、例外が投げられます
```

この if 文を削除するかどうかを決定する必要があり、それがビジネスルール（**本質的**）を表し

ているのか、実装の産物（**偶発的**）なのかを理解する必要があります。ソフトウェアの世界の外にいる現実世界の人々は、自然言語を使用して年齢制限を `if` で表現します。現実世界との対応関係から考えると、この `if` は本質的なものだということがわかります。決して削除しようとしないでください。

次の例には偶発的な `if` が含まれています。

```
class Movie {
  constructor(rate) {
    this.rate = rate;
  }
}

class MovieWatcher {
  constructor(age) {
    this.age = age;
  }
  watchMovie(movie) {
    if ((this.age < 18) && (movie.rate === 'Adults Only'))
      throw new Error("この映画を視聴することはできません");
    // 例外が発生しなければ、映画を観ることができます
    playMovie();
  }
}

const jane = new MovieWatcher(12);
const theExorcist = new Movie('Adults Only');

jane.watchMovie(theExorcist);
// ジェーンは 12 歳なのでエクソシストを見ることができません
```

映画のレーティングに関する `if` 文は、現実世界の条件分岐を反映したものではなく、プログラム上の便宜的な（そしてほかの部分と密接に関連した）実装によるものです。問題は、映画のレーティングを文字列でモデリングするという設計上の決定にあります（3 章を参照）。これは典型的な**拡張に対して開かれておらず、変更に対して閉じていない**解決策です。

新しい要件が加わることで問題はさらに悪化します。

```
class Movie {
  constructor(rate) {
    this.rate = rate;
  }
}

class MovieWatcher {
  constructor(age) {
    this.age = age;
  }
  watchMovie(movie) {
```

```
    // !!!!!!!!!!!!!!!!!! ここはifで汚染されています !!!!!!!!!!!!!!!!!!!!!!!!!!!!
    if ((this.age < 18) && (movie.rate === 'Adults Only'))
      throw new Error("この映画を視聴することはできません");
    else if ((this.age < 13) && (movie.rate === 'PG 13'))
      throw new Error("この映画を視聴することはできません");
    // !!!!!!!!!!!!!!!!! ここはifで汚染されています !!!!!!!!!!!!!!!!!!!!!!!!!!!!!

    playMovie();
  }
}

const theExorcist = new Movie('Adults Only');
const gremlins = new Movie('PG 13');

const jane = new MovieWatcher(12);

jane.watchMovie(theExorcist);
// ジェーンは12歳なので、エクソシストを見ることができません
jane.watchMovie(gremlins);
// ジェーンは12歳なので、グレムリンを見ることができません

const joe = new MovieWatcher(16);

joe.watchMovie(theExorcist);
// ジョーは16歳なのでエクソシストを見ることができません
joe.watchMovie(gremlins);
// ジョーは16歳なので、グレムリンを見ることができます
```

このコードには問題があります。新しいレーティングが追加されるたびに if 文が増え、コードが複雑化しています。また、デフォルトの処理が定義されていません。レーティングを表す文字列が適切なオブジェクトとして扱われていないため、タイプミスが起きた場合に発見が困難なエラーの原因となります。さらに、レーティングに基づく判断を行うために、Movie クラスにゲッターメソッドを追加せざるを得なくなっています。

次の例では、各 if 条件に対してポリモーフィズムを活用したクラス階層を作成し、各 if 文の本体をインターフェースに従って実装し、if 文の呼び出しを単一のポリモーフィックなメソッド呼び出しに置き換えています。

```
// 1. 各if条件ごとにポリモーフィックな階層を作成する
// （もしまだ存在していなければ）
class MovieRate {
  // 言語が抽象クラスをサポートしているのであれば、これは抽象クラスとして宣言されるべきです
}

class PG13MovieRate extends MovieRate {
  // 2. すべての「if文の本体」をインターフェースに従って実装します
  warnIfNotAllowed(age) {
    if (age < 13)
      throw new Error("この映画を視聴することはできません");
```

```
  }
}

class AdultsOnlyMovieRate extends MovieRate {
  // 2. すべての「if 文の本体」をインターフェースに従って実装します
  warnIfNotAllowed(age) {
    if (age < 18)
      throw new Error("この映画を視聴することはできません");
  }
}

class Movie {
  constructor(rate) {
    this.rate = rate;
  }
}

class MovieWatcher {
  constructor(age) {
    this.age = age;
  }
  watchMovie(movie) {
    // 3. if 文の呼び出しをポリモーフィックなメソッド呼び出しに置き換えます
    movie.rate.warnIfNotAllowed(this.age);
    // 映画を見る
  }
}

const theExorcist = new Movie(new AdultsOnlyMovieRate());
const gremlins = new Movie(new PG13MovieRate());

const jane = new MovieWatcher(12);

// jane.watchMovie(theExorcist);
// ジェーンは 12 歳なので、エクソシストを見ることができません
// jane.watchMovie(gremlins);
// ジェーンは 12 歳なので、グレムリンを見ることができません

const joe = new MovieWatcher(16);

// joe.watchMovie(theExorcist);
// ジョーは 16 歳なのでエクソシストを見ることができません
joe.watchMovie(gremlins);
// ジョーは 16 歳なので、グレムリンを見ることができます
```

この解決策は、`if` 文を乱用していないため優れています。新しい要件が発生したり、業務領域の理解が深まった際には、モデルを拡張するだけで対応できます。新しい映画レーティングを追加する必要がある場合は、ポリモーフィズムを活用した新しいオブジェクトを作成することで対応します。また、例外処理によってプログラムの流れが中断されるため、デフォルトの振る舞いは必要ありません。多くの場合、**null オブジェクト**（「レシピ 15.1　Null オブジェクトの作成」を参照）

で十分です。映画レーティングは今や適切なオブジェクトとして扱われているため、前の例のようなタイプミスの問題が発生する余地はありません。年齢チェックなどの本質的な if 文は残っていますが、レーティングの種類による分岐など、偶発的な都合による if 文はなくなりました。

オブジェクト間の連鎖的な呼び出しの問題に対処するためには、次のようにコードを分割することができます。

```
movie.rate.warnIfNotAllowed(this.age);

class Movie {
  constructor(rate) {
    this._rate = rate; // レーティングは今やプライベートです
  }
  warnIfNotAllowed(age) {
    this._rate.warnIfNotAllowed(age);
  }
}

class MovieWatcher {
  constructor(age) {
    this.age = age;
  }
  watchMovie(movie) {
    movie.warnIfNotAllowed(this.age);
    // 映画を見る
  }
}
```

レーティングはプライベートなので、カプセル化を破壊せず、ゲッターも必要ありません。もし本質的な if にも本レシピを適用すると、次のようになります。

```
class Age {
}

class AgeLessThan13 extends Age {
  assertCanWatchPG13Movie() {
    throw new Error("この映画を視聴することはできません");
  }
  assertCanWatchAdultMovie() {
    throw new Error("この映画を視聴することはできません");
  }
}

class AgeBetween13And18 extends Age {
  assertCanWatchPG13Movie() {
    // 問題なし
  }
  assertCanWatchAdultMovie() {
    throw new Error("この映画を視聴することはできません");
```

```
  }
}

class MovieRate {
  // 言語がサポートしているのであれば、これは抽象メソッドとして宣言されるべきです
  // abstract assertCanWatch();
}

class PG13MovieRate extends MovieRate {
  // すべての「if 文の本体」をインターフェースに従って実装します
  assertCanWatch(age) {
    age.assertCanWatchPG13Movie()
  }
}

class AdultsOnlyMovieRate extends MovieRate {
  // すべての「if 文の本体」をインターフェースに従って実装します
  assertCanWatch(age) {
    age.assertCanWatchAdultMovie()
  }
}

class Movie {
  constructor(rate) {
    this._rate = rate; // レーティングは今やプライベートです
  }
  watchByMe(moviegoer) {
    this._rate.assertCanWatch(moviegoer.age);
  }
}

class MovieWatcher {
  constructor(age) {
    this.age = age;
  }
  watchMovie(movie) {
    movie.watchByMe(this);
  }
}

const theExorcist = new Movie(new AdultsOnlyMovieRate());
const gremlins = new Movie(new PG13MovieRate());

const jane = new MovieWatcher(new AgeLessThan13());

// jane.watchMovie(theExorcist);
// ジェーンは 12 歳なので、エクソシストを見ることができません
// jane.watchMovie(gremlins);
// ジェーンは 12 歳なので、グレムリンを見ることができません

const joe = new MovieWatcher(new AgeBetween13And18());

// joe.watchMovie(theExorcist);
```

```
// ジョーは 16 歳なので、エクソシストを見ることができません
joe.watchMovie(gremlins);
// ジョーは 16 歳なので、グレムリンを見ることができます
```

このコードは機能しますが、過度に複雑な設計になっています。年齢を表すクラスが現実世界の概念を適切に反映していないため、全単射が崩れています。さらに、このモデルには問題があります。新しい年齢層が必要になるたびに新しいクラスを作成しなければならず、モデルが必要以上に複雑になります。また、年齢層の区分が明確でない場合（たとえば年齢層が互いに排他的でない場合）、このモデルでは適切に表現できません。

最後の例のような設計ではなく、**本質的**な `if` と**偶発的**な `if` の間に明確な境界線を設けるために、次のルールを使用することができます。

良い設計のための指針として、次のようなルールが挙げられます。映画とレーティングのように、同じドメインに属する要素については、共通の抽象的な概念を作成することが有効です。一方、映画と年齢のように、異なるドメインにまたがる要素については、無理に共通の抽象概念を作らない方が良いでしょう。

本レシピは、`if` 文の使用をできる限り避けることを推奨しています。この提案は、特に最初は難しく感じるかもしれません。なぜなら、条件分岐の使用は開発者の経験に深く根ざしており、多くの方がこの手法に慣れ親しんでいるからです。しかし、実装の都合上生じる偶発的な `if` 文をすべて取り除くことは可能です。これにより、モデル間の依存関係が減少し、拡張性が向上します。`null` オブジェクトパターンは、このテクニックの特別なケースです。`null` 値のチェックに用いられる `if` 文は**常に**偶発的であり、本質的な処理ではないため、すべて除去することができます（15章を参照）。

ポリモーフィック階層

ポリモーフィック階層では、クラスは「〜として振る舞う」という関係に基づいて階層構造で組織されます。これにより、より一般的なクラスから振る舞いを継承し、より特化したクラスを作成することができます。ポリモーフィック階層では、基底の抽象クラスが基礎として機能し、複数の具象サブクラスに共有される共通の振る舞いを定義します。サブクラスはこれらの特性をスーパークラスから継承し、独自の振る舞いを追加することができます。サブクラス化はポリモーフィズムを実現する方法の一つです（「レシピ 14.14 非ポリモーフィック関数からポリモーフィック関数への変換」を参照）。ただし、この方法にはいくつかの制約があります。特に、コンパイル後にスーパークラスの構造を変更することが難しいため、設計の柔軟性が制限される可能性があります。

レシピ 14.2　状態を表す真偽値変数の名前の改善

問題

関数内で、特定の状態や条件を表す真偽値型の変数に、曖昧な名前が使用されている場合。

解決策

真偽値変数の名前を、その変数が表す状態や条件が具体的にわかるように変更しましょう。

考察

真偽値型の変数は、特定の状態や条件の有無を示すために使用されます。しかし、その変数名には往々にして一般的すぎる名前がつけられがちです。以下に、ある状態の発生を示す真偽値変数の例を示します。

```
function dummy() {

    $flag = true;

    while ($flag == true) {
        $result = checkSomething();
        if ($result) {
            $flag = false;
        }
    }
}
```

この問題を解決するためには、より宣言的で意図が明確な名前を使いましょう。

```
function dummy()
{
    $atLeastOneElementWasFound = false;

    while (!$atLeastOneElementWasFound) {
        $elementSatisfies = checkSomething();
        if ($elementSatisfies) {
            $atLeastOneElementWasFound = true;
        }
    }
}
```

不適切な名前が付けられたフラグがないかどうか、コードベース全体を検索してみましょう。フラグは本番コードで幅広く使用されています。その使用を制限し、明確で意図を明示する名前の使用を強制すべきです。

関連するレシピ

- レシピ 6.4 二重否定の肯定的な表現への書き換え
- レシピ 14.11 条件分岐において真偽値を直接返却することの回避
- レシピ 14.3 真偽値変数の具体的なオブジェクトへの置き換え

レシピ 14.3 真偽値変数の具体的なオブジェクトへの置き換え

問題

真偽値変数をフラグとして使用していたり、偶発的な実装を不必要に露呈していたり、多数の`if`文によってコードの可読性が低下している場合。

真偽値フラグ

真偽値フラグは、ある条件が成立しているかどうかを表現するために`true`または`false`の値を持つ変数です。これらは一般的に、条件分岐やループなどの制御構造においてプログラムの動作を制御するために使用されます。

解決策

真偽値変数の使用を避け、代わりに状態を表す具体的なオブジェクトを作成しましょう。これにより、`if`文の過剰な使用を減らし、より明確で拡張性の高いコードを書くことができます（「レシピ 14.1 偶発的な if 文のポリモーフィズムを用いた書き換え」を参照）。

考察

真偽値変数は拡張性を損ない、SOLIDの開放/閉鎖原則に反します（「レシピ 19.1 深い継承の分割」を参照）。すべての値を真値（真と評価される値）もしくは偽値（偽と評価される値）のどちらかに変換する言語では、真偽値変数の比較が難しくなります（「レシピ 24.2 真値の扱い」を参照）。もし真偽値が実世界の二値的な概念に対応している場合、2章で定義されたMAPPERに従ってそれを作成すべきです。そうでない場合は、拡張性を重視して**ステートデザインパターン**を使用して設計することを検討しましょう。

開放/閉鎖原則

開放/閉鎖原則はSOLIDの「O」を表しています（「レシピ 19.1 深い継承の分割」を参照）。この原則は、ソフトウェアのクラスは拡張のために開かれているべきだが、変更は閉じられているべきだと主張します。コードを変更することなく振る舞いを拡張できるべきです。この原則は、抽象インターフェース、継承、ポリモーフィズムの使用を奨励し、新しい機能を既存のコードを変更せずに追加できるようにします。また、この原則は関心事の分離を促進します（「レシピ 8.3 条件式内の不適切なコメントの除去」を参照）。これによりソフトウェアコンポーネントを独立して開発、テスト、デプロイすることが容易になります。

ここに3つの真偽値フラグを使用した例を示します。

```
function processBatch(
    bool $useLogin,
    bool $deleteEntries,
    bool $beforeToday) {
    // ...
}
```

これを、より現実世界の概念に沿うような具体的なオブジェクトを用いて、以下のように書き換えることができます。

```
function processBatch(
    LoginStrategy $login,
    DeletionPolicy $deletionPolicy,
    Date $cutoffDate) {
    // ...
}
```

真偽値変数の使用を自動的に検出することは可能ですが、誤検出の可能性があり、また一部のプログラミング言語では真偽値の比較に問題がある場合があります。JavaScriptのように、様々な値を真値や偽値として扱う言語では、真偽値の取り扱いがエラーの原因となりやすいため、変数を真偽値として宣言する際には特に注意が必要です（「レシピ 24.2　真値の扱い」を参照）。真偽値をフラグとして使用すると、コードの保守と拡張が困難になります。そういった事態を避けるため、ドメインについての理解を深め、`if/switch/case`の代わりにポリモーフィズムを使用することを検討しましょう（「レシピ 14.1　偶発的なif文のポリモーフィズムを用いた書き換え」を参照）。

ステートデザインパターン

ステートデザインパターンは、オブジェクトの内部状態が変化した際に、クラス自体を変更することなく、その振る舞いを動的に変更することを可能にします。このパターンでは、各状態の振る舞いを別々のクラスにカプセル化し、これらを「状態オブジェクト」として定義します。これらの状態オブジェクトは共通のインターフェースを持ち、「コンテキストオブジェクト」[†4]は、現在の状態に応じて適切な状態オブジェクトに処理を委譲します。コンテキストオブジェクトの状態が変わる際には、対応する状態オブジェクトを切り替えるだけで済みます。この方法により、コンテキストオブジェクトと状態オブジェクトの間の結合度が低くなり、開放/閉鎖原則に則って、新しい状態や振る舞いを追加する際に既存のコードを変更する必要がなくなります。結果として、システム全体がより柔軟で拡張性の高いものになります。

†4　訳注：状態を持つ側のオブジェクトを指します。

関連するレシピ

- レシピ 6.4 二重否定の肯定的な表現への書き換え
- レシピ 14.2 状態を表す真偽値変数の名前の改善

関連項目

- Martin Fowler、「FlagArgument」（https://oreil.ly/RXti-）

レシピ14.4 switch/case/elseifの置き換え

問題

コード内にswitch文やcase節、elseif節などの制御構造がある場合。

解決策

これらの条件分岐を、ポリモーフィズムを活用したオブジェクトに置き換えましょう。

考察

switch文などの複雑な条件分岐は、複数の判断基準を一箇所に集中させてしまい、コードの拡張性を損ないます。これは開放/閉鎖原則（「レシピ14.3 真偽値変数の具体的なオブジェクトへの置き換え」を参照）に反する結果となります。新しい条件を追加するたびにメインのロジックを変更する必要が生じ、マージコンフリクトを引き起こしやすくなります。また、似たようなコードの重複や、非常に長いメソッドの原因にもなります。これらの問題を解決するため、状態の変化を表現する場合はステートパターンを、アルゴリズムの選択を行う場合はストラテジーパターンを、そして複雑な処理をカプセル化する場合にはメソッドオブジェクトを使用するといったアプローチを検討しましょう。これらのパターンを適切に組み合わせることで、開放/閉鎖原則に従った柔軟で拡張性の高い設計を実現できます。

以下の例では、いくつかの異なるオーディオフォーマットをMP3に変換します。

```
class Mp3Converter {
  convertToMp3(source, mimeType) {
    if(mimeType.equals("audio/mpeg")) {
      this.convertMpegToMp3(source)
    } else if(mimeType.equals("audio/wav")) {
      this.convertWavToMp3(source)
    } else if(mimeType.equals("audio/ogg")) {
      this.convertOggToMp3(source)
    } else if(...) {
      // 多くの新しい else 節
}
```

次のコードも同じ問題を抱えています。

```
class Mp3Converter {
  convertToMp3(source, mimeType) {
  switch (mimeType) {
    case "audio/mpeg":
      this.convertMpegToMp3(source);
      break;
    case "audio/wav":
      this.convertWavToMp3(source);
      break;
    case "audio/ogg":
      this.convertOggToMp3(source);
      break;
    default:
      throw new Error("サポートされていない MIME タイプ: " + mimeType);
  }
}
```

これらのコードの問題を解決するための良い方法は、各フォーマット用の専門のコンバータを作成することです。この方法では、新しいフォーマットに対応する際に既存のコードを変更する必要がありません。以下に例を示します。

```
class Mp3Converter {
  convertToMp3(source, mimeType) {
    const foundConverter = this.registeredConverters.
      find(converter => converter.handles(mimeType));
      // メタプログラミングを使用してコンバータを見つけたり繰り返したりしないでください
      // それは別の問題となります
    if (!foundConverter) {
      throw new Error('次のファイルタイプ用のコンバータが見つかりませんでした ' + mimeType);
    }
    foundConverter.convertToMp3(source);
  }
}
```

ただし、`if/else` の使用には妥当なケースも存在するため、これらの使用すべてを禁止するべきではありません。代わりに、コード内の `if` 文とその他の文の比率を監視し、その比率が高すぎる場合に警告を出すようにすることができます。

関連するレシピ

- レシピ 10.7　メソッドのオブジェクトとしての抽出
- レシピ 13.4　switch 文の default 節における通常処理の除去
- レシピ 14.5　固定値と比較する if 文のコレクションによる置き換え
- レシピ 14.10　ネストされた if 文の書き換え
- レシピ 15.1　Null オブジェクトの作成

ストラテジーデザインパターン

ストラテジーデザインパターンは、同じ目的を達成する複数の異なるアルゴリズムを定義し、それぞれを独立したクラスとしてカプセル化します。このパターンの特徴は、プログラムの実行中に、これらのアルゴリズムを切り替えて使用できる点です。このパターンを使用すると、メインとなるクライアントオブジェクトは、プログラムの実行状況や必要に応じて、最適なアルゴリズムを動的に選択し使用することができます。さらに、このパターンはクライアントオブジェクトと各アルゴリズム（ストラテジー）との結合を最小限に抑えます。これにより、新しいアルゴリズムの追加や既存のアルゴリズムの変更が、クライアントオブジェクトのコードに影響を与えることなく行えるようになります。

レシピ14.5　固定値と比較するif文のコレクションによる置き換え

問題

コード内に、特定の値や条件を直接記述したif文がある場合。

解決策

条件値とそれに対応する結果をコレクションにまとめ、それを用いるようにしましょう。

考察

コード内に比較する値がハードコードされたif文は、テストが難しく、拡張性も低下させます。これらのif文は、コレクションを用いた処理や、ポリモーフィズムを活用することで置き換えることができます。以下に、インターネットのトップレベルドメインと国名を関連づける例を示します。

```
private string FindCountryName (string internetCode)
{
  if (internetCode == "de")
    return "Germany";
  else if(internetCode == "fr")
    return "France";
  else if(internetCode == "ar")
    return "Argentina";
  // たくさんのelse if節
  else
    return "ドメイン名が正しくありません";
}
```

この処理は、以下のようにコレクションを用いて実現することができます。

```
private string[] country_names = {"Germany", "France", "Argentina"}; // さらに多くの国名
private string[] internet_code_suffixes= {"de", "fr", "ar" }; // さらに多くのドメイン
// ここでインライン初期化もできます

private Dictionary<string, string> internet_codes =
  new Dictionary<string, string>();

// コレクションをより効率的に走査する方法もありますが
// ここでは説明しやすくするためにこのようなコードとしています
int currentIndex = 0;
foreach (var suffix in internet_code_suffixes) {
  internet_codes.Add(suffix, country_names[currentIndex]);
  currentIndex++;
}

private string FindCountryName(string internetCode) {
  return internet_codes[internetCode];
}
```

以前は、このようなハードコーディングは避けるべきとされていました。しかし、現代の開発手法では、まずはハードコーディングで素早く機能を実装し、その後でより柔軟な方法にリファクタリングするアプローチが取られることがあります。

関連するレシピ

- レシピ 14.4　switch/case/elseif の置き換え
- レシピ 14.10　ネストされた if 文の書き換え
- レシピ 14.16　ハードコードされたビジネス条件の具象化

レシピ 14.6　条件式の短絡評価の活用

問題

条件式において、式全体の評価結果が既に分かっているにもかかわらず、すべての部分式を評価してしまっている場合。

解決策

短絡評価[†5]を活用して、条件式の評価を最適化しましょう。多くのプログラミング言語がこの機能をサポートしています。

†5　訳注：短絡評価とは`&&`や`||`を使った論理演算において、式全体の結果が確定した時点で部分式の評価を終了する論理式の評価法です。たとえば、`A && B` という式を短絡評価する場合、`A` が `false` の場合、`B` の値にかかわらず式全体としては `false` であることが確定します。そのため、`B` の評価は行われません。

考察

論理演算を行う際、すべての条件を常に評価する必要はありません。短絡評価を適切に使用することで、式全体の値が既に決定できる場合（たとえばOR条件において最初の部分が真である場合など）に、不要な評価を避けることができます。ただし、短絡評価の使用には注意が必要です。評価されない部分に副作用がある場合、予期せぬ動作を引き起こす可能性があります。

短絡評価を使用しない例として、ビット論理積 (&) を使用した完全評価の例を以下に示します。

```
if (isOpen(file) & size(contents(file)) > 0)
  // ビット論理積であるため、完全な評価を行う
  // 開けないファイルから内容を取得できないため失敗する場合があり得ます
```

次のバージョンでは短絡評価を使用しています。

```
if (isOpen(file) && size(contents(file)) > 0)
  // 短絡評価
  // ファイルが開かれていない場合、内容を取得しようとはしません
```

ただし、短絡評価を多重の `if` 文の代替として使用することは避けるべきです。多重の `if` 文では各条件が順番に評価され、条件式に含まれる副作用が発生します。そういった場合には、最初の例のようなコードを採用する必要があります。多くのプログラミング言語では論理演算子は短絡評価を行います。

関連するレシピ

- レシピ 14.9　短絡評価を利用したハックの回避
- レシピ 14.12　真偽値への暗黙的な型変換の防止
- レシピ 24.2　真値の扱い

レシピ 14.7　else 節の明示的な記述

問題

`else` 節が明示的に書かれていない `if` 文がある場合。

解決策

`if` 文には常に対応する `else` 節を明示的に記述し、`if` 文と共に配置しましょう。

考察

明示的な `else` 節を持つコードは読みやすく、理解しやすいものになります。また、予期せぬ条件を検出し、フェイルファストの原則（13章を参照）を促進するのにも役立ちます。ただし、`if`

文で早期リターンを行う場合は例外です。この場合、else 節を省略し、条件分岐をポリモーフィズムで置き換えることができます。しかし、この方法を使用する際は注意が必要です。一部の条件文のケースを見落としてしまう可能性があるためです。

次は else 節を持たない関数の例です。

```
function carBrandImplicit(model) {
  if (model === 'A4') {
    return 'Audi';
  }
  return 'Mercedes-Benz';
}
```

else 節を明示的にした場合の例は以下の通りです。

```
function carBrandExplicit(model) {
  if (model === 'A4') {
    return 'Audi';
  }
  if (model === 'AMG') {
    return 'Mercedes-Benz';
  }

  // フェイルファスト
  throw new Exception('モデルが見つかりません');
}
```

また、このアプローチを適用する際は、コードを書き換えた後でミューテーションテストを実行することをお勧めします（「レシピ 5.1　var の const への変更」を参照）。なお、本レシピで提案している方法については、開発者コミュニティ内でさまざまな議論が行われており、賛否両論があります。実際に適用する前に、これらの異なる意見を十分に検討し、このアプローチの利点と欠点を慎重に評価することが重要です。

関連するレシピ

- レシピ 14.4　switch/case/elseif の置き換え
- レシピ 14.10　ネストされた if 文の書き換え

レシピ 14.8　階段状の条件分岐の簡素化

問題

複数の条件がネストされ、階段や矢印のようになっている条件分岐のコードがある場合。

解決策

個々の条件をチェックして真偽値を返すのではなく、条件式全体を1つの論理式として表現しましょう。

考察

階段状や矢印状になったコード（「アローコード」とも呼ばれます）は読みづらく、条件の始まりと終わりの対応関係を把握するのが難しいです。このようなコードは、特に低レベル言語でよく見られ、忍者コードと呼ばれることもあります。真偽値を扱う際は、複数の条件チェックを経て true や false を返すよりも、ビジネスロジックを反映した単一の論理式として表現する方が読みやすくなります。

以下に、ネストされた条件式の例を示します。

```
def is_platypus(self):
    if self.is_mammal():
        if self.has_fur():
            if self.has_beak():
                if self.has_tail():
                    if self.can_swim():
                        return True
    return False

# 次の例も良くありません。なぜなら if に汚染されており
# 生物学者には読みにくいコードだからです
def is_platypus(self):
    if not self.is_mammal():
        return False
    if not self.has_fur():
        return False
    if not self.has_beak():
        return False
    if not self.has_tail():
        return False
    if not self.can_swim():
        return False
    return True
```

条件を書き換えた場合の例は以下の通りです。

```
def is_platypus(self):
    return self.is_mammal() and
        self.has_fur() and
            self.has_beak() and
                self.has_tail() and
                    self.can_swim()
```

```
# 動物の分類に従って条件をグループ化することもできます
```

構文木を元に、明示的な真偽値を削除してコードを安全にリファクタリングできます。真偽値を返す際には注意が必要です。`return` した後には `if` 文が必要になるかもしれませんが、適切なレシピを使ってそれを取り除くことが可能です。

忍者コード

忍者コード（賢いコードやスマートコードとしても知られています）は、巧妙に書かれているものの、理解や保守が難しいコードを指します。これは、高度なプログラミング技術や特定の言語機能を使ってより効率的で早すぎる最適化が施されたコードを書くことを楽しむ経験豊富なプログラマによって作られることが多いです。忍者コードは印象的であり、他のコードよりも高速に動作する可能性がありますが、読みにくく理解が難しく、保守性やスケーラビリティ、将来の開発に問題を引き起こすことがあります。忍者コードはクリーンコードの対極にあります。

関連するレシピ

- レシピ 14.2　状態を表す真偽値変数の名前の改善
- レシピ 14.10　ネストされた if 文の書き換え
- レシピ 14.11　条件分岐において真偽値を直接返却することの回避
- レシピ 14.12　真偽値への暗黙的な型変換の防止
- レシピ 22.4　ネストした try/catch の書き換え
- レシピ 22.6　例外処理におけるアローコードの書き換え
- レシピ 24.2　真値の扱い

レシピ 14.9　短絡評価を利用したハックの回避

問題

論理演算子の短絡評価を利用して、最初の条件が真の場合にのみ 2 番目の処理を実行するようなコードを書いている場合。

解決策

副作用のある関数呼び出しを論理演算子で制御するのは避けましょう。代わりに明示的な `if` 文を使用して書き直しましょう。

考察

優秀なプログラマは、時として「改善」と呼べる明確な根拠がなくても、技巧的で難解なコードを書きたがる傾向にあります。論理演算子を使って条件に依存する処理を制御することは、早すぎる最適化（16章を参照）の兆候であり、コードの読みやすさを損ないます。

以下は、条件とその条件が真の場合に実行したい処理を論理演算子で組み合わせた例です。

```
userIsValid() && logUserIn();

// この式は短絡評価されます。
// 最初の条件が偽の場合、2つ目の関数は呼び出されません

functionDefinedOrNot && functionDefinedOrNot();

// 一部の言語では undefined の変数が false として扱われます
// functionDefinedOrNot が未定義の場合
// エラーは発生せず、2つ目の関数は呼び出されません
```

これらのケースは、より明示的な if 文を使って以下のように書き換えることができます。

```
if (userIsValid()) {
    logUserIn();
}

if(typeof functionDefinedOrNot == 'function') {
    functionDefinedOrNot();
}
// ただし、typeof を使用した関数の存在チェックは必ずしも最良の解決策ではありません
```

関連するレシピ

- レシピ 10.4　コードからの過度な技巧の除去
- レシピ 14.6　条件式の短絡評価の活用
- レシピ 15.2　オプショナルチェーンの排除

レシピ 14.10　ネストされた if 文の書き換え

問題

入れ子になった if 文があることで、コードが非常に読みにくく、またテストも困難になっている場合。

解決策

入れ子になった if 文の使用を避け、偶発的な if 文の使用も避けましょう。

考察

手続き型コードでは、複雑な入れ子になった if 文を見ることが非常によくあります。そういったコードは、オブジェクト指向プログラミングというよりもスクリプティングと言えます。以下

に、階段状にネストされた`if`文の例を示します。

```
if (actualIndex < totalItems)
{
  if (product[actualIndex].Name.Contains("arrow"))
  {
    do
    {
      if (product[actualIndex].price == null)
      {
        // 価格がない場合を処理
      }
      else
      {
        if (!(product[actualIndex].priceIsCurrent()))
        {
          // 価格を追加する
        }
        else
        {
          if (hasDiscount)
          {
            // 割引を処理する
          }
          else
          {
            // など
          }
        }
      }
      actualIndex++;
    }
    while (actualIndex < totalCount && totalPrice < wallet.money);
  }
  else
    actualIndex++;
}
return actualIndex;
```

このコードは次のようにリファクタリングできます。

```
foreach (products as currentProduct) {
  addPriceIfDefined(currentProduct)
}

addPriceIfDefined()
{
  // あるルールに従う場合にのみ価格を追加する
}
```

多くのリンタは構文木を解析できるので、コンパイル時にネストの深さをチェックできます。

関連するレシピ

- レシピ 6.13 コールバック地獄の回避
- レシピ 11.1 長過ぎるメソッドの分割
- レシピ 14.4 switch/case/elseif の置き換え
- レシピ 14.8 階段状の条件分岐の簡素化
- レシピ 14.11 条件分岐において真偽値を直接返却することの回避
- レシピ 14.18 ネストされた三項演算子の書き換え
- レシピ 22.6 例外処理におけるアローコードの書き換え

関連項目

- Coding Horror、「Flattening Arrow Code」(https://oreil.ly/JzJTk)

レシピ 14.11 条件分岐において真偽値を直接返却することの回避

問題

条件分岐の結果として、直接 `true` や `false` を返しているコードがある場合。

解決策

`if` 文の中で `true/false` を直接返すのではなく、条件式自体の評価結果を返すようにしましょう。MAPPER において、ほとんどの真偽値は現実世界の真偽値に対応していません。それをビジネスロジックを表すような条件式に書き換えましょう。

考察

真偽値を直接返す関数は、しばしばコードの意図を不明瞭にします。真偽値自体は現実世界に対応する概念がないことが多いため、全単射の原則を破ります。代わりに、ビジネスロジックを反映した条件式を返すようにしましょう。また、否定形の条件は理解しづらいため、可能であれば肯定形で表現できる方法を探すことが望ましいです。真偽値を直接返すということはプリミティブ型への執着の兆候です。プリミティブ型への執着を捨て、複雑なビジネスロジックを単純な真偽値に落とし込むのではなく、より適切なデータ構造や抽象化を検討しましょう。その際、現実世界のビジネスルールにより注意を払うようにしましょう。

以下に、真偽値を直接返している関数の例を示します。

```
function canWeMoveOn() {
  if (work.hasPendingTasks())
    return false;
  else
    return true;
```

```
}
```

以下のように修正することで、ビジネスルールを直接表現し、現実世界のビジネス条件に対応するようなコードになります。

```
function canWeMoveOn() {
  return !work.hasPendingTasks();
}
```

修正後のコードは修正前と意味的には同じですが、より読みやすくなっています。ただ、依然として真偽値型を返す際には注意が必要です。返り値を受け取る側のコードでは if 文が必要になるでしょう。その際には、「レシピ 14.4　switch/case/elseif の置き換え」を適用することができます。

以下の短い例では、数値が偶数か奇数かを判定します。

```
boolean isEven(int num) {
    if(num % 2 == 0) {
      return true;
    } else {
      return false;
    }
}
```

条件式をそのまま返すことで、コードはよりシンプルで読みやすくなります。

```
boolean isEven(int numberToCheck) {
  // 何をするか（偶数か奇数かをチェックすること）を
  // どのように（アルゴリズム）するかから切り離します
  return (numberToCheck % 2 == 0);
}
```

本レシピを適用するために、コード内で return true などといった真偽値を直接返している箇所を探し、それらを置き換えましょう。

関連するレシピ

- レシピ 6.4　二重否定の肯定的な表現への書き換え
- レシピ 14.2　状態を表す真偽値変数の名前の改善
- レシピ 14.4　switch/case/elseif の置き換え
- レシピ 14.10　ネストされた if 文の書き換え
- レシピ 14.11　条件分岐において真偽値を直接返却することの回避

- レシピ 14.12 真偽値への暗黙的な型変換の防止
- レシピ 14.17 不要な条件式の削除
- レシピ 24.2 真値の扱い

レシピ 14.12 真偽値への暗黙的な型変換の防止

問題

条件式において、真偽値と非真偽値を比較したり、真偽値が期待される場所で非真偽値を使うことにより、真偽値への暗黙的な型変換が行われている場合。こういったコードは予期せぬ結果を引き起こすことがあります。

解決策

真偽値との直接的な比較や、真偽値が期待される箇所での非真偽値の使用は避けましょう。

考察

多くのプログラミング言語では、非真偽値を真偽値として扱う際に暗黙的な型変換が行われます。これは真値や偽値と呼ばれる概念につながり、予期せぬ動作の原因となる可能性があります(「レシピ 24.2 真値の扱い」を参照)。このような暗黙的な型変換は驚き最小の原則(「レシピ 5.6 変更可能な定数の凍結」を参照)やフェイルファストの原則(13章を参照)に反します。

以下に、Bash スクリプトで暗黙的な型変換が行われる例を示します†6。

```
#!/bin/bash

if [ false ]; then
    echo "True"
else
    echo "False"
fi

# "false"は空ではない文字列なので
# これは True と出力します
```

この問題を回避するためには、明示的な false コマンドを使用しましょう。

```
#!/bin/bash

if false ; then
    echo "True"
```

†6 訳注：Bash スクリプトにおいて、[...] はテストコマンドと呼ばれ、引数として渡された文字列が空の場合は真と評価されます。このサンプルコードの 1 つ目の if 文の場合、false が空ではない文字列であると評価され、その結果 [false] は真と評価されます。その結果、echo "True"が実行されます。

```
else
    echo "False"
fi

# これは False と出力します
```

非真偽値を真偽値が要求される箇所で使用することは一般的ですが、これは避けるべきです。代わりに、明示的に真偽値を返す関数や条件式を使用しましょう。シェルスクリプトのようなスクリプト言語においても、この原則は当てはまります。

関連するレシピ

- レシピ 24.2　真値の扱い

レシピ 14.13　複雑で長い三項演算子の簡素化

問題

三項演算子の中に複雑で長いコードが含まれている場合。

解決策

三項演算子は複雑なロジックの実行ではなく、シンプルな条件分岐にのみ使用しましょう。複雑なロジックは別のメソッドに抽出することを検討してください。

考察

複雑な三項演算子は読みづらく、コードの再利用性やテスト容易性を損ないます。このような場合、「レシピ 10.7　メソッドのオブジェクトとしての抽出」を適用することができます。三項演算子が入れ子になっていたり、複数の関数呼び出しを実行している場合、コードの流れを追跡するのが困難になります。

たとえば、以下のような複雑な三項演算子は避けるべきです。

```
const invoice = isCreditCard ?
  prepareInvoice();
  fillItems();
  validateCreditCard();
  addCreditCardTax();
  fillCustomerDataWithCreditCard();
  createCreditCardInvoice()
:
  prepareInvoice();
  fillItems();
  addCashDiscount();
  createCashInvoice();
```

```
// 中間結果は考慮されません
// 請求書の値は
// 最後の実行の結果となります
```

メソッド抽出のレシピを適用することで以下のように書き換えることができます。これによってスムーズにコードを読むことができます。

```
const invoice = isCreditCard
    ? createCreditCardInvoice()
    : createCashInvoice();
```

また、三項演算子を使わずに`if`文に置き換えることでよりコンパクトになります。

```
let invoice;
if (isCreditCard) {
  invoice = createCreditCardInvoice();
} else {
  invoice = createCashInvoice();
}
```

ポリモーフィズムを使えばさらに良くなります。

```
const invoice = paymentMethod.createInvoice();
```

リンタを使用すると、大きなコードブロックを検出することができます。コード内のどこに長い行があっても、それらを常により抽象度の高い、短い関数やメソッドにリファクタリングすることが可能です。

関連するレシピ

- レシピ 10.7　メソッドのオブジェクトとしての抽出
- レシピ 11.1　長過ぎるメソッドの分割

レシピ 14.14　非ポリモーフィック関数からポリモーフィック関数への変換

問題

同じ機能を持つメソッドが複数存在するが、それらを互換的に使用できない場合。

解決策

拡張性を高めるために、ポリモーフィズムを活用しましょう。

考察

ポリモーフィズム

ポリモーフィズムとは、異なるオブジェクトが同じシグネチャのメソッドを持ち、それぞれの方法でそのメソッドを実装することを指します。これにより、同じ呼び出し方で異なる動作を実現できます。

ポリモーフィズムは、同じメソッド名と引数を持つ複数のオブジェクトが、それぞれ固有の方法でそのメソッドを実装する場合に実現されます。完全に同じ動作をする必要はなく、各オブジェクトの特性に応じた適切な実装を提供することが重要です。ポリモーフィズムを活用することで、拡張性を高め、結合度を低減し、多数の `if` 文を避けることができます。

以下の例では、同様の機能を持つメソッドが異なる名前で実装されており、ポリモーフィズムが活用されていません。

```
class Array {
    public function arraySort() {
    }
}

class List {
    public function listSort() {
    }
}

class Stack {
    public function stackSort() {
    }
}
```

メソッドの名前を変更することで、ポリモーフィズムを達成できます。

```
interface Sortable {
    public function sort();
}

class Array implements Sortable {
    public function sort() {
        // Array の sort() メソッドの実装
    }
}
```

```
class List implements Sortable {
    public function sort() {
        // List の sort() メソッドの実装
    }
}

class Stack implements Sortable {
    public function sort() {
        // Stack の sort() メソッドの実装
    }
}
```

1つ目のコードのように、メソッド名がそれぞれ異なる状況では、コードの意図を誤解する可能性があります。同じ機能を持つメソッドには、一貫した名前を使用すべきです。リンタを使用して、ポリモーフィックなクラス間で似たようなメソッド名が使われている場合に警告を出すことも有効です。命名は非常に重要です（7章を参照）。メソッドやクラスの名前は、その役割や概念を反映すべきであり、偶発的な型に基づいて付けるべきではありません。

関連するレシピ

- レシピ 14.4　switch/case/elseif の置き換え

レシピ 14.15　オブジェクトの等価性の比較の改善

問題

オブジェクトの属性を、そのオブジェクトの外で比較して等価性を判断するコードがある場合。

解決策

オブジェクトの属性に外部からアクセスできるようにした上で比較するのではなく、オブジェクト自身に等価性を判断するメソッドを実装しましょう。比較を単一のメソッド内に隠蔽しましょう。

考察

オブジェクト同士の等価性の比較は、多くのプログラムで頻繁に行われる操作です。しかし、外部からオブジェクトの属性を直接比較するのではなく、オブジェクト自身にその責務を持たせるべきです。振る舞いと責務に焦点を当てる必要があります。ほかのオブジェクトと比較するのはそのオブジェクトの責務です。パフォーマンスを過度に気にする人々は、この方法が非効率だと主張するかもしれません。しかし、実際の性能への影響は多くの場合無視できるほど小さく、実際に性能に悪影響があるという根拠が得られて初めてパフォーマンスの改善に取り組むべきです（16章を参照）。

たとえば、以下のような比較が大規模なコードベースの中で多数見られるとしましょう。この比較には、住所をどのように比較するか（今回のケースでは大文字と小文字は区別して比較する）というビジネス上のルールが現れています。

```
if (address.street == 'Broad Street') { }

if (location.street == 'Bourbon St') { }

// 大規模なシステムでは、こういった比較がさまざまな箇所で行われるでしょう
// ここでの比較は大文字と小文字を区別しています
```

しかし、このコードにおいて住所の比較方法を変更したいとなった場合、修正が必要な箇所が広範囲に及びます。そのため、次のコードのように比較の責務をオブジェクトに持たせ、単一の場所に集約することで、コードの重複を避け、ルールに変更が必要な場合でも一箇所の修正で済むようにできます。

```
if (address.isAtStreet('Broad Street')) { }

if (location.isAtStreet('Bourbon St')) { }

function isAtStreet(street) {
  // 比較のルールを変更する場合も一箇所の変更で済みます
}
```

属性を直接比較しているコードは、静的解析ツールを使用して検出することができます。ただし、プリミティブ型の直接比較が適切な場合もあります。重要なのは、オブジェクトの等価性比較のような重要な責務を、適切な単一の場所に集約することです。ビジネスルールが変更された場合、**単一の場所**で変更できるようにする必要があります。

関連するレシピ

- レシピ 4.2　プリミティブデータの具象化
- レシピ 13.6　オブジェクトのハッシュ値と等価性の適切な実装
- レシピ 14.12　真偽値への暗黙的な型変換の防止
- レシピ 17.8　フィーチャーエンヴィの防止

レシピ 14.16　ハードコードされたビジネス条件の具象化

問題

コード内にビジネスルールが直接ハードコードされている場合。

解決策

ハードコードされたビジネスルールを、適切なオブジェクトのメソッドに移動しましょう。

考察

プログラミングを学ぶ過程で、多くの人はハードコーディングを避けるべきだと教わります。しかし、実際の開発では状況に応じて判断が必要です。テスト駆動開発を採用する場合（「レシピ 4.8 不要な属性の除去」を参照）、初期段階では迅速な開発のためにハードコードを一時的に使用することがあります。ただし、テスト駆動開発の原則に従い、テストが通過した後には、そのコードをより汎用的な形に改善することが推奨されます。コード内に説明のないハードコードされた条件を見つけた場合は、その条件が存在する理由を調査し、それが有効なビジネスルールであれば、そのルールの意図を明確に表す名前の関数やメソッドとして抽出しましょう。なお、グローバル変数を使用してそのルールにおける設定を管理している場合は、「レシピ 10.2 設定/コンフィグおよび機能フラグの削除」のレシピを参考に、より適切な設定管理方法に移行することを検討してください。

特定の顧客に対して特別な処理を行なっているコードの例を見てみましょう。

```
if (currentExposure > 0.15 && customer != "Very Special Customer") {
  // 特別な顧客の場合は処理を実行しない
  liquidatePosition();
}
```

処理を実行するかどうかの判断を顧客オブジェクトに移動することで、より良い設計となります。

```
customer.liquidatePositionIfNecessary(0.15);

// これは「求めるな、命令せよ」の原則に従っています
```

リンタを使用して、条件にプリミティブ型をハードコードしている箇所を検索することはできますが、誤検知が多くなる可能性があります。コードレビューの際には、このようなハードコードされた箇所に特に注意を払う必要があります。

関連するレシピ

- レシピ 10.2 設定/コンフィグおよび機能フラグの削除
- レシピ 14.5 固定値と比較する if 文のコレクションによる置き換え

レシピ 14.17 不要な条件式の削除

問題

条件式に不要な部分式が含まれている、または関数内の複数の分岐が同じ値を返しており、冗長な条件分岐がある場合。

解決策

条件式を慎重に見直し、不要な部分を削除または簡略化するようにリファクタリングしましょう。

考察

不要な条件式や、複数の分岐で同じ値を返すことは、コードの可読性を低下させ、潜在的な欠陥を隠す可能性があります。

次に簡単な例を示します。

```
if a > 0 and True:
    # この条件式の後半部分はデバッグのために入れ込まれたものが
    # コードレビューを誤って通ってしまった結果です
    print("a は正です")
else:
    print("a は負です")
```

このコードを簡略化すると次のようになります。

```
if a > 0:
    print("a は正です")
else:
    print("a は負です")
```

関連するレシピ

- レシピ 14.11 条件分岐において真偽値を直接返却することの回避
- レシピ 14.12 真偽値への暗黙的な型変換の防止

レシピ 14.18 ネストされた三項演算子の書き換え

問題

コード内に複数の三項演算子がネストして使用されている場合。

解決策

ネストされた三項演算子を、条件を満たした時点で即座に値を返す `if` 文に変更しましょう。

考察

三項演算子を多層的にネストすると、コードが複雑になり、理解が困難になります。この問題は、ポリモーフィズム（「レシピ 14.14 非ポリモーフィック関数からポリモーフィック関数への変換」を参照）の活用や、条件を満たした時点で即座に値を返す（早期リターン）ことで改善できます。以下は複数の三項演算子がネストしている例です。

```
const getUnits = secs => (
  secs <= 60       ? 'seconds' :
  secs <= 3600     ? 'minutes' :
  secs <= 86400    ? 'hours'   :
  secs <= 2592000  ? 'days'    :
  secs <= 31536000 ? 'months'  :
                     'years'
)
```

if 文を使用すると、コードがより宣言的になります。

```
const getUnits = secs => {
  if (secs <= 60) return 'seconds';
  if (secs <= 3_600) return 'minutes';
  if (secs <= 86_400) return 'hours';
  if (secs <= 2_592_000) return 'days';
  if (secs <= 31_536_000) return 'months';
  return 'years'
}

// ここでは読みやすさを優先するために、
// JavaScript の「Numeric Separators」記法を使用しています
// アンダースコアは JavaScript エンジンによって無視されます
// 数値には影響を与えません。
```

次のコードはさらに読みやすく、宣言的です。

```
const getUnits = secs => {
  if (secs <= 60) return 'seconds';
  if (secs <= 60 * 60) return 'minutes';
  if (secs <= 24 * 60 * 60) return 'hours';
  if (secs <= 30 * 24 * 60 * 60) return 'days';
  if (secs <= 12 * 30 * 24 * 60 * 60) return 'months';
  return 'years'
}

// このコードがパフォーマンスに悪影響を及ぼすのではとご心配の方は
// 早すぎる最適化の章を参照してください
```

また、マップやポリモーフィックな小さなオブジェクトを使用することもできます（「レシピ 4.1 小さなオブジェクトの生成」を参照）。

```
const timeUnits = {
  60: 'seconds',
  3_600: 'minutes',
  86_400: 'hours',
  2_592_000: 'days',
```

```
  31_536_000: 'months',
};

const getUnits = secs => {
  const unit = Object.entries(timeUnits)
    .find(([limit]) => secs <= limit)?.[1] || 'years';
  return unit;
}
```

リンタを使用して、構文解析をし、この問題を検出することができます。コードの可読性を向上させるためには、偶発的な複雑さに対処する必要があります。

関連するレシピ

- レシピ 6.13　コールバック地獄の回避
- レシピ 14.5　固定値と比較する if 文のコレクションによる置き換え

15章
Null

> 私は、実装の容易さから null 参照を導入するという誘惑に抗えませんでした。この決定が原因で、過去 40 年間に無数のエラー、脆弱性、システムクラッシュが発生し、おそらく数十億ドルの損害と苦痛を引き起こしています。
>
> — Tony Hoare

はじめに

ほとんどのプログラマは null を頻繁に使用します。null の使用は簡便で、メモリ効率が良く、処理も高速です。しかし、その使用に関連する無数の問題にソフトウェア開発者は苦しんできました。この章では null の使用に関する問題点と、それらの解決方法について取り上げています。

null は一種のフラグのようなものです。使用される状況や呼び出される文脈に応じて、さまざまな意味を持つことができます。これはソフトウェア開発で最も深刻な問題を引き起こします。オブジェクトとその利用者の間の暗黙の了解に依存してしまうのです。さらに、null は単一の値で複数の異なる状態を表現し、文脈に応じた解釈を強いるため、現実世界との全単射の原則にも反します。本来、全てのオブジェクトはできるだけ具体的で、単一の責務を持つべきです（「レシピ 4.7 文字列検証のオブジェクトとしての実装」を参照）。しかし、null はシステム内で最も汎用的で曖昧なオブジェクトであり、現実世界の多様な概念に対応してしまうのです。

レシピ 15.1　Null オブジェクトの作成

問題

null を使っている場合。

解決策

null は文脈によって異なる意味を持ち、現実世界には存在しません。null を考案したチューリング賞受賞者の Tony Hoare は、後にそれを後悔しています（https://oreil.ly/BrmOi）。そして、世界中のプログラマがその結果に苦しんでいます。nullの代わりに、nullオブジェクトを使用することで、これらの問題を解決しましょう。

考察

プログラマはnullをさまざまな目的で使用します。値の不在、未定義の値、エラーの発生など、さまざまな状態を表現するためにnullが用いられます。しかし、このような多義的な使用は、コード間の不適切な結合とエラーの原因となります。nullの使用には多くの問題があります。まず、呼び出し元と呼び出し先の間に不必要な結合を生じさせ、両者の間で意図の不一致を引き起こす可能性があります。また、nullチェックのためにif/switch/caseを過剰に使用することになり、コードの可読性を低下させます。さらに、nullは実際のオブジェクトと異なる振る舞いをするため、ポリモーフィズムを持ちません。これがnullポインタ例外エラーの原因となります。最後に、nullは現実世界に対応する概念がないため、全単射の原則に反します。

nullオブジェクトパターン

nullオブジェクトパターンは、「nullオブジェクト」と呼ばれる特別なオブジェクトを作成することを提案しています。このオブジェクトは通常のオブジェクトのように振る舞いますが、ほとんど機能性を持ちません。その利点は、nullチェックのためのif文を使わずに、安全にメソッドを呼び出すことができる点です（14章を参照）。

次の例では、クーポンがあるかどうかの判定においてnullを使っています。

```
class CartItem {
    constructor(price) {
        this.price = price;
    }
}

class DiscountCoupon {
    constructor(rate) {
        this.rate = rate;
    }
}

class Cart {
    constructor(selecteditems, discountCoupon) {
        this.items = selecteditems;
        this.discountCoupon = discountCoupon;
    }

    subtotal() {
        return this.items.reduce((previous, current) =>
            previous + current.price, 0);
    }
```

```
    total() {
        if (this.discountCoupon == null)
            return this.subtotal();
        else
            return this.subtotal() * (1 - this.discountCoupon.rate);
    }
}

cart = new Cart([
    new CartItem(1),
    new CartItem(2),
    new CartItem(7)
], new DiscountCoupon(0.15));
// 10 - 1.5 = 8.5

cart = new Cart([
    new CartItem(1),
    new CartItem(2),
    new CartItem(7)
], null);
// 10 - null  = 10
```

null オブジェクトパターンを導入することで、null チェックのための if 文を省略できます。これにより、プログラマが null チェックを忘れてしまうというよくあるミスを防ぐことができます。

```
class CartItem {
    constructor(price) {
        this.price = price;
    }
}

class DiscountCoupon {
    constructor(rate) {
        this.rate = rate;
    }

    discount(subtotal) {
        return subtotal * (1 - this.rate);
    }
}

class NullCoupon {
    discount(subtotal) {
        return subtotal;
    }
}

class Cart {
    constructor(selecteditems, discountCoupon) {
```

```
        this.items = selecteditems;
        this.discountCoupon = discountCoupon;
    }

    subtotal() {
        return this.items.reduce(
            (previous, current) => previous + current.price, 0);
    }

    total() {
        return this.discountCoupon.discount(this.subtotal());
    }
}

cart = new Cart([
    new CartItem(1),
    new CartItem(2),
    new CartItem(7)
    ], new DiscountCoupon(0.15));
// 10 - 1.5 = 8.5

cart = new Cart([
    new CartItem(1),
    new CartItem(2),
    new CartItem(7)
    ], new NullCoupon());
// 10 - nullObject = 10
```

ほとんどのリンタは `null` の使用を検出し警告を発します。TypeScript のような言語では、`null` の扱いに厳格な型チェックを適用しています。Rust には、`Option` 型があり、値が存在する場合は `Some(value)`、存在しない場合は `None` で表現します。Kotlin では `null` 安全性機能により、開発者は値が `null` を許容するかどうかを明示的に指定できます。また、リレーショナルデータベースでも `null` は使用されますが、ここでもさまざまな意味を持ち、一貫性のない使用がしばしば問題を引き起こします。

null ポインタ例外

null ポインタ例外は、プログラムが何も参照していない（`null` である）変数やオブジェクト参照に対して操作を行おうとした際に発生する一般的なエラーです。

関連項目

- Tony Hoare、「Null References: The Billion Dollar Mistake」(https://oreil.ly/BrmOi)

レシピ 15.2　オプショナルチェーンの排除

問題

メソッド呼び出しや属性へのアクセスの連鎖の中で、前のアクセスの結果が null である可能性を無視して次のアクセスを行っている場合。

解決策

null や未定義値の使用を避けましょう。これらを完全に排除できれば、オプショナル型は不要となります。

考察

オプショナルチェーン、オプショナル型、null 合体演算子[†1]などの手法は、null による問題を一時的に回避するのには役立ちます。しかし、コードが十分に成熟し、堅牢になり、null の使用を完全に排除できれば、これらの手法は不要になります。

オプショナルチェーン

オプショナルチェーンは、オブジェクトの階層的な属性にアクセスする際、途中の属性が null または未定義であっても安全にアクセスできる機能です。この機能がない場合、存在しない属性にアクセスしようとするとエラーが発生します。

以下はオプショナルチェーンを使用した例です。

```
const user = {
  name: 'Hacker'
};

if (user?.credentials?.notExpired) {
  user.login();
}

user.functionDefinedOrNot?.();

// このコードは簡潔に見えますが、null や undefined の
// 可能性を隠蔽しています
```

コードは常に明示的にしましょう。次のコードはより明示的な方法を示しています。

†1　訳注：null 合体演算子（null coalescing operator）とは、JavaScript、C#、PHP、Swift などのさまざまなプログラミング言語で提供されている演算子で、通常 ?? と表記されます。この演算子は、左辺の式が null または未定義の場合に右辺の値を返し、そうでない場合は左辺の値を返します。

```
function login() {}

const user = {
  name: 'Hacker',
  credentials: { expired: false }
};

if (!user.credentials.expired) {
  login();
}

// このコードでは null の可能性を明示的に排除しています
// user は実際のユーザーか、または user と同じインターフェースを持つ null オブジェクトです
// credentials も実際のオブジェクト、または InvalidCredentials のインスタンスです

if (user.functionDefinedOrNot !== undefined) {
    functionDefinedOrNot();
}

// 上記のような undefined チェックにも
// null チェックと同様の問題を抱えています
```

エルビス演算子 (?:) を使用して、同様の振る舞いを実現することができます。

```
a ?: b
```

エルビス演算子[†2]を使った上記の例は、以下のコードと同じ意味を持ちます。

```
if (a != null) a else b
```

たとえば、エルビス演算子を使用した以下のコードを見てみましょう。

```
val shipTo = address ?: "住所が指定されていません"
```

上記のコードは以下のコードと同じ意味です。

```
val shipTo = if (address != null) address else "住所が指定されていません"
```

オプショナルチェーンやエルビス演算子などは言語の機能です。これらの機能の使用を検出し、

†2 訳注：エルビス演算子（Elvis operator）とは、Groovy や Kotlin などのプログラミング言語で提供されている演算子で、通常 ?: と表記されます。この演算子は、左辺の式が null または false の場合に右辺の値を返し、そうでない場合は左辺の値を返します。先述の null 合体演算子と似ていますが、左辺の値が false の場合も右辺の値を返す点が異なります。この演算子の名前は、見た目がエルビス・プレスリーの髪型に似ていることに由来しています。

「レシピ 15.1　Null オブジェクトの作成」を使って除去することができます。多くの開発者は、null チェックを頻繁に行うことで安全性を確保しようとします。これは確かに null チェックをまったく行わない場合よりは安全ですが、null チェックをし忘れることは避けられません。null や undefined、真値、偽値は常に問題の原因となる可能性があります。そのため、null の使用自体を避け、よりクリーンで安全なコードを目指すべきです（「レシピ 24.2　真値の扱い」を参照）。

良い：コードから全ての null を取り除く。
悪い：オプショナルチェーンを使用する。
酷い：null にまったく対処しない。

関連するレシピ

- レシピ 10.4　コードからの過度な技巧の除去
- レシピ 14.6　条件式の短絡評価の活用
- レシピ 14.9　短絡評価を利用したハックの回避
- レシピ 15.1　Null オブジェクトの作成
- レシピ 24.2　真値の扱い

関連項目

- Mozilla.org、「Optional chaining」（https://oreil.ly/KhZaN）
- Mozilla.org、「Nullish Value」（https://oreil.ly/PS4BJ）

レシピ 15.3　オプショナルな属性のコレクションによる表現

問題

オプショナルな属性をモデル化する必要がある場合。

解決策

コレクションを使用して、オプショナルな属性をモデル化しましょう。コレクションはポリモーフィズムを持ち、値の有無を自然に表現できる優れた手段です。

考察

属性の値が存在しない可能性をモデル化する際、一部の言語では Optional 型や Nullable 型など、null を扱うためのさまざまな機能を提供しています。しかし、これらの解決策は必ずしも最適ではありません。むしろ、空のコレクションと要素を含むコレクションが自然にポリモーフィズムを持つことに注目すべきです。この性質を利用することで、より簡潔で安全なコードを書くことができます。

以下に、メールアドレスの属性がオプショナルである例を示します。

```
class Person {
  constructor(name, email) {
    this.name = name;
    this.email = email;
  }

  email() {
    return this.email;
    // null の可能性あり
  }
}

// person.email() を呼び出す側では、常に返り値が
// null かどうかを明示的にチェックする必要があります
```

オプショナルなメールアドレスをコレクションとして表現すると、次のようになります。

```
class Person {
  constructor(name, emails) {
    this.name = name;
    this.emails = emails;
    // emails は常に配列として扱います
    // 空の配列も許容します
    // ここで emails の要素数を制限しています
    if (emails.length > 1) {
        throw new Error("メールアドレスは最大 1 つまでです。");
    }
  }

  emails() {
    return this.emails;
  }

  // emails は Person の本質的な属性ではないため、変更可能にしています
  addEmail(email) {
    this.emails.push(email);
  }

  removeEmail(email) {
    const index = this.emails.indexOf(email);
    if (index !== -1) {
      this.emails.splice(index, 1);
    }
  }
}

// person.emails() は常に配列を返すため、
// 呼び出し側での null チェックなしで安全に返り値を利用できます
```

null を許容する属性を検出し、必要に応じて本レシピを使って修正しましょう。これは null

オブジェクトパターンを一般化したものです（「レシピ 15.1　Null オブジェクトの作成」を参照してください）。

コレクションの要素数をチェックして、要件を満たしていることを確認しましょう（先の例では 0 または 1 でした）。

関連するレシピ

- レシピ 15.1　Null オブジェクトの作成
- レシピ 15.2　オプショナルチェーンの排除
- レシピ 17.7　オプション引数の排除

レシピ 15.4　null 表現のための既存オブジェクトの活用

問題

null を表現するオブジェクトを作成する必要がある場合。

解決策

デザインパターンを過度に使用することは避けましょう。null オブジェクトパターンもその一つです。代わりに、現実世界に対応した既存のクラスや概念の中で、null の状態を自然に表現できるものを探し、それを活用しましょう。

考察

null オブジェクトパターン（「レシピ 15.1　Null オブジェクトの作成」を参照）を過度に適用すると、いくつかの問題が生じる可能性があります。まず、実質的な機能を持たない空のクラスが増えてしまいます。これらのクラスによって名前空間が埋め尽くされてしまいます（「レシピ 18.4　グローバルクラスの除去」を参照）。また、似たような振る舞いを持つクラスが複数つくられ、コードの重複を招きます。これらの問題を避けるため、既存のクラスのインスタンスを工夫して使用することで、null の状態を表現できる場合があります。null オブジェクトパターンは確かに null チェックを排除する有効な手段ですが、必ずしも新しいクラス階層を作る必要はありません。重要なのは、null の状態を表現するオブジェクトが、通常のオブジェクトに対してポリモーフィズムを持つことです。これは必ずしも継承によって実現する必要はありません（「レシピ 14.4　switch/case/elseif の置き換え」を参照）。シンプルな解決策は、既存のクラスのインスタンスを使いつつ、それが null の状態を表現するように設定することです。**表 15-1** にいくつかの馴染みのある null を表現するオブジェクトの例を紹介します。

表15-1 null を表現するオブジェクトの例

クラス	null を表現するオブジェクト
Number	0
String	""
Array	[]

以下に、null を表現するために特別な NullAddress クラスを定義している例を示します。

```
abstract class Address {
    public abstract String city();
    public abstract String state();
    public abstract String zipCode();
}

// null オブジェクト用のクラスを定義する際には、言語が
// サポートしていれば、継承ではなくインターフェースを使用すべきです
public class NullAddress extends Address {

    public NullAddress() { }

    public String city() {
        return Constants.EMPTY_STRING;
    }

    public String state() {
        return Constants.EMPTY_STRING;
    }

    public String zipCode() {
        return Constants.EMPTY_STRING;
    }

}

public class RealAddress extends Address {
    private String zipCode;
    private String city;
    private String state;

    public RealAddress(String city, String state, String zipCode) {
        this.city = city;
        this.state = state;
        this.zipCode = zipCode;
    }

    public String zipCode() {
        return zipCode;
    }

    public String city() {
        return city;
```

```
    }

    public String state() {
        return state;
    }

}
```

既存の Address クラスを使って null の状態を表現した場合は以下のようになります。

```
// 「アドレス」があるだけです
public class Address {

    private String zipCode;
    private String city;
    private String state;

    public Address(String city, String state, String zipCode) {
        // 貧血オブジェクトになってしまっています :(
        this.city = city;
        this.state = state;
        this.zipCode = zipCode;
    }

    public String zipCode() {
        return zipCode;
    }

    public String city() {
        return city;
    }

    public String state() {
        return state;
    }
}

Address nullAddress = new Address(
    Constants.EMPTY_STRING,
    Constants.EMPTY_STRING,
    Constants.EMPTY_STRING);

// または

Address nullAddress = new Address("", "", "");

// 上記の nullAddress は null の状態を表現しています
// ただし、このオブジェクトをシングルトン、static、
// またはグローバル変数として定義することは避けましょう
// そのように定義することは早すぎる最適化の兆候です
```

専用のnullオブジェクトクラスを作成することは、時として過剰な設計につながる可能性があります。特に、既存の通常のクラスのインスタンスでnullの状態を適切に表現できる場合は、新たなクラスを作成する必要はありません。ただし、このような目的で使用するオブジェクトは、**グローバル、シングルトン**（「レシピ17.2　シングルトンの置き換え」を参照）、または**static**であってはいけません。

関連するレシピ

- レシピ14.4　switch/case/elseifの置き換え
- レシピ15.1　Nullオブジェクトの作成
- レシピ17.2　シングルトンの置き換え
- レシピ18.1　グローバル関数の具象化
- レシピ18.2　スタティックメソッドの具象化
- レシピ19.9　振る舞いのないクラスの除去

レシピ15.5　未知の位置情報のnull以外による表現

問題

位置情報が不明な場合に、特別な値（`null`や`0`など）を使用して表現している場合。この方法はエラーを引き起こす可能性があります。

解決策

位置情報が不明な場合でも、`null`や特別な数値を使用せずに表現しましょう。

考察

位置情報が不明であることを示すために特別な値（`null`や`0`など）を使用すると、フェイルファストの原則に反し、予期せぬ結果を招く可能性があります。代わりに、ポリモーフィズムを利用して未知の位置をモデル化することが望ましいです（「レシピ14.14　非ポリモーフィック関数からポリモーフィック関数への変換」を参照）。この問題を理解する上で、「Null島」(https://oreil.ly/uNZxP) という概念が参考になります。Null島は架空の場所で、本初子午線と赤道が交差する大西洋上の点（緯度0度、経度0度）を指します。多くのGPSシステムが、位置情報が不明または無効な場合にこの点を使用することからこの名前がつけられました。実際にはこの場所に陸地は存在せず、単なる海上の一点です。地理情報システム（GIS）やマッピングソフトウェアでは、このNull島の概念を利用して位置データのエラーを検出しています。

以下は、0という値を特別なケースとして使用する問題のある例です。

```
class Person(val name: String, val latitude: Double, val longitude: Double)
fun main() {
    val people = listOf(
        Person("Alice", 40.7128, -74.0060), // ニューヨーク市
        Person("Bob", 51.5074, -0.1278),    // ロンドン
        Person("Charlie", 48.8566, 2.3522), // パリ
        Person("Tony Hoare", 0.0, 0.0)      // Null 島
    )

    for (person in people) {
        if (person.latitude == 0.0 && person.longitude == 0.0) {
            println("${person.name}は Null 島に住んでいます！")
        } else {
            println("${person.name}は次の場所に住んでいます " +
                    "(${person.latitude}, ${person.longitude})。")
        }
    }
}
```

データの不在を適切にモデル化することで、Tony の所在が不明であることを明確に表現できます。

```
abstract class Location {
    abstract fun calculateDistance(other: Location): Double
    abstract fun ifKnownOrElse(knownAction: (Location) -> Unit,
        unknownAction: () -> Unit)
}

class EarthLocation(val latitude: Double, val longitude: Double) : Location() {
    override fun calculateDistance(other: Location): Double {
        val earthRadius = 6371.0
        val latDistance = Math.toRadians(
            latitude - (other as EarthLocation).latitude)
        val lngDistance = Math.toRadians(
            longitude - other.longitude)
        val a = sin(latDistance / 2) * sin(latDistance / 2) +
          cos(Math.toRadians(latitude)) *
          cos(Math.toRadians(other.latitude)) *
          sin(lngDistance / 2) * sin(lngDistance / 2)
        val c = 2 * atan2(sqrt(a), sqrt(1 - a))
        return earthRadius * c
    }

    override fun ifKnownOrElse(knownAction:
      (Location) -> Unit, unknownAction: () -> Unit) {
        knownAction(this)
    }
}

class UnknownLocation : Location() {
    override fun calculateDistance(other: Location): Double {
```

```
        throw IllegalArgumentException(
            "未知の場所からの距離は計算できません。")
    }

    override fun ifKnownOrElse(knownAction:
        (Location) -> Unit, unknownAction: () -> Unit) {
            unknownAction()
    }
}

class Person(val name: String, val location: Location)

fun main() {
    val people = listOf(
        Person("Alice", EarthLocation(40.7128, -74.0060)), // ニューヨーク市
        Person("Bob", EarthLocation(51.5074, -0.1278)),    // ロンドン
        Person("Charlie", EarthLocation(48.8566, 2.3522)), // パリ
        Person("Tony", UnknownLocation()) // 未知の場所
    )
    val rio = EarthLocation(-22.9068, -43.1729) // リオデジャネイロの座標

    for (person in people) {
        person.location.ifKnownOrElse(
            { location -> println("${person.name}は" +
                person.location.calculateDistance(rio) +
                    "キロメートル離れています。") },
            { println("${person.name}は"
                    + "未知の場所にいます。") }
        )
    }
}
```

`ifKnownOrElse` メソッドはモナドの一種で、不明な値を扱うための特別な方法を提供します。このモナドは、`null` オブジェクトを使用し、ポリモーフィズムを活用して問題を解決します。これにより、値が存在する場合と存在しない場合を統一的に扱うことができます。ただし、実際の値を表現する際に `null` を使用するのは避けるべきです（「レシピ 15.4　null 表現のための既存オブジェクトの活用」を参照）。

モナド

モナドは、値をカプセル化し、それに対する操作を抽象化する構造です。これにより、副作用の管理、オプショナルな値の処理などを一貫した方法で表現できます。

関連するレシピ

- レシピ 15.1　Null オブジェクトの作成
- レシピ 15.4　null 表現のための既存オブジェクトの活用
- レシピ 17.5　無効なデータを特殊な値で表すことの回避

関連項目

- Wikipedia、「Null Island」（https://oreil.ly/uNZxP）
- Google マップ、「Null 島」（https://oreil.ly/k5z1i）

16章
早すぎる最適化

プログラマは、プログラムの重要でない部分の速度について考えたり心配したりすることに膨大な時間を費やしていますが、これらの効率化の試みは、デバッグやメンテナンスを考慮すると実際には強い負の影響を与えることがあります。私たちは小さな効率化については、たとえば約 97% の時間は忘れるべきです。早すぎる最適化はすべての悪の根源です。

— Donald Knuth 著、「Structured Programming with go to Statements」

はじめに

早すぎる最適化はソフトウェア開発において大きな問題です。多くの開発者は計算量の複雑さや高速なアルゴリズムの美しさに魅了されます。最適化をいつ、どこで行うかを適切に判断できることは、経験豊富な開発者の特徴の一つです。最適化には代償が伴います。それらは多くの偶発的な複雑さを追加するため、非常に慎重に適用する必要があります。複雑な解決策は、モデルとビジネスオブジェクトの間に多くの不透明な層を追加することで、モデルを現実世界から乖離させ、全単射の原則を破ります。また、可読性も損ないます。最適化は、明確な根拠がある場合にのみ適用すべきです。

計算量理論

計算量理論は、計算問題を解決するために必要なリソースを研究する分野です。最も重要なリソースは時間とメモリです。この理論では、アルゴリズムや計算システムの効率を、時間やメモリというリソースの観点から測定し比較します。

現代の AI アシスタントは、コードの最適化を支援してくれます。開発者は人間と AI が協調する技術的なケンタウロスとなり、偶発的な最適化は AI アシスタントに任せ、本質的な課題に集中することができます。

レシピ16.1 オブジェクトにおけるIDの回避

問題

オブジェクトモデル内に、現実世界には存在しないID、主キー、参照を使用している場合。

解決策

オブジェクトからIDを取り除き、オブジェクト同士を直接関連づけましょう。

考察

IDは本質的なものではなく、システム外部との連携のためにグローバルな参照が必要な場合を除いて、現実世界には存在しません。したがって、オブジェクト間の関連をシステム内部でIDを使って表現する必要はありません。オブジェクトは自身のIDを知る必要はなく、IDはオブジェクトの本質的な属性ではありません。全単射の原則に従い、IDの使用は避けるべきです。外部システムとの連携のために識別子が必要な場合のみ、IDを使用してください。外部識別子が必要となる一般的な例としては、データベース、API、シリアライゼーションなどがあります。

主キー

データベースにおいて、**主キー**はテーブル内の特定のレコードを一意に識別するためのものです。これにより、各レコードを一意に特定し、データの効率的な検索や並べ替えが可能になります。主キーは単一の列または複数の列の組み合わせで構成され、テーブル内の各レコードに対して一意の値を持ちます。通常、主キーはテーブル作成時に生成され、そのテーブルと関連を持つ他のテーブルから参照されます。

識別子が必要な場合は、連続する整数ではなく、GUIDのような一意性の高いキーを使用しましょう。また、オブジェクトを直接参照することで大規模な関連グラフが構築されることを避けたい場合は、プロキシパターンや遅延ロードを活用しましょう。ただし、これらの手法はコードに偶発的な複雑さを追加するため、実際にパフォーマンス上の問題が生じる明確な証拠がある場合にのみ適用すべきです。

GUID

GUID（グローバルに一意な識別子）は、ファイル、オブジェクト、ネットワーク上のエンティティなどのリソースを識別するために使用される一意な識別子です。GUIDは、その一意性を保証するアルゴリズムによって生成されます。

以下は、`Teacher`、`School`、`Student`のエンティティを含む学校ドメインの例です。

```
class Teacher {
    static getByID(id) {
        // これはデータベースに直接依存しており、
        // ビジネスロジックとデータアクセスの責務が混在しています
    }

    constructor(id, fullName) {
        this.id = id;
        this.fullName = fullName;
    }
}

class School {
    static getByID(id) {
        // データベースから直接データを取得する処理
    }

    constructor(id, address) {
        this.id = id;
        this.address = address;
    }
}

class Student {
    constructor(id, firstName, lastName, teacherId, schoolId) {
        this.id = id;
        this.firstName = firstName;
        this.lastName = lastName;
        this.teacherId = teacherId;
        this.schoolId = schoolId;
    }

    school() {
        return School.getById(this.schoolId);
    }

    teacher() {
        return Teacher.getById(this.teacherId);
    }
}
```

これを現実世界のモデルに近づけると、以下のようになります。

```
class Teacher {
    constructor(fullName) {
        this.fullName = fullName;
    }
}

class School {
    constructor(address) {
```

```
        this.address = address;
    }
}

class Student {
    constructor(firstName, lastName, teacher, school) {
        this.firstName = firstName;
        this.lastName = lastName;
        this.teacher = teacher;
        this.school = school;
    }
}
// IDは現実世界には存在しないため、オブジェクトを直接参照しています。
// 外部システム（APIやデータベース）との連携が必要な場合は、
// 別のマッピングオブジェクトを用意し、
// そこでID（外部識別子）とオブジェクトの対応関係を管理します。
```

オブジェクトにIDを持つかどうかは、設計レベルの決定事項です。リンタを設定し、連番のIDを含む属性や関数が定義された場合に警告を出すようにすることで、この設計方針を技術的に強制することができます。オブジェクト指向ソフトウェアの設計においては、IDは本質的には不要です。代わりに、オブジェクト自体（本質的なもの）を直接参照し、ID（偶発的なもの）による参照は避けるべきです。ただし、APIやデータベースなど、システムの外部と連携する必要がある場合は例外となります。そのような場合、GUIDのような意味を持たない一意識別子を使用しましょう。また、リポジトリデザインパターンなどを使用して、オブジェクトの永続化と取得を抽象化することも、この設計方針を実現する上で有効な手段です。

リポジトリデザインパターン

リポジトリデザインパターンは、アプリケーションのビジネスロジックとデータ永続化層の間に抽象化層を提供します。これにより、データの取得や保存の詳細をビジネスロジックから分離し、より柔軟で保守しやすいアーキテクチャを実現できます。

関連するレシピ

- レシピ3.6　DTOの除去
- レシピ16.2　早すぎる最適化の排除

関連項目

- Wikipedia、「Universally Unique Identifier」（https://oreil.ly/TzeKj）

レシピ 16.2　早すぎる最適化の排除

問題

実際のパフォーマンス上の問題が確認されていないにも関わらず、推測に基づいてコードの最適化が行われている場合。

解決策

発生するかどうか不確実な問題に対して推測で対応するのは避けましょう。実際の使用環境での測定結果に基づいて最適化を行いましょう。

考察

早すぎる最適化は、コードを複雑にし、保守を困難にするため、避けるべき慣行です。これは可読性とテスト容易性を損ない、不必要な依存関係を生み出す可能性があります。コードの最適化は、十分なテストが行われ、実際の使用環境でパフォーマンスの問題が確認された後にのみ行うべきです。異なる実装方法を比較する場合、たとえある処理を 1000 回繰り返した時に遅くなると分かっていても、より読みやすい方を選ぶべきです。実際の使用では、そのような極端な状況はめったに発生しないからです。このような場合、テスト駆動開発（「レシピ 4.8　不要な属性の除去」を参照）のアプローチが有効です。テスト駆動開発は常に最もシンプルな解決策を優先するため、不必要な複雑さを避けることができます。

以下は、データベースの応答速度が十分に速いにもかかわらず、不必要にキャッシュを使用している例です。

```
class Person {
    ancestors() {
        cachedResults =
            GlobalPeopleSingletonCache.getInstance().relativesCache(this.id);
        if (cachedResults != null) {
            return (cachedResults.hashFor(this.id)).getAllParents();
        }
        return database().getAllParents(this.id);
    }
}
```

上記のコードは、頻繁に実行されない処理に対して過剰な最適化を行なっています。実際の使用状況を考慮すると、以下のようにシンプルな実装で十分です。

```
class Person {
    ancestors() {
        return this.mother.meAndAncestors().concat(this.father.meAndAncestors());
    }
    meAndAncestors() {
```

```
        return this.ancestors().push(this);
    }
}
```

このようなシンプルな実装ではなく、過剰な最適化を行うことは、アンチパターンの一つです（「レシピ 5.5 遅延初期化の除去」を参照）。現在の静的解析ツールでは、このような過剰な最適化を自動的に検出することは（まだ）難しいため、開発者の判断が重要になります。一般的に、機能要件が十分に明確になり、実際の使用パターンが把握できるまでは、パフォーマンスの最適化は後回しにすべきです。Donald Knuth は、著書『The Art of Computer Programming』（邦訳『The Art of Computer Programming』KADOKAWA）（https://oreil.ly/3ufPb）で高性能なアルゴリズムやデータ構造について詳細に解説していますが、同時に、それらは適切な状況でのみ使用するよう警告しています。

関連するレシピ

- レシピ 10.4 コードからの過度な技巧の除去

関連項目

- Donald Knuth、「Structured Programming with go to Statements」（ACM）（https://oreil.ly/0UxWn）
- C2 Wiki、「Premature Optimization」（https://oreil.ly/gNIXM）

レシピ 16.3 ビット演算子を用いた早すぎる最適化の排除

問題

パフォーマンス向上を目的として、不必要にビット演算子を使用したコードがある場合。

解決策

ビット単位の操作がビジネスロジックの本質でない限り、ビット演算子の使用は避けましょう。

ビット演算子

ビット演算子は数値を二進数表現で扱い、個々のビットを操作します。コンピュータはこれらを使用して AND、OR、XOR などの基本的な論理演算を行います。ビット演算子は主に整数型のデータに対して使用され、真偽値とは異なる動作をします。

考察

整数型と真偽値型は、プログラミングにおいて異なる目的で使用される別のデータ型です。これらは、現実世界の概念との全単射においても全く異なる役割を持ちます。しかし、一部のプログラミング言語では、コードの簡潔さや実行速度の向上を目的としてこれらのデータ型を混同して使用することがあります。この慣行は、コードの実装（偶発的な側面）とビジネスロジック（本質的な側面）の間の明確な境界を曖昧にしてしまいます。その結果、真偽値の判定に関する問題（「レシピ 24.2　真値の扱い」を参照）が発生したり、コードの保守性が低下したりする可能性があります。コードを最適化を行う際は、常に実測データに基づいて判断し、科学的な方法でベンチマークを取り、本当に必要な場合にのみ改善を行うべきです。ビット演算子を使用する際は、コードの変更容易性と保守性への影響を十分に考慮してください。以下のコードは多くの言語で動作しますが、推奨されない方法です。

```
const nowInSeconds = ~~(Date.now() / 1000)

// ~~ は二重のビット反転演算子です。
// これは、値をビット単位で反転させる処理を 2 回行います。
// 結果として、小数点以下が切り捨てられます。
```

この操作は、以下のようにより明確に書くことができます。

```
const nowInSeconds = Math.floor(Date.now() / 1000)
```

ただし、パフォーマンスが極めて重要なリアルタイムシステムやミッションクリティカルなソフトウェアでは、可読性よりも実行速度を優先する場合があります。しかし、通常のアプリケーション開発において、プルリクエストやコードレビューでビット演算を使用したコードを見つけた場合は、その理由を慎重に確認する必要があります。もし明確な理由がない場合は、より読みやすい方法を使用するよう変更を提案すべきです。

関連するレシピ

- レシピ 10.4　コードからの過度な技巧の除去
- レシピ 16.2　早すぎる最適化の排除
- レシピ 16.5　根拠のない複雑なデータ構造の見直し
- レシピ 22.1　空の例外ブロックの除去
- レシピ 24.2　真値の扱い

レシピ 16.4　過度な一般化の抑制

問題

実際の要件を超えて、過度に抽象化や一般化されたコードがある場合。

解決策

現在の要件や知識に基づいてコードを設計し、将来がどうなるかを過度に予測しないようにしましょう。代わりに、都度得られる要件や知識について学習することに熟練する必要があります。

考察

過度な抽象化や一般化は、2章で定義した全単射の原則に反します。これは、実際のビジネス要件や現実世界の対象物が存在しないにも関わらず、将来を予測してモデル化してしまうためです。リファクタリングは単にコードの構造を変更することだけではありません。コードが表現する機能や振る舞いも見直し、本当に抽象化が必要かどうかを慎重に判断する必要があります。

以下の例では、十分な根拠がないにもかかわらず、一般化をしている場合を示しています。

```
fn validate_size(value: i32) {
    validate_integer(value);
}

fn validate_years(value: i32) {
    validate_integer(value);
}

fn validate_integer(value: i32) {
    validate_type(value, :integer);
    validate_min_integer(value, 0);
}
```

上記のコードは過度に一般化されています。以下は、より直接的な実装方法です。

```
fn validate_size(value: i32) {
    validate_type(value, Type::Integer);
    validate_min_integer(value, 0);
}

fn validate_years(value: i32) {
    validate_type(value, Type::Integer);
    validate_min_integer(value, 0);
}

// コードに重複がありますが、これらの検証ロジックはそれぞれの文脈で独立して
// 変更される可能性があるため、共通化すべきではありません。
```

ソフトウェア開発は本質的に思考を要する活動です。そしてその過程において、開発者を支援するための自動化ツールが利用可能です。

関連するレシピ

- レシピ 10.1　重複コードの除去

レシピ 16.5　根拠のない複雑なデータ構造の見直し

問題

実際の要件や性能測定に基づかずに、複雑なデータ構造や最適化手法が使用されている場合。

解決策

実際の使用状況でのパフォーマンス測定を行うまでは、単純で理解しやすいデータ構造を使用しましょう。

考察

過度に複雑なデータ構造やアルゴリズムを使用すると、コードの可読性が低下し、現実世界のモデルとの対応関係が不明確になります。パフォーマンス向上のための最適化が必要な場合でも、まずは読みやすいコードを書き、十分なテストカバレッジを確保することが重要です。実際のユーザーデータを用いた現実的なパフォーマンス測定を行いましょう。単に処理を大量に繰り返すだけでは、実際の使用状況を正確に再現できません。測定結果に基づいて最適化が必要だと判断された場合は、パレートの法則（1 章を参照）を用いて効果的に改善を行います。つまり、パフォーマンス問題の 80% を引き起こしている 20% の重要な箇所に集中して最適化を行います。

多くの場合、開発者はパフォーマンスの問題を過大に見積もり、コードの可読性や長期的な保守性を軽視してしまいがちです。これは、アルゴリズムやデータ構造の理論を学ぶ際に、実践的な設計原則よりも計算の効率性が強調されることが多いためです。しかし、実際の開発では、明確な根拠なく最適化を行うのではなく、実測データに基づいて必要な箇所のみを慎重に改善することが重要です。

この問題を具体的な例で見てみましょう。

```
for (k = 0; k < 3 * 3; ++k) {
    const i = Math.floor(k / 3);
    const j = k % 3;
    console.log(i + ' ' +  j);
}

// このコードは 3x3 の二次元配列を模倣していますが、
// 一次元のループで処理しています。
// しかし、この方法が実際に必要かつ効果的かは不明です。
```

このコードをより明確で直感的な形に書き直すと、以下のようになります。

```
for (outerIterator = 0; outerIterator < 3; outerIterator++) {
    for (innerIterator = 0; innerIterator < 3; innerIterator++) {
        console.log(outerIterator + ' ' +  innerIterator);
    }
}
```

```
// このコードは意図がより明確です。
// 現時点では 3x3 という小さなサイズなので、
// パフォーマンスの問題は考慮する必要がありません。
// 必要性が生じた時点で最適化を検討しましょう。
```

ビジネスロジックを実装する場合、マシンの効率よりも、コードを読む人や保守する人にとっての分かりやすさを優先すべきです。また、Go 言語、Rust、C++ のような低レベルの最適化を重視する言語ではなく、可読性が高く保守しやすい高級言語を選択することを検討してください。

関連するレシピ

- レシピ 10.4　コードからの過度な技巧の除去
- レシピ 16.2　早すぎる最適化の排除

レシピ 16.6　未使用コードの削除

問題

将来的に必要になるかもしれないという理由で、現在使用されていないコードが残されている場合。

解決策

将来の可能性を想定して作成したコードは削除しましょう。

考察

未使用のコードは、偶発的な複雑さや依存関係を生み出し、デッドコードの一例となります。テストされ、実際に使用されているコードのみを残すようにしましょう。以下に未使用コードの例を示します。

```
final class DatabaseQueryOptimizer {

  public function selectWithCriteria($tableName, $criteria) {
    // 条件を操作して最適化を施します
  }

  private function sqlParserOptimization(SQLSentence $sqlSentence): SQLSentence {
    // SQL を文字列としてパースし、正規表現を多用してクエリを最適化します
    // しかし、この処理自体が非常に重く、最適化の効果を相殺してしまうことがわかりました
    // ただ、多大な労力をかけて作成したため、念のために残しています
  }
}
```

未使用のコードを除去すると、以下のようになります。

```
final class DatabaseQueryOptimizer {

  public function selectWithCriteria($tableName, $criteria) {
    // 条件を操作して最適化を施します
  }
}
```

ミューテーションテスト（「レシピ 5.1　var の const への変更」を参照）を使用して、未使用コードを削除した際にテストが失敗しないか確認できます。この方法を信頼するには、十分なテストカバレッジが必要です。未使用コードは常に問題となるため、テスト駆動開発（「レシピ 4.8　不要な属性の除去」を参照）などの現代的な開発手法を用いて、すべてのコードが実際に使用されていることを確認することが重要です。

関連するレシピ

- レシピ 10.9　ポルターガイストオブジェクトの除去
- レシピ 12.1　デッドコードの除去

レシピ 16.7　ドメインオブジェクトにおけるキャッシュの見直し

問題

パフォーマンス向上のためにキャッシュを導入したが、それに伴う複雑さや保守性の問題が考慮されていない場合。

解決策

キャッシュの必要性と影響を十分に評価するまでは、シンプルな実装を維持しましょう。

考察

キャッシュ

キャッシュは、頻繁にアクセスされるコストのかかるリソースからのデータを一時的に高速アクセスが可能な場所に保存することで、ソフトウェアのパフォーマンスを改善するための手法です。これにより、データベースやファイルシステムなどの遅いリソースへのアクセスを減らし、アプリケーションの応答性を向上させることができます。

キャッシュは、パフォーマンス問題を解決する強力なツールですが、同時に複雑さも増加させます。キャッシュは実世界には直接対応する概念がないため、ドメインモデルを複雑にする可能性があります。また、キャッシュの更新や無効化の管理は難しく、しばしば開発者に過小評価されます。キャッシュの存在により、コードの挙動が非決定的になり、テストや保守が困難になることがあります。さらに、キャッシュを適切に実装するには、慎重なカプセル化が必要です。キャッシュの導入を検討する際は、まず実際のパフォーマンス測定結果に基づいてその必要性を判断しましょう。キャッシュ導入に伴う複雑さと保守コストを十分に評価することも重要です。キャッシュ関連の問題は段階的に現れることが多いため、徐々に対応を進めていくことが有効です。実世界に対応するキャッシュの概念を見出せれば、それをモデル化することで理解しやすい実装ができる可能性があります。キャッシュを実装すると決定した場合は、すべての無効化シナリオに対するユニットテストを用意し、慎重に実装を進めることが重要です。

以下は、Book クラスに直接組み込まれたキャッシュの例です。

```
final class Book {

    private $cachedBooks;

    public function getBooksFromDatabaseByTitle(string $title) {
        if (!isset($this->cachedBooks[$title])) {
            $this->cachedBooks[$title] =
                $this->doGetBooksFromDatabaseByTitle($title);
        }
        return $this->cachedBooks[$title];
    }

    private function doGetBooksFromDatabaseByTitle(string $title) {
        return globalDatabase()->selectFrom('Books', 'WHERE TITLE = ' . $title);
    }
}
```

キャッシュ機能を Book クラスから分離し、別のクラスとして実装することで、責務をより明確に分けることができます。

```
final class Book {
    // 書籍に関連した処理のみ
}

interface BookRetriever {
    public function bookByTitle(string $title);
}

final class DatabaseLibrarian implements BookRetriever {
    public function bookByTitle(string $title) {
        // データベースから書籍を取得する処理
    }
}

final class HotSpotLibrarian implements BookRetriever {
    // 現実世界の概念を参考にした名前
    private $inbox;
    private $realRetriever;
```

```
    public function bookByTitle(string $title) {
        if ($this->inbox->includesTitle($title)) {
            // 最近返却された本のリストにある場合はそこから取得
            return $this->inbox->retrieveAndRemove($title);
        } else {
            return $this->realRetriever->bookByTitle($title);
        }
    }
}
```

このアプローチでは、ドメインオブジェクトとキャッシュ機能を適切に分離しています。キャッシュは機能的で、その目的に特化したものであるべきです。そうすることで、キャッシュデータの更新や無効化をより適切に管理できます。汎用的なキャッシュ機構は、オペレーティングシステムやファイルシステムなどの低レベルの機能に適していますが、ドメイン固有のオブジェクトには適していません。

関連するレシピ

- レシピ 13.6　オブジェクトのハッシュ値と等価性の適切な実装
- レシピ 16.2　早すぎる最適化の排除

レシピ 16.8　イベント処理における命名と実装の分離

問題

イベントハンドラの名前が、イベントの内容ではなく具体的な処理内容を示している場合。

解決策

イベントハンドラの名前は、起こったイベントの内容を反映させ、具体的な処理内容は名前に含めないようにしましょう。

考察

コールバックはオブザーバーデザインパターンに従っており、その目的はイベントとアクションの結合をなくすことです。このリンクを直接作成すると、コードの保守性が低下し、より実装に依存するものとなります。原則として、イベントには「何をすべきか」ではなく、「何が起こったか」に基づいて名前を付けるべきです。

以下は、イベントハンドラの名前が具体的な処理を示している例です。

```
const Item = ({name, handlePageChange}) =>
  <li onClick={handlePageChange}>
    {name}
  </li>
```

```
// handlePageChange という名前は、具体的な処理を示しており
// このコンポーネントの再利用性を低下させています
```

対して、以下の例ではイベントの内容に基づいた命名をしています。

```
const Item = ({name, onItemSelected}) =>
  <li onClick={onItemSelected}>
    {name}
  </li>

// onItemSelected はイベントの内容を示しています
// 具体的な処理は、このコンポーネントを使用する側で決定します
```

この問題を検出し、コードレビューの際にこのレシピを適用することができます。名前は非常に重要です。名前を決めるのは、できるだけ最後の段階まで遅らせるべきです。

イベントハンドラの命名は、コードの設計において重要な要素です。具体的な実装内容を示す名前は避け、イベントの本質を表す名前を選ぶようにしましょう。これにより、コードの柔軟性と再利用性が向上します。このような命名規則は、コードレビューの際に特に注意して確認しましょう。

オブザーバーデザインパターン

オブザーバーデザインパターンは、オブジェクト間の一対多の依存関係を定義します。このパターンでは、あるオブジェクト（サブジェクト）の状態が変更されると、それに関連する複数のオブジェクト（オブザーバー）に自動的に通知が行われます。この仕組みの特徴は、サブジェクトが個々のオブザーバーを直接知る必要がない点です。オブザーバーはイベントを「購読」し、サブジェクトは状態変更時にそのメッセージを「発行」します。

関連するレシピ

- レシピ 17.13　ユーザーインターフェースからのアプリケーションロジックの分離

レシピ 16.9　コンストラクタからのデータベースアクセスの分離

問題

コンストラクタ内でデータベースにアクセスしている場合。

解決策

コンストラクタの役割はオブジェクトの初期化に限定し、データベースアクセスなどの外部操作は別のメソッドで行いましょう。

考察

副作用を伴う操作は一般的に望ましくありません。また、永続化は偶発的な要素であり、MAPPER の概念としては存在しないため、データベースとビジネスオブジェクトを直接結びつけるべきではありません。本質的なビジネスロジックを、偶発的な要素である永続化から切り離す必要があります。永続化を担当するクラスでは、コンストラクタやデストラクタ以外のメソッドでクエリを実行するようにしてください。レガシーコードを扱う際には、しばしばデータベースがビジネスオブジェクトから適切に分離されていないことがあります。コンストラクタは副作用を持つべきではありません。単一責任の原則（「レシピ 4.7　文字列検証のオブジェクトとしての実装」を参照）に従い、コンストラクタは**有効な**オブジェクトを構築することのみに責任を持つべきです。

以下は、データベースを呼び出している Person クラスのコンストラクタの例です。

```
public class Person {
  int childrenCount;

  public Person(int id) {
    connection = new DatabaseConnection();
    childrenCount = connection.sqlCall(
      "SELECT COUNT(CHILDREN) FROM PERSON WHERE ID = " . id);
  }
}
```

データベースへのアクセスをコンストラクタから切り離すと以下のようになります。

```
public class Person {
  int childrenCount;

  public Person(int id, int childrenCount) {
    this.childrenCount = childrenCount;
    // コンストラクタで数を割り当てます
    // データベースとの偶発的な結合がなくなります
    // その結果このオブジェクトをテストできるようになります
  }
}
```

関心事の分離は重要な原則です。堅牢なソフトウェアを設計する際には、異なる機能や責務間の不適切な結合を最小限に抑えることが重要です（「レシピ 8.3　条件式内の不適切なコメントの除去」を参照）。

関連するレシピ

- レシピ 16.10　デストラクタからのコードの排除

レシピ16.10 デストラクタからのコードの排除

問題

デストラクタ内でリソースを解放するコードがある場合。

解決策

デストラクタの使用は避け、リソース管理のためのコードをデストラクタ内に書かないようにしましょう。

考察

デストラクタを使用すると、オブジェクトのライフサイクルとリソース管理が密接に結びつき、予期せぬ動作やメモリリークを引き起こす可能性があります。代わりに、ゼロの法則に従い、言語やランタイムが提供するメモリ管理機能（ガベージコレクション）を活用しましょう。デストラクタは、オブジェクトが不要になった時に自動的に呼び出されるメソッドです。過去の仮想マシンではガベージコレクションが一般的ではなく、デストラクタでファイルやメモリなどのリソースを明示的に解放する必要がありました。しかし、現代の多くのプログラミング言語では、オブジェクトの破棄とリソースの解放が自動化されています。

ゼロの法則

ゼロの法則は、プログラミング言語や既存のライブラリが自動で行える処理については、開発者が明示的にコードを書くべきではないという考え方です。自動的に処理できる機能は、既存の仕組みに任せるべきです。

以下の例では、ファイルリソースをデストラクタ内で解放しています。

```
class File {
public:
    File(const std::string& filename) {
        file_ = fopen(filename.c_str(), "r");
    }
    ~File() {
        if (file_) {
            fclose(file_);
        }
    }

private:
    FILE* file_;
};
```

デストラクタに警告を追加して、Fileがまだ開いているかどうかを確認してみましょう。

```
class File {
public:
    File() : file_(nullptr) {}

    bool Open(const std::string& filename) {
        if (file_) {
            fclose(file_);
        }
        file_ = fopen(filename.c_str(), "r");
        return (file_ != nullptr);
    }

    bool IsOpen() const {
        return (file_ != nullptr);
    }

    void Close() {
        if (file_) {
            fclose(file_);
            file_ = nullptr;
        }
    }

    ~File() {
        // デストラクタ呼び出し時にファイルが閉じられていない場合、
        // これはプログラムの不具合を示すため、例外を投げます
        if (file_) {
            throw std::logic_error(
                "デストラクタ呼び出し時にファイルが未だに開かれています");
        }
    }

private:
    FILE* file_;
};
```

多くの言語では、リソースを適切に解放するための専用のインターフェースが用意されています。例えば、Javaの`Closable`やC#の`Disposable`インターフェースがこれにあたります。リソースの解放が必要な場合は、これらのインターフェースを使用することをお勧めします。

リンタを使用すれば、デストラクタ内にコードが書かれている場合に警告を出すことができます。ただし、特定の状況ではデストラクタの使用が正当化される場合があります。例えば、極めて高性能が要求される低レベルのコードでは、ガベージコレクタのわずかなパフォーマンスオーバーヘッドさえ許容できない場合があります。また、リアルタイムシステムでは、ガベージコレクタの不定期な実行がシステムの応答性に影響を与える可能性があるため、デストラクタの使用が必要になることがあります。しかし、これらの特殊なケースを除いて、デストラクタ内にコードを書くことは多くの場合、早すぎる最適化の兆候です。代わりに、オブジェクトのライフサイクルを適切に理解し、リソースの管理を明示的に行うことが重要です。

ガベージコレクタ

ガベージコレクタは、プログラミング言語によってメモリ割り当てと解放を自動的に管理するために使用されます。プログラムでもはや使用されないオブジェクトをメモリから特定し、削除することで、使用されていたメモリを解放します。

関連するレシピ

- レシピ16.9　コンストラクタからのデータベースアクセスの分離

17章
結合

一方の変更が他方の変更を引き起こす可能性がある場合、ソフトウェアシステムの２つの部分は結合している。

— Neal Ford 他著、『Software Architecture: The Hard Parts』（邦訳『ソフトウェアアーキテクチャ・ハードパーツ』オライリー・ジャパン）

はじめに

結合度は、オブジェクト間の相互依存の度合いを表します。結合度が高いと、あるオブジェクトでの変更が他のオブジェクトに大きな影響を与えることを意味しますが、結合度が低いとオブジェクトは比較的独立しており、１つのオブジェクトの変更が他のオブジェクトにほとんど影響を与えないことを意味します。結合度が高い状態では、ソフトウェアに変更を加える際に意図しない結果を引き起こしやすくなります。大規模なソフトウェアシステムにおける多くの作業は、偶発的な結合度を低減させるためのものです。結合度が高いシステムは理解や保守が難しく、オブジェクト間の相互作用が複雑になり、変更がコードベース全体に波及効果を引き起こします。複雑であっても望ましい特性を備えたシステムは魅力的に見えることがありますが、結合度の高いシステムの保守は悪夢になりかねません。

レシピ 17.1　隠された前提の明確化

問題

明示されていない暗黙の了解や想定を含むコードがあり、それらがシステムの振る舞いに影響を及ぼしている場合。

解決策

コードを明示的に保ちましょう。

考察

ソフトウェアは契約に基づいて設計されるべきであり、あいまいな契約は開発者にとって大きな問題となります。隠された前提とは、コード内で明示的に述べられていない暗黙の了解や想定のことです。これらの暗黙の了解や想定は、明示されていなくてもコード内に存在し、ソフトウェアの振る舞いに予期せぬ影響を与える可能性があります。不完全な要件、ユーザーや環境についての誤った仮定、プログラミング言語やツールの制限、誤った偶発的な決定など、様々な要因が暗黙の了解や想定を生み出します。

以下に、測定単位に関する誤った暗黙の了解の例を示します。

```
tenCentimeters = 10
tenInches = 10

tenCentimeters + tenInches
# 20
# この結果は何の単位を使うかという隠れた前提を考慮していません
# こういった単位の混同がマーズ・クライメイト・オービターの失敗の原因となりました
```

前提を明示することで、単位の違いを早期に検出し、適切な単位変換を行うことができます。

```
class Unit:
    def __init__(self, name, symbol):
        self.name = name
        self.symbol = symbol

class Measure:
    def __init__(self, scalar, unit):
        self.scalar = scalar
        self.unit = unit

    def __str__(self):
        return f"{self.scalar} {self.unit.symbol}"

centimetersUnit = Unit("centimeters", "cm")
inchesUnit = Unit("inches", "in")

tenCentimeters = Measure(10, centimetersUnit)
tenInches = Measure(10, inchesUnit)

tenCentimeters + tenInches
# この演算は異なる単位を扱うため、エラーとなります
# 正しく処理するには、単位変換が必要です
# 例：インチからセンチメートルへの変換式：センチメートル = インチ × 2.54
```

暗黙の前提は見つけにくいものであり、不具合やセキュリティ脆弱性、使い勝手の問題につながることがあります。これらのリスクを軽減するためには、前提となる仮定やバイアスを意識するこ

とが重要です。利用者と交流を持って彼らのニーズや期待を理解し、ソフトウェアを様々な状況で実際に動作させてテストを行い、想定外の使用方法や極端な入力値に対する振る舞いを確認してください。これにより、暗黙の前提や予期せぬ問題点を発見することができます。

関連するレシピ

- レシピ 6.8　マジックナンバーの定数での置き換え

関連項目

- 「2.8　唯一無二のソフトウェア設計原則」の「マーズ・クライメイト・オービター」

レシピ 17.2　シングルトンの置き換え

問題

シングルトンを使っている場合。

解決策

シングルトンは多くの問題を引き起こす可能性があり、開発者コミュニティの多くはシングルトンをアンチパターンと考えています。それらを、使用する場面に応じて適切に生成される単一のオブジェクトに置き換えましょう。

考察

シングルトンは、プログラム全体に影響を及ぼす結合と、早すぎる最適化の典型例です（16 章を参照）。シングルトンはテストの実施を困難にし、クラス間の密結合を引き起こし、マルチスレッド環境で問題を起こします。過去には、多くの開発者がシングルトンを、データベースへのアクセス、設定の管理、環境変数の取り扱い、ログ出力など、プログラム全体から参照される共通機能を提供するために使用していました。

以下に、シングルトンパターンの典型的な実装例を示します。この例では、一神教の概念を模して God クラスを唯一のインスタンスとして扱っています。

```
class God {
    private static $instance = null;

    private function __construct() {
    }

    public static function getInstance() {
        if (null === self::$instance) {
            self::$instance = new self();
        }
```

```
        return self::$instance;
    }
}
```

代わりに、使用する状況に応じて適切に設計されたオブジェクトを使用することができます。

```
interface Religion {
    // 宗教に共通する振る舞いを定義します
}

final class God {
    // 異なる宗教には異なる信仰があります
}

final class PolytheisticReligion implements Religion {
    private $gods;

    public function __construct(Collection $gods) {
        $this->gods = $gods;
    }
}

final class MonotheisticReligion implements Religion {
    private $godInstance;

    public function __construct(God $onlyGod) {
        $this->godInstance = $onlyGod;
    }
}

// キリスト教など一部の宗教では、神は 1 人だけです
// しかし、これはすべての宗教に当てはまるわけではありません

$christianGod = new God();
$christianReligion = new MonotheisticReligion($christianGod);
// この一神教の文脈では、神は 1 人だけです
// 新しい神を作ったり、既存の神を変更したりすることはできません

$jupiter = new God();
$saturn = new God();
$mythologicalReligion = new PolytheisticReligion([$jupiter, $saturn]);
// 多神教の文脈では、複数の神が存在します

// この設計により、宗教の種類に応じて神の唯一性を柔軟に表現できます。
// また、テスト時に様々な宗教や神の設定を簡単に作成できます。
// God クラスへの直接的な依存がなくなり、結合度が低くなります。
// God クラスの役割は単に神のインスタンスを作ることだけで、
// 管理は各宗教クラスが行います。
```

シングルトンパターンの使用を防ぐために、`getInstance()` のような特徴的なメソッド名を検

出するリンタルールを設定することができます。これにより、新しく参加した開発者が意図せずにこのアンチパターンを使用することを防ぐことができます。**表17-1** では、シングルトンパターンに関連する一般的な問題点をまとめています。

表17-1　シングルトンパターンに関する既知の問題

問題	説明
全単射性の欠如	シングルトンは現実世界に直接対応する概念ではありません。
密結合	分離が困難なグローバルなアクセスポイントを提供します。
偶発的な実装	実装の詳細に過度に依存し、現実世界の振る舞いを適切に模倣していません。
テストが困難	シングルトンの存在により、ユニットテストの作成が困難になります。
非効率なメモリ使用	現代のガベージコレクタは、永続的なオブジェクトよりも一時的なオブジェクトを効率的に管理します。
依存性注入の阻害	コンポーネント間の依存関係の分離が困難になります。
インスタンス化の契約違反	クラスにインスタンス生成を要求しても、新しいオブジェクトは返されません。
フェイルファスト原則の違反	新しいインスタンスを要求された場合には即座に失敗すべきです。
実装への依存	`new()` の代わりに `getInstance()` を使用する必要があり、実装の詳細に依存します。
テスト駆動開発の適用が困難	テスト駆動開発の実践において、結合度の高さが障害となります。
文脈依存の一意性	一意なオブジェクトであるという概念は一定のスコープ内に依存するべきであり、グローバルに適用すべきではありません。
並行処理の問題	多くのシングルトンはスレッドセーフでなく、予期せぬ動作を引き起こします。
状態の蓄積	複数のテスト実行により、シングルトンに不要なデータが蓄積されます。
単一責任原則の違反	クラスの責任がインスタンス生成と管理の両方に及び、責任が不明確になります。
グローバル状態の乱用	シングルトンが便利なグローバル参照点となり、不適切な使用を招きます。
依存関係の連鎖	シングルトン間の複雑な依存関係が形成され、管理が困難になります。
柔軟性の欠如	一度作成されたシングルトンオブジェクトの変更や置換が困難です。
ライフサイクル管理の複雑さ	シングルトンのライフサイクル管理は難しく、リソース管理の問題を引き起こす可能性があります。

関連するレシピ

- レシピ 10.4　コードからの過度な技巧の除去
- レシピ 12.5　過剰なデザインパターンの見直し

レシピ 17.3　ゴッドオブジェクトの分割

問題

物事を知りすぎていたり、過剰な機能を持つオブジェクトがある場合。

解決策

1 つのオブジェクトに多くの責務を割り当てないようにしましょう。

考察

ゴッドオブジェクト

ゴッドオブジェクトは過剰な責務を持ち、システム全体に対して過度な影響力を持ちます。こういったオブジェクトは通常、大きく複雑で、多量のコードとロジックを含んでいます。この状況は単一責任の原則（「レシピ 4.7 文字列検証のオブジェクトとしての実装」を参照）や関心事の分離原則（「レシピ 8.3 条件式内の不適切なコメントの除去」を参照）に反します。ゴッドオブジェクトはソフトウェアアーキテクチャのボトルネックになる傾向があり、システムの保守、拡張、テストを困難にします。

ゴッドオブジェクトは凝集度が低く、多くのコンポーネントとの密結合や、複数の開発者による同時編集の際の衝突など、保守性に関する問題を引き起こします。また、実世界のエンティティよりも多くの責務を持つことで、全単射の原則にも反しています。単一責任の原則を守り、責務を分割する必要があります。例えば、多くの機能を1つのクラスに詰め込んだ古い設計のソフトウェアライブラリなどが該当します。

以下にゴッドオブジェクトの一例を示します。

```
class Soldier {
  run() {}
  fight() {}
  driveGeneral() {}
  clean() {}
  fire() {}
  bePromoted() {}
  serialize() {}
  display() {}
  persistOnDatabase() {}
  toXML() {}
  jsonDecode() {}

  // ...
}
```

代わりに、兵士という概念に直接関連する基本的な機能だけを残し、他の機能は別のクラスに分割しましょう。

```
class Soldier {
  run() {}
  fight() {}
  clean() {}
}
```

Soldier クラスから切り離した他の機能は、それぞれの目的に特化した別のクラスとして実装します。なお、クラスの複雑さを検出するために、リンタを使用できます。リンタはクラス内のメソッド数をカウントし、一定の数を超えた場合にゴッドオブジェクトの可能性があると警告を出すことができます。ただし、システム全体の入り口として機能するファサードパターンを使用する場合は例外です。ファサードは意図的に多くの機能へのアクセスを提供するため、一見するとゴッドオブジェクトのように見えることがあります。かつてのプログラミングでは、多機能な単一のライブラリを作成することが一般的でした。しかし、現代のオブジェクト指向プログラミングでは、機能を複数の小さなオブジェクトに分散させ、それぞれが特定の責務を持つようにします。

ファサードパターン

ファサードデザインパターンは、複雑なシステムやサブシステムに対して単純化されたインターフェースを提供します。これはシステムの複雑さを隠し、クライアントが使用するためのよりシンプルなインターフェースを提供するために使用されます。また、クライアントとサブシステムの間で仲介のような役割を果たし、クライアントがサブシステムの実装の詳細から隔離されるようにします。

複数の定数をまとめて定義するクラスは、ゴッドオブジェクトの一種として問題になることがあります。これらのクラスは凝集度が低く、結合度が高く、単一責任の原則に違反しています（「レシピ 4.7　文字列検証のオブジェクトとしての実装」を参照）。以下は、異なる分野の定数を 1 つのクラスにまとめている例です。

```
public static class GlobalConstants
{
    public const int MaxPlayers = 10;
    public const string DefaultLanguage = "en-US";
    public const double Pi = 3.14159;
}
```

上記のコードをより小さなクラスに分割し、それぞれに関連する振る舞いを追加しましょう。

```
public static class GameConstants
{
    public const int MaxPlayers = 10;
}

public static class LanguageConstants
{
    public const string DefaultLanguage = "en-US";
}

public static class MathConstants
{
    public const double Pi = 3.14159;
```

```
}
```

ソフトウェア設計において、各コンポーネントの適切な責務を決定することは重要な作業です。定数の定義についても同様で、関連性のある定数をグループ化し、適切なクラスに配置することが望ましいです。このような設計の質を保つため、リンタを使用して、1つのクラス内の定数の数が多すぎる場合に警告を出すよう設定することができます。

関連するレシピ

- レシピ6.8 マジックナンバーの定数での置き換え
- レシピ10.2 設定/コンフィグおよび機能フラグの削除
- レシピ11.6 多すぎる属性の分割
- レシピ17.4 関連性のない責務の分離

レシピ17.4 関連性のない責務の分離

問題

クラス内のある機能を変更する際に、それとは無関係な別の機能も同時に修正する必要が生じる場合。

解決策

クラスはただ1つの責務を持ち、変更の理由も1つだけであるべきです。複数の責務が混在しているクラスは分割しましょう。

考察

複数の責務が混在したクラスは、一般的に凝集度が低く、他のクラスとの結合度が高くなります。また、異なる責務が混在しているため、同じようなコードが複数箇所に書かれがちです。これらのクラスは単一責任の原則に違反しています（「レシピ4.7 文字列検証のオブジェクトとしての実装」を参照）。クラスは特定の責務を果たすために作成されます。クラスが多くの機能を持つ場合、それぞれの機能が独立して変更される可能性が高くなります。そういった場合には、クラスを分割して別々のクラスとして実装すべきです。

次の例では、Webpageオブジェクトの責務が多すぎます。

```
class Webpage {
  renderHTML() {
    this.renderDocType();
    this.renderTitle();
    this.renderRssHeader();
    this.renderRssTitle();
```

```
    this.renderRssDescription();
    this.renderRssPubDate();
  }
  // RSS の形式は今後変更される可能性があります
}
```

責務を適切に分割した場合、以下のようになります。

```
class Webpage {
  renderHTML() {
    this.renderDocType();
    this.renderTitle();
    (new RSSFeed()).render();
  }
  // HTML レンダリング方式は今後変更される可能性があります
}

class RSSFeed {
  render() {
    this.renderDescription();
    this.renderTitle();
    this.renderPubDate();
    // ...
  }
  // RSS の形式は今後変更される可能性があります
}
```

リンタを使用して、過度に大きなクラスを自動的に検出したり、クラスの変更履歴を追跡したりすることができます。クラスは単一責任の原則に従うべきです（「レシピ 4.7　文字列検証のオブジェクトとしての実装」を参照）。クラスの変更理由は 1 つだけであるべきです。もし複数の独立した理由で変更が必要になる場合、そのクラスは責務を持ちすぎていると考えられます。

関連するレシピ

- レシピ 11.5　過度なメソッドの削除
- レシピ 11.6　多すぎる属性の分割
- レシピ 11.7　import のリストの削減
- レシピ 17.3　ゴッドオブジェクトの分割

関連項目

- Refactoring Guru、「Divergent Change」（https://oreil.ly/Kvubl）

レシピ 17.5　無効なデータを特殊な値で表すことの回避

問題

無効な ID を示すために INT_MAX のような定数を使用し、その値には決して到達しないだろうと考えている場合。

解決策

有効なデータと無効なデータを同じ型や範囲で表現しないようにしましょう。

考察

有効なデータの範囲内で無効なデータを表現することは、全単射の原則に違反します。例えば、非常に大きな数値を無効な ID として使用すると、実際のデータがその値に達する可能性があり、問題が発生します。また、null を無効な ID として使用することも避けるべきです。null を使用すると、そのデータを扱う関数で null チェックが必要となり、コードの複雑性を増加させます。特殊なケースは、専用のクラスやオブジェクトを使用してモデル化すべきです（「レシピ 14.14　非ポリモーフィック関数からポリモーフィック関数への変換」を参照）。9999、-1、0 などの特定の数値を特殊な意味で使用することも避けるべきです。これらの値は通常のデータとしても使用される可能性があり、コードの意図を不明確にします。コンピューティングの初期の頃は、データ型の使用が厳格でした。しかし、後に「10 億ドルの過ち」と呼ばれる null の導入以降（null については 15 章を参照）、特殊な状況を表現するために特殊な値を使用する慣行が広まりました。この方法は多くの問題を引き起こす可能性があります。

次の例では、無効なデータを表すために特定の数値（9999）を使用しています。

```
#define INVALID_VALUE 9999

int main(void)
{
  int id = get_value();
  if (id == INVALID_VALUE)
  {
    return EXIT_FAILURE;
    // id が有効かどうかのフラグとしての役割と、有効な
    // 値としての役割の両方を持ってしまっています
  }
  return id;
}

int get_value()
{
  // 何か悪いことが起こりました
  return INVALID_VALUE;
}
```

```
// EXIT_FAILURE (1) を返します
```

特定の数値（9999）を使用する代わりに、エラーを示す別の方法を使用した例を以下に示します。

```
int main(void)
{
  int id = get_value();
  if (id < 0)
  {
    printf("Error: 値の取得に失敗しました。\n");
    return EXIT_FAILURE;
  }
  return id;
}

int get_value()
{
  // 何か悪いことが起こりました
  return -1;  // エラーを示すために負の値を返します
}
```

使用しているプログラミング言語が例外をサポートしていれば（22 章を参照）、さらに改善できます。

```
// INVALID_VALUE は定義されていません

int main(void)
{
  try {
    int id = get_value();
    return id;
  } catch (const char* error) {
    printf("%s\n", error);
    return EXIT_FAILURE;
  }
}

int get_value()
{
  // 何か悪いことが起こりました
  throw "Error: 値の取得に失敗しました。";
}

// EXIT_FAILURE (1) を返します
```

システム外部と連携するための ID を扱う際、それらは通常、プログラム内で数値や文字列として表現されます。しかし、そのデータが存在しない場合や無効な場合、特定の数値や文字列を使ってそれを表現するのは避けるべきです。

関連するレシピ

- レシピ 15.1　Null オブジェクトの作成
- レシピ 25.2　連番 ID の置き換え
- レシピ 15.5　未知の位置情報の null 以外による表現

レシピ 17.6　散弾銃型変更の解消

問題

単一の機能変更がソフトウェア内の複数箇所でコード修正を必要とする場合。

解決策

変更の影響範囲を限定し、コードの重複を避ける DRY（Don't Repeat Yourself）原則に従いましょう（「レシピ 4.7　文字列検証のオブジェクトとしての実装」を参照）。

散弾銃型変更

散弾銃型変更は、システムのある部分を変更すると、それに伴って多くの他の部分も変更しなければならない状況を指します。これは、システムの各部分が密接に結びついており、一箇所の変更が広範囲に影響を及ぼす場合に発生します。散弾銃から発射された多数の弾丸が広範囲に散らばるように、1 つの変更が多くの箇所に影響を与えることからこう呼ばれています。

考察

クラスやモジュールの責務の分担が適切でない場合や、同じようなコードが複数箇所に存在する場合、現実世界のビジネスロジックの小さな変更でも、システム全体に大きな影響を与えることがあります。これは、2 章で説明した現実世界とプログラムの全単射が崩れている状態を示しています。多くの場合、この問題はコードのコピーアンドペーストが繰り返された結果として発生します。

以下は、重複したコードを含む典型的な例です。このコードに変更を加える必要があるとしましょう。

```
final class SocialNetwork {

    function postStatus(string $newStatus) {
        if (!$user->isLogged()) {
            throw new Exception('ユーザーがログインしていません');
        }
        // ...
    }
```

```
    function uploadProfilePicture(Picture $newPicture) {
        if (!$user->isLogged()) {
            throw new Exception('ユーザーがログインしていません');
        }
        // ...
    }

    function sendMessage(User $recipient, Message $messageSend) {
        if (!$user->isLogged()) {
            throw new Exception('ユーザーがログインしていません');
        }
        // ...
    }
}
```

重複したロジックを一箇所にまとめると、次のようになります。

```
final class SocialNetwork {

    function postStatus(string $newStatus) {
        $this->assertUserIsLogged();
        // ...
    }

    function uploadProfilePicture(Picture $newPicture) {
        $this->assertUserIsLogged();
        // ...
    }

    function sendMessage(User $recipient, Message $messageSend) {
        $this->assertUserIsLogged();
        // ...
    }

    function assertUserIsLogged() {
        if (!$this->user->isLogged()) {
            throw new Exception('ユーザーがログインしていません');
            // これは簡略化した例です
            // 実際の運用では、このチェックは前提条件を含む別のオブジェクトとして実装して
            // より柔軟に対応できるようにすべきです。
        }
    }
}
```

最新のリンタや AI を活用したコード生成ツールは、単純な文字列の一致だけでなく、類似したコードパターンも検出できます。また、人間によるコードレビューでもこのような重複は比較的容易に発見でき、リファクタリングを提案することができます。適切にモデル化されたシステムでは、現実世界の概念と 1 対 1 に対応し、各クラスの責務が明確に定義されているため、新機能の追

加が容易になります。一方で、小さな変更が複数のクラスに影響を及ぼす場合は、設計に問題がある可能性があるので注意が必要です。

レシピ17.7 オプション引数の排除

問題

メソッドや関数にオプション引数がある場合。

解決策

オプション引数は、コードを簡潔にする目的で使用されますが、隠れた結合を生み出してしまいます。

考察

オプション引数を使用すると、メソッドの呼び出し側が偶発的なオプション値と結びつくことになり、予想外の結果や副作用、波及効果を引き起こす可能性があります。基本的なデータ型のみをオプション引数としてサポートする言語では、引数が渡されたかどうかを判定するためにフラグを設定したり、追加の条件分岐が必要になります。これらの問題を解決するには、引数を明示的に指定し、言語がサポートしている場合は**名前付き引数**を使用しましょう。

以下のコードでは、バリデーションポリシーがオプション引数として扱われています。

```
final class Poll {

    function __construct(
        array $questions,
        bool $anonymousAllowed = false,
        $validationPolicy = 'Normal') {

        if ($validationPolicy == 'Normal') {
            $validationPolicy = new NormalValidationPolicy();
        }
        // ...
    }
}

// 有効
new Poll([]);
new Poll([], true);
new Poll([], true, new NormalValidationPolicy());
```

引数を明示的に指定することで、暗黙の前提をなくすことができます。

```
final class Poll {

    function __construct(
        array $questions,
        AnonymousStrategy $anonymousStrategy,
        ValidationPolicy $validationPolicy) {
        // ...
    }
}

// 無効
new Poll([]);
new Poll([], new AnonymousInvalidStrategy());
new Poll([], , new StrictValidationPolicy());

// 有効
new Poll([], new AnonymousInvalidStrategy(), new StrictValidationPolicy());
```

プログラミング言語がオプション引数をサポートしている場合、このようなパターンを見つけるのは容易です。コードを書く際は、常に明示的な記述を心がけ、短くて結合度の高い関数呼び出しよりも、可読性の高いコードを優先すべきです。

関連するレシピ

- レシピ 17.10 デフォルト引数の末尾への移動
- レシピ 21.3 警告オプションとストリクトモードの常時有効化

レシピ 17.8 フィーチャーエンヴィの防止

問題

あるオブジェクトが別のオブジェクトのメソッドを過度に利用している場合。

解決策

依存関係を断ち切り、振る舞いを適切に再構成しましょう。

フィーチャーエンヴィ

フィーチャーエンヴィは、あるオブジェクトが自身の振る舞いよりも他のオブジェクトの機能に過度に関心を持ち、他のオブジェクトのメソッドを頻繁に利用する状況を指します。

考察

フィーチャーエンヴィは、大きな依存関係と結合を生み出し、コードの再利用性やテスト容易性を損ないます。これは通常、責務の割り当てが不適切であることの兆候です。MAPPER の原則に従って適切な責務を見極め、メソッドを適切なクラスに移動させる必要があります。

以下の候補者（Candidate）クラスでは、職位の住所を表示するメソッドを定義しています。

```
class Candidate {
  void printJobAddress(Job job) {
    System.out.println("こちらがこの職位の住所です");
    System.out.println(job.address().street());
    System.out.println(job.address().city());
    System.out.println(job.address().zipCode());
  }
}
```

しかし、住所を表示する責務は、本来職位（Job）クラスに属しています。

```
class Job {

  void printAddress() {
    System.out.println("こちらがこの職位の住所です");
    System.out.println(this.address().street());
    System.out.println(this.address().city());
    System.out.println(this.address().zipCode());
    // この住所表示の責務を、Address クラスに直接移動することも検討できます！
    // 特定の職位に関連する住所情報は、荷物の追跡などで重要になる場合があります
  }
}

class Candidate {
  void printJobAddress(Job job) {
    job.printAddress();
  }
}
```

次に、長方形の面積を外部の関数で計算している別の例を見てみましょう。

```
function area(rectangle) {
  return rectangle.width * rectangle.height;
  // 同じオブジェクトに対して連続してメッセージを送信
  // して計算を行っていることに着目しましょう
}
```

関心事の分離の原則を適用すると、以下のようになります。

```
class Rectangle {
    constructor(width, height) {
        this.height = height;
        this.width = width;
    }
    area() {
```

```
        return this.width * this.height;
    }
}
```

一部のリンタは、あるオブジェクトが別のオブジェクトのメソッドを連続して呼び出しているパターンを検出できます。

関連するレシピ

- レシピ 3.1　貧血オブジェクトのリッチオブジェクトへの変換
- レシピ 6.5　責務の適切な再配置
- レシピ 14.15　オブジェクトの等価性の比較の改善
- レシピ 17.16　クラス間の過度な依存関係の解消

レシピ 17.9　中間者の排除

問題

不必要な間接参照を作り出す**中間者**オブジェクトを持っている場合。

解決策

中間者オブジェクトを取り除きましょう。

考察

中間者オブジェクトはデメテルの法則を破り（「レシピ 3.8　ゲッターの除去」を参照）、コードの複雑さを増し、不必要な間接参照を生み出します。さらに、実質的な機能を持たない空のクラスを作り出すこともあります。これらの問題を避けるため、中間者オブジェクトは取り除くべきです。以下に具体例を示します。クライアントが住所を持ち、その住所が郵便番号を持つという構造があるとします。この場合、Address クラスが中間者となっており、単に郵便番号を返すだけの貧弱なモデルとなっています。

```
public class Client {
    Address address;
    public ZipCode zipCode() {
        return address.zipCode();
    }
}

public class Address {
    // 中間者
    private ZipCode zipCode;
```

```
    public ZipCode zipCode() {
        return new ZipCode('CA90210');
    }
}

public class Application {
    ZipCode zipCode = client.zipCode();
}
```

次の例では、クライアントが住所を公開しています。

```
public class Client {
    public ZipCode zipCode() {
        // 郵便番号をこのクラス内で保持することも可能です
        return new ZipCode('CA90210');
    }
}

public class Application {
    ZipCode zipCode = client.zipCode();
}
```

この中間者を排除するパターンは、「レシピ 10.6 長く続くメソッド呼び出しの連鎖の分割」で扱った問題の逆のケースと言えます。どちらの問題も、コードの構造を解析することで検出可能です。

関連するレシピ

- レシピ 10.6 長く続くメソッド呼び出しの連鎖の分割
- レシピ 10.9 ポルターガイストオブジェクトの除去
- レシピ 19.9 振る舞いのないクラスの除去

関連項目

- Refactoring.com、「Remove Middle Man」(https://oreil.ly/9muMn)
- C2 Wiki、「Middle Man」(https://oreil.ly/gO_Xu)

レシピ 17.10 デフォルト引数の末尾への移動

問題

引数リストの途中にデフォルト引数がある場合。

解決策

関数のシグネチャは、誤用されにくい設計にすべきです。デフォルト引数はなるべく使用しないようにしましょう（「レシピ 17.7　オプション引数の排除」を参照）。ただし、デフォルト引数が必要な場合は、必須の引数をすべてデフォルト引数より前に配置してください。

考察

デフォルト引数は予期しない動作を引き起こす可能性があり、これはフェイルファストの原則に反します。また、引数の順序を慎重に考慮する必要があるため、コードの可読性も低下します。このような問題を避けるため、デフォルト引数は引数リストの最後に配置するか、「レシピ 17.7　オプション引数の排除」のレシピを適用して完全に除去することを検討してください。

以下は、必須引数（`$model`）の前にデフォルト引数（`$color`）を配置した問題のある例です。

```
function buildCar($color = "red", $model) {
  //...
}
// 最初の引数がデフォルト値を持っています

buildCar("Volvo");
// 実行時エラー：Too few arguments to function buildCar()
```

デフォルト引数を関数の末尾に移動することで、この問題を解決できます。

```
function buildCar($model, $color = "Red"){...}

buildCar("Volvo");
// 期待通りに動作します

def functionWithLastOptional(a, b, c='foo'):
    print(a)
    print(b)
    print(c)

functionWithLastOptional(1, 2) // 1, 2, foo を出力

def functionWithMiddleOptional(a, b='foo', c):
    print(a)
    print(b)
    print(c)

functionWithMiddleOptional(1, 2)
# SyntaxError: non-default argument follows default argument
```

多くのリンタは、関数のシグネチャを解析することでこのルールを自動的にチェックできます。実際、多くのプログラミング言語のコンパイラは、必須引数の前にデフォルト引数を配置することを禁止しています。関数を定義する際は、この点に注意を払い、呼び出し側のコードとデフォルト引数の間に不要な依存関係が生じないようにしましょう。

関連するレシピ

- レシピ 9.5 引数の順序の統一
- レシピ 17.7 オプション引数の排除

関連項目

- Sonar Source、「Method Arguments with Default Values Should Be Last」(https://oreil.ly/3gOaE)

レシピ 17.11 波及効果の回避

問題

コードに小さな変更を加えた結果、予期しない問題が多数発生してしまう場合。

解決策

小さな変更が広範囲に影響を及ぼす場合は、システムのコンポーネント間の依存関係を減らしましょう。

考察

波及効果は、本書の多くのレシピを使用して対処できる問題です。波及効果を最小限に抑えるためには、まず既存の機能に対して十分なテストを用意し、変更による影響を即座に検出できるようにすることが重要です。次に、変更が必要な部分を特定し、それをリファクタリングによって他の部分から切り離します。これらのステップを踏むことで、変更の影響範囲を限定し、システム全体の安定性を保つことができます。

以下は、システムの現在時刻を取得するメソッドを持つ、問題のある Time クラスの例です。

```
class Time {
  constructor(hour, minute, second) {
    this.hour = hour;
    this.minute = minute;
    this.second = second;
  }
  now() {
    // オペレーティングシステムを呼び出して現在時刻を取得します
  }
}

// now() メソッドをタイムゾーンに対応するよう変更すると、
// システム全体に影響が及ぶ可能性があります。
```

now() メソッドは特定の文脈(タイムゾーンなど)がないと意味をなさないため、削除しましょう。

```
class Time {
  constructor(hour, minute, second, timezone) {
    this.hour = hour;
    this.minute = minute;
    this.second = second;
    this.timezone = timezone;
  }
  // 文脈がないと無効であるので now() を削除しました
}

class RelativeClock {
  constructor(timezone) {
    this.timezone = timezone;
  }
  now(timezone) {
    var localSystemTime = this.localSystemTime();
    var localSystemTimezone = this.localSystemTimezone();
    // タイムゾーンを変換するための計算を行います
    // ...
    return new Time(..., timezone);
  }
}
```

このような問題を事前に検出するのは困難です。ただし、ミューテーションテスト（「レシピ 5.1 var の const への変更」を参照）や単一障害点の分析が有効な場合があります。レガシーシステムや密結合なシステムへの対処には様々なアプローチがありますが、問題が深刻化する前に対策を講じることが重要です。

単一障害点

単一障害点とは、システム内の特定のコンポーネントや部分で、その箇所が故障するとシステム全体が機能停止に陥るような重要な要素を指します。このような単一障害点に過度に依存したシステムは脆弱です。優れた設計では、重要な機能に冗長性を持たせることで、一部の障害がシステム全体の機能停止につながるような広範な影響（波及効果）を防ぎます。

関連するレシピ

- レシピ 10.6　長く続くメソッド呼び出しの連鎖の分割

レシピ 17.12　ビジネスオブジェクトからの偶発的なメソッドの削除

問題

ビジネスロジックを扱うオブジェクト（ドメインオブジェクト）に、データの保存、シリアライゼーション、表示、入出力、ログ記録などの副次的な機能が含まれている場合。

解決策

ビジネスロジックに直接関係しない機能は、すべてドメインオブジェクトから取り除きましょう。これらの機能は、ビジネスロジックとは異なる役割を持つため、別のオブジェクトとして実装すべきです。

考察

ビジネスロジックを扱うオブジェクトに副次的な機能を含めると、ソフトウェアの保守性と可読性が低下します。そのため、ビジネスの本質的な処理と、それ以外の偶発的な機能は明確に分離すべきです。具体的には、データの永続化、フォーマット、シリアライゼーションなどの機能を、それぞれ専用のオブジェクトに移動させましょう。一方で、ビジネスロジックの核心部分は、実世界の概念との対応関係（全単射）を保ちつつ、ドメインオブジェクト内に留めておきます。

以下は、本来の役割とは無関係な多くの機能が追加されたCarクラスの例です。車の本質的な機能以外は、別のクラスに分離すべきです。

```
class Car:

    def __init__(self, company, color, engine):
        self._company = company
        self._color = color
        self._engine = engine

    def goTo(self, coordinate):
        self.move(coordinate)

    def startEngine(self):
        ## エンジンを起動するためのコード
        self.engine.start()

    def display(self):
        ## 表示に関する処理は偶発的です
        print ('This is a', self._color, self._company)

    def to_json(self):
        ## シリアライズ処理は偶発的です
        return "json"

    def update_on_database(self):
        ## 永続化処理は偶発的です
        Database.update(self)

    def get_id(self):
        ## 識別子は偶発的です
        return self.id;
```

```
    def from_row(self, row):
        ## 永続化処理は偶発的です
        return Database.convertFromRow(row);

    def forkCar(self):
        ## 並行処理は偶発的です
        ConcurrencySemaphoreSingleton.get_instance().fork_cr(self)
```

これらの偶発的なメソッドを取り除いた結果は次のようになります。

```
class Car:

    def __init__(self,company,color,engine):
        self._company = company
        self._color = color
        self._engine = engine

    def goTo(self, coordinate):
        self.move(coordinate)

    def startEngine(self):
        ## エンジンを起動するためのコード
        self._engine.start()
```

メソッド名や変数名から、不適切な機能が含まれていることを自動的に検出するようなツールを作るのは困難です。ただし、多くの開発者が使用しているフレームワークの中には、ビジネスロジックとは直接関係のない機能（例えば、データベースの識別子の管理など）をオブジェクトに追加することを要求するものがあります。そのため、ビジネスロジック以外の機能がクラスに含まれているのを目にすることが多く、それが当たり前だと感じてしまうかもしれません。しかし、このような設計がもたらす影響や、オブジェクト間の不要な依存関係について、改めて考え直す必要があります。

レシピ 17.13　ユーザーインターフェースからのアプリケーションロジックの分離

問題

ユーザーインターフェース（UI）のコードで、データの検証やビジネスルールの処理を行っている場合。

解決策

データの検証やビジネスルールの処理は、バックエンドで行うようにしましょう。具体的には、これらの処理をドメインオブジェクトに実装しましょう。

考察

UIはアプリケーションの外部インターフェースであり、ビジネスロジックの本質的な部分ではありません。UIでビジネスルールの検証を行うと、セキュリティリスクが高まります。クライアントサイドでの検証は簡単に回避される可能性があるためです。また、同じ検証ロジックをUIとバックエンドの両方に実装する必要が生じ、コードの重複を招きます。さらに、UIとビジネスロジックが密接に結合すると、個別のテストが困難になり、APIやマイクロサービスへの展開も難しくなります。結果として、ドメインモデルが弱体化し、ビジネスロジックがUIに漏れ出すことで、ドメインオブジェクトが本来の役割を果たせなくなる可能性があります。将来的にシステムがAPIや外部サービスとして利用される可能性を考慮すると、データの検証はバックエンドで行い、その結果をUIに返す設計が望ましいです。

UIにビジネスロジックの検証を組み込んでしまっている問題のある例を以下に示します。

```
<script type="text/javascript">

function checkForm(form)
{
  if(form.username.value == "") {
    alert("エラー: ユーザー名を空欄にすることはできません！");
    form.username.focus();
    return false;
  }
  re = /^\w+$/;
  if(!re.test(form.username.value)) {
    alert("エラー: ユーザー名には文字、数字、アンダースコアのみを使用してください！");
    form.username.focus();
    return false;
  }

  if(form.pwd1.value != "" && form.pwd1.value == form.pwd2.value) {
    if(form.pwd1.value.length < 8) {
      alert("エラー: パスワードは少なくとも 8 文字以上である必要があります！");
      form.pwd1.focus();
      return false;
    }
    if(form.pwd1.value == form.username.value) {
      alert("エラー: パスワードはユーザー名と異なる必要があります！");
      form.pwd1.focus();
      return false;
    }
    re = /[0-9]/;
    if(!re.test(form.pwd1.value)) {
      alert("エラー: パスワードには少なくとも 1 つの数字（0-9）を含める必要があります！");
      form.pwd1.focus();
      return false;
    }
    re = /[a-z]/;
    if(!re.test(form.pwd1.value)) {
```

```
      alert("エラー: パスワードには少なくとも 1 つの小文字 (a-z) を含める必要があります");
      form.pwd1.focus();
      return false;
    }
    re = /[A-Z]/;
    if(!re.test(form.pwd1.value)) {
      alert("エラー: パスワードには少なくとも 1 つの大文字 (A-Z) を含める必要があります！");
      form.pwd1.focus();
      return false;
    }
  } else {
    alert("エラー: 確認用パスワードが入力されていることを確認してください！");
    form.pwd1.focus();
    return false;
  }

  alert("有効なパスワードが入力されました: " + form.pwd1.value);
  return true;
}

</script>

<form ... onsubmit="return checkForm(this);">
<p>ユーザー名： <input type="text" name="username"></p>
<p>パスワード： <input type="password" name="pwd1"></p>
<p>パスワード確認： <input type="password" name="pwd2"></p>
<p><input type="submit"></p>
</form>
```

データの検証処理を UI からビジネスロジックを扱うオブジェクトに移動した後の、望ましい実装例を以下に示します。

```
<script type="text/javascript">

  // バックエンドへリクエストを送信します
  // バックエンドには以下の特徴があります：
  //   - ドメインルールを持つ
  //   - 十分なテストカバレッジがある
  //   - 検証ロジックを集中管理できる
  //   - ビジネスルールと検証ロジックを一元管理し
  //     UI、REST API、テスト、マイクロサービスなどすべての
  //     クライアントで共有できる
  //   - コードの重複を避けられる
  function checkForm(form)
  {
    const url = "https://<hostname>/login";
    const data = { };

    const other_params = {
      headers : { "content-type" : "application/json; charset=UTF-8" },
      body : JSON.stringify(data),
```

```
      method : "POST",
      mode : "cors"
    };

    fetch(url, other_params)
      .then(function(response) {
        if (response.ok) {
          return response.json();
        } else {
          throw new Error("APIにアクセスできません: " +
                          response.statusText);
        }
      }).then(function(data) {
        document.getElementById("message").innerHTML = data.encoded;
      }).catch(function(error) {
        document.getElementById("message").innerHTML = error.message;
      });
    return true;
  }

</script>
```

ただし、明確な証拠に基づいて重大なパフォーマンス問題が確認された場合は例外的な対応が必要です。そのような場合、ビジネスロジックの一部をフロントエンドにも実装する必要があるかもしれません。ただし、バックエンドの処理を完全に省略することはできません。この二重実装を手動で行うのは避けるべきです。手動での管理は複雑で、更新漏れのリスクが高いためです。代わりに、テスト駆動開発のアプローチを採用することをお勧めします（詳細は「レシピ4.8 不要な属性の除去」を参照）。テスト駆動開発を用いることで、ビジネスロジックを適切にドメインオブジェクトに配置し、一貫性を保ちやすくなります。

関連するレシピ

- レシピ3.1 貧血オブジェクトのリッチオブジェクトへの変換
- レシピ3.6 DTOの除去
- レシピ6.13 コールバック地獄の回避
- レシピ6.14 良いエラーメッセージの作成
- レシピ16.8 イベント処理における命名と実装の分離

レシピ17.14 クラス間の強い依存関係の解消

問題

システム全体で共有されるクラス（グローバルクラス）を作成し、それらを主要な処理の起点として使用している場合。

解決策

クラス間の直接的な依存関係を避け、代わりにインターフェースや抽象クラスを介して連携するようにしましょう。これにより、システムの各部分をより柔軟に変更したり置き換えたりすることが可能になります。

考察

グローバルクラスを使用すると、システムの各部分が密接に結びつき、変更や拡張が困難になります。また、テスト時にこれらのクラスをモックに置き換えることも難しくなります（「レシピ 20.4　モックの実オブジェクトへの置き換え」を参照）。この問題を解決するには、インターフェースや抽象クラス（言語によってはトレイトも）を活用し、依存性逆転の原則を適用することが効果的です（「レシピ 12.4　実装が１つしかないインターフェースの削除」を参照）。これにより、システムの各部分間の結合度を下げ、より柔軟で保守しやすい設計を実現できます。

以下は、クラス間に強い依存関係がある例です。

```
public class MyCollection {
    public bool HasNext { get; set;} // 実装の詳細
    public object Next(); // 実装の詳細
}

public class MyDomainObject {
    public int sum(MyCollection anObjectThatCanBeIterated) {
        // クラス間の強い依存関係
    }
}

// MyDomainObject は特定のクラス（MyCollection）に依存しているため、
// テスト時に代替実装（モックやスタブ）を使用できません
```

クラス間の依存関係を弱めた、より柔軟な設計は以下のようになります。

```
public interface Iterator {
    bool HasNext { get; set;}
    object Next();
}

public Iterator Reverse(Iterator iterator) {
    var list = new List<int>();
    while (iterator.HasNext) {
        list.Insert(0, iterator.Next());
    }
    return new ListIterator(list);
}
```

```
public class MyCollection implements Iterator {
    public bool HasNext { get; set;} // 実装の詳細
    public object Next(); // 実装の詳細
}

public class MyDomainObject {
    public int sum(Iterator anObjectThatCanBeIterated) {
        // インターフェースへの結合
    }
}

// Iterator インターフェースを実装していれば、どのクラスでも
// MyDomainObject から使用可能です（テスト用の代替実装も含む）
```

リンタを使用すると、クラス間の直接的な参照を検出できます。ただし、これらのツールは正当なクラス使用も検出してしまうため、結果の解釈には注意が必要です。インターフェースを介してクラス間の連携を行うことで、システムの柔軟性が向上し、拡張やテストが容易になります。これは、インターフェースが具体的な実装よりも変更頻度が低いためです。また、クラスが複数のインターフェースを実装し、それぞれの依存関係を明確に宣言することで、システムの各部分の役割がより明確になり、変更の影響範囲を限定しやすくなります。

関連するレシピ

- レシピ 20.4　モックの実オブジェクトへの置き換え

疎結合

疎結合は、システム内の異なるオブジェクト間の相互依存を最小限に抑えることを目的とします。それらは互いに関する知識を最小限に留め、あるコンポーネントへの変更がシステム内の他のコンポーネントに影響を与えないようにし、波及効果を防ぎます。

レシピ 17.15　データの塊のリファクタリング

問題

常に一緒に使用される複数のデータ項目がある場合。

解決策

関連するデータ項目を 1 つのオブジェクトにまとめましょう。これにより、それらのデータは常に一体として扱われるようになります。

考察

データの塊

データの塊とは、本来 1 つのまとまりとして扱うべき複数のデータ項目が、プログラム内の異なる箇所で頻繁に一緒に使用されている状況を指します。これにより、コードの複雑さが増し、保守性が低下し、エラーのリスクが高まる可能性があります。このような状況は、関連するデータ項目を適切なオブジェクトとしてモデル化せずに、個別に扱おうとする際によく発生します。

データの塊は、コードの凝集度を低下させ、プリミティブ型への過度の依存を引き起こします。また、同じようなコードが複数箇所に重複し、データの検証ロジックが散在することで、可読性と保守性が損なわれます。これらの問題を解決するには、「クラスの抽出」(https://oreil.ly/De634) というリファクタリング手法や、「レシピ 4.1　小さなオブジェクトの生成」で説明されている方法を適用できます。特に、複数のプリミティブ型のデータが常に一緒に使用され、それらに対する共通のロジックやルールが存在する場合、それらを 1 つのオブジェクトとしてモデル化することを検討すべきです。その際、そのデータグループが表す現実世界の概念を見出すことが重要です。

次にデータの塊の例を示します。

```
public class DinnerTable
{
    public DinnerTable(Person guest, DateTime from, DateTime to)
    {
        Guest = guest;
        From = from;
        To = to;
    }
    private Person Guest;
    private DateTime From;
    private DateTime To;
}
```

これを適切にオブジェクト化すると、次のようになります。

```
public class TimeInterval
{
    public TimeInterval(DateTime from, DateTime to)
    {
        if (from >= to)
        {
            throw new ArgumentException
                ("無効な期間です：'開始時刻'は'終了時刻'よりも前でなければなりません。");
        }
        From = from;
        To = to;
```

```
    }
}

public class DinnerTable
{
    public DinnerTable(Person guest, DateTime from, DateTime to)
    {
        Guest = guest;
        Interval = new TimeInterval(from, to);
    }
}
```

さらに改善し、より簡潔にするには、期間を1つのオブジェクトとして渡します。

```
public DinnerTable(Person guest, Interval reservationTime)
{
    Guest = guest;
    Interval = reservationTime;
}
```

このようにすることで、関連する振る舞いを適切なオブジェクトにまとめ、プリミティブ型の直接的な使用を避けることができます。

関連するレシピ

- レシピ3.1　貧血オブジェクトのリッチオブジェクトへの変換
- レシピ4.2　プリミティブデータの具象化
- レシピ4.3　連想配列のオブジェクトとしての具象化

レシピ17.16　クラス間の過度な依存関係の解消

問題

2つのクラスが互いに強く依存し合っている場合。

解決策

クラスの責務を見直し、適切に分割しましょう。

考察

クラス間の過度な結びつき

クラス間の過度な結びつきとは、2 つのクラスやコンポーネントが互いに強く依存し合うことで、それぞれを独立して変更や再利用することが困難になる状況を指します。この状態では、コードの保守、修正、拡張が難しくなります。

2 つのクラスが互いに頻繁に情報をやり取りしたり、互いの内部構造に深く関与したりしている場合、それらのクラスは適切に分離されていないと考えられます。これは、各クラスの責務が明確に定義されていないことや、関連する機能が適切にグループ化されていないことを示唆しています。このような状況は、コードの保守性や拡張性を低下させる原因となります。以下に、過度に依存し合っている 2 つのクラスの例を示します。

```
class Candidate {

  void printJobAddress(Job job) {

    System.out.println("こちらがこの職位の住所です");

    System.out.println(job.address().street());
    System.out.println(job.address().city());
    System.out.println(job.address().zipCode());

    if (job.address().country() == job.country()) {
      System.out.println("これは地域指定の職位です");
    }
  }
}
```

結合を断ち切った場合、以下のようになります。

```
final class Address {
  void print() {
    System.out.println(this.street);
    System.out.println(this.city);
    System.out.println(this.zipCode);
  }

  boolean isInCountry(Country country) {
    return this.country == country;
  }
}

class Job {
  void printAddress() {
```

```
    System.out.println("こちらがこの職位の住所です");

    this.address().print();

    if (this.address().isInCountry(this.country())) {
      System.out.println("これは地域指定の職位です");
    }
  }
}

class Candidate {
  void printJobAddress(Job job) {
    job.printAddress();
  }
}
```

一部のリンタは、クラス間の関係や依存関係を解析することができます。これらのツールを使用して、クラス間の相互作用を分析することで、コードの構造に関する洞察を得ることができます。例えば、2つのクラスが互いに強く結びついている一方で、他のクラスとの関わりが少ない場合、それは潜在的な問題を示唆しています。このような状況では、クラスの責務を見直して適切に分割したり、関連する機能を1つのクラスに統合したり、あるいはクラスの設計を全体的に見直して改善したりする必要があるかもしれません。一般的に、クラス同士の依存関係は最小限に抑えるべきです。

関連するレシピ

- レシピ 17.8　フィーチャーエンヴィの防止

関連項目

- C2 Wiki、「Inappropriate Intimacy」(https://oreil.ly/lzT5i)

レシピ 17.17　同等性を持つオブジェクトの適切な表現

問題

現実世界では区別する必要がないものを、プログラム内で不必要に区別している場合。

解決策

現実世界とプログラム内のモデルの対応関係を適切に保ち、現実世界で交換可能なものはプログラム内でも交換可能に表現しましょう。

考察

同等性を持つオブジェクト

同等性を持つオブジェクトとは、プログラム内で互いに交換可能なオブジェクトを指します。これらのオブジェクトは、その値、性質、機能において本質的に同じであり、一方を他方で置き換えても結果に影響を与えません。

近年話題のNFT[†1]とは対照的に、プログラミングにおいては多くの場合、オブジェクトの同等性を適切に表現することが重要です。現実世界で交換可能なものは、プログラム内でも交換可能なものとして表現すべきです。プログラムを設計する際は、現実世界のモデルを適切に反映させることが重要です。ただし、必要以上に詳細なモデルを作成してしまうと、プログラムが複雑になり、保守が難しくなる可能性があります。現実世界の必要な側面のみを抽象化し、シンプルで効果的なモデルを作成することを心がけましょう。

まず、個人を特定の属性で区別する Person クラスの例を示します。

```
public class Person implements Serializable {
    private final String firstName;
    private final String lastName;

    public Person(String firstName, String lastName) {
        this.firstName = firstName;
        this.lastName = lastName;
    }
}

shoppingQueueSystem.queue(new Person('John', 'Doe'));
```

しかし、買い物客の待ち行列をシミュレーションする場合であれば、個人の具体的な属性は必要ありません。

```
public class Person {
}

shoppingQueueSystem.queue(new Person());
// 待ち行列のシミュレーションでは、個々の顧客を区別する必要はありません
```

適切なモデルを作成するには、システムの目的と要件を十分に理解することが重要です。現実世界で区別する必要がない要素は、プログラム内でも区別せずに表現すべきです。これにより、シンプルで効果的なモデルを作成できます。一見単純に見えるこのアプローチですが、実際には深い洞

†1　訳注：原文では「同等性を持つオブジェクト」は "Fungible Objects" と書かれており、NFT は "Non-Fungible Tokens" の略称です。両者で "Fungible" という単語が共通して使われているため、著者はここで NFT について言及していると考えられます。

察力と設計スキルが必要です。

関連するレシピ

- レシピ 4.8 不要な属性の除去

18章 グローバル

> 恥ずかしがりなコード——不必要な情報は他のモジュールに公開せず、また、他のモジュールの実装を当てにしない記述を心がけましょう。
>
> — David Thomas、Andrew Hunt 著、『The Pragmatic Programmer: Your Journey to Mastery』（邦訳『達人プログラマー』オーム社）

はじめに

多くの現代的なプログラミング言語は、グローバルな関数、クラス、および属性をサポートしています。しかし、これらの要素を使用する際には見過ごされがちなコストが存在します。`new()` を用いてオブジェクトを生成する場合でさえ、本章で紹介するレシピを適用しなければ、グローバルクラスとの密接な結合を生み出してしまいます。

レシピ 18.1　グローバル関数の具象化

問題

どこからでも呼び出すことができるグローバル関数がある場合。

解決策

グローバル関数は多くの結合をもたらします。そのスコープを狭めましょう。

考察

グローバル関数は、コード全体との結合を増やし、その呼び出し元の追跡を困難にするため、コードの可読性を低下させます。こうした結合が増えるほど、コードの保守やテストがより難しくなります。この問題に対処するには、まずグローバル関数をコンテキストオブジェクトでカプセル化することから始めるとよいでしょう。カプセル化の対象となりうるものには、外部リソースへのアクセス、データベース操作、シングルトン（「レシピ 17.2　シングルトンの置き換え」を参照）、グローバルクラス、時間の取得、オペレーティングシステムリソースの利用などがあります。

以下の例は、グローバルに利用可能なデータベース関数を直接呼び出している問題のあるコードを示しています。

```
class Employee {
    function taxesPaidUntilToday() {
        return database()->select(
            "SELECT TAXES FROM EMPLOYEE".
            " WHERE ID = " . $this->id() .
            " AND DATE < " . currentDate());
    }
}
```

データベース操作をコンテキストオブジェクトに委譲することで、計算ロジックとデータアクセスの責務を分離できます。

```
final class EmployeeTaxesCalculator {
    function taxesPaidUntilToday($context) {
        return $context->selectTaxesForEmployeeUntil(
            $this->socialSecurityNumber,
            $context->currentDate());
    }
}
```

多くの現代的なプログラミング言語は、グローバル関数の使用を制限または禁止しています。グローバル関数を許容する言語であっても、スコープルールを厳格に適用し、自動的にチェックする機能を提供していることがあります。構造化プログラミングの原則では、グローバル関数は有害とみなされています。しかし、こうした考え方があるにもかかわらず、グローバル関数の使用といった好ましくない実践が、さまざまなプログラミング言語において見られます。

関連するレシピ

- レシピ 5.7　副作用の除去
- レシピ 18.4　グローバルクラスの除去

レシピ 18.2　スタティックメソッドの具象化

問題

クラスに密接に関連付けられた、スタティックメソッドを使用している場合。

解決策

スタティックメソッドは実質的にグローバルな振る舞いを持ち、多くの場合ユーティリティとして使用されます。これらの代わりに、インスタンスメソッドを作成し、オブジェクト間の相互作用を通じて機能を実現しましょう。

考察

スタティックメソッド

スタティックメソッドスタティックメソッドは、クラスのインスタンスではなくクラスに属しています。つまり、スタティックメソッドは、クラスのオブジェクトを作成せずに呼び出すことができるということです。

クラスは現実世界の概念やアイデアを表現するものですが、スタティックメソッドはこの表現と現実世界との全単射を崩してしまいます。さらに、スタティックメソッドはコード間の結合度を高めてしまいます。また、クラス全体をモック化するのは個々のインスタンスをモック化するよりも困難であるため（「レシピ 20.4　モックの実オブジェクトへの置き換え」を参照）、スタティックメソッドの使用はコードのテスト容易性を低下させます。クラスの唯一の責務（「レシピ 4.7　文字列検証のオブジェクトとしての実装」を参照）はインスタンスを作成することです。実世界の責務に従って、メソッドをインスタンスに委譲しましょう。これらの機能を実装する際は、「ヘルパー」や「ユーティリティ」といった曖昧な名称を避け、その機能が果たす具体的な役割を反映した名前を付けましょう。

次に、スタティックメソッド format を持つクラスの例を示します。

```
class DateStringHelper {
  static format(date) {
    return date.toString('yyyy-MM-dd');
  }
}

DateStringHelper.format(new Date());
```

スタティックメソッドが担っていた責務を、その機能に特化した新しいオブジェクトに移しましょう。

```
class DateToStringFormatter {
  constructor(date) {
    this.date = date;
  }

  englishFormat() {
    return this.date.toString('yyyy-MM-dd');
  }
}
```

```
new DateToStringFormatter(new Date()).englishFormat();
```

コンストラクタを除いて、スタティックメソッドを避けるという方針を採用することをお勧めします。クラスは実質的にグローバル変数と同じ役割を果たしてしまいます。クラスのインターフェースにユーティリティ、ヘルパー、ライブラリメソッドを追加することは、クラスの凝集度を下げ、ほかのコードとの結合度を高めてしまいます。スタティックメソッドは、リファクタリングを通じて適切なオブジェクトに移すべきです。多くのプログラミング言語では、クラス自体を動的に変更したり、ポリモーフィズムを適用したりすることができません。そのため、クラス全体をモック化したり（「レシピ20.4　モックの実オブジェクトへの置き換え」を参照）、テストに柔軟に組み込んだりすることが困難です。結果として、スタティックメソッドを使用すると、分離が非常に困難なグローバルな依存関係を作ってしまうことになります。

関連するレシピ

- レシピ7.2　ヘルパーとユーティリティクラスの改名と責務の分割
- レシピ20.1　プライベートメソッドのテスト

レシピ18.3　goto文の構造化コードへの置き換え

問題

コードにgoto文が含まれている場合。

解決策

goto文の使用は避けましょう。代わりに、制御フローを明確に表現する構造化プログラミングの手法を用いてコードを書きましょう。これにより、コード内でのグローバルまたはローカルジャンプを避けることができます。

考察

goto文は、かつてBASICなどの広く使われていたプログラミング言語で過剰に使用され、コードの品質低下を招きました。現在でも一部の低レベル言語では制御フローを直接操作するために使用されることがありますが、高水準言語では避けるべきです。代わりに、構造化プログラミングの手法や必要に応じて例外を使用しましょう。

次に、goto文の例を示します。

```
int i = 0;

start:
if (i < 10)
```

```
{
    Console.WriteLine(i);
    i++;
    goto start;
}
```

以下は、同じ処理を構造化プログラミングの原則に従って書き直した例です。

```
for (int i = 0; i < 10; i++)
{
    Console.WriteLine(i);
}
```

`goto` 文の問題は数十年前に認識されていましたが、Go 言語、PHP、Perl、C#などの現代の言語でも今でも存在します。幸いなことに、現在では多くのプログラマが構造化プログラミングの技法を習得しており、自然と `goto` 文の使用を避けるコードを書くようになっています。

関連するレシピ

- レシピ 15.1　Null オブジェクトの作成

関連項目

- Edsger Dijkstra、「Go To Statement Considered Harmful」(https://oreil.ly/9Rye7)

レシピ 18.4　グローバルクラスの除去

問題

クラスをグローバルなアクセスポイントとして使用している場合。

解決策

クラスをグローバルなアクセスポイントとして使用せず、代わりに目的に特化したオブジェクトを使用しましょう。

考察

クラスは、グローバルに定義されている場合はもちろんのこと、名前空間やパッケージ、モジュールでスコープが限定されていても、実質的にグローバルな存在となります。他のグローバル変数と同様、最大の問題はほかのコード部分との強い結合です。多くのクラスが同じ場所に存在すると、名前空間を汚染してしまいます。また、スタティックメソッドやスタティック定数、シングルトン(「レシピ 17.2　シングルトンの置き換え」を参照)を安易に使用してしまう誘因にもなります。名前空間の汚染を避けるには、名前空間やモジュール修飾子などを適切に使用しましょう。また、グローバルな名前はできるだけ短くすることを心がけてください。覚えておくべきは、クラスの唯一の責務はインスタンスを作成することであり（「レシピ 4.7　文字列検証のオブジェクトとしての実装」を参照）、グローバルなアクセスポイントとなることではないということです。

名前空間

名前空間は、クラス、関数、変数などのコード要素を論理的なグループに整理するために使用されます。これにより、名前の衝突を防ぎ、特定のスコープ内でそれらを一意に識別することができます。名前空間を活用することで、関連する機能をまとめて管理し、コードの構造をより明確にできます。結果として、モジュール性が高く、保守がしやすいコードの作成につながります。

ここに、スタティックメソッドを使用したグローバルアクセスポイントの例を示します。

```
final class StringUtilHelper {
    static function formatYYYYMMDD($dateToBeFormatted): string {
    }
}
```

クラスのスコープを狭め、スタティックメソッドをインスタンスに移動してみましょう。

```
namespace Dates;

final class DateFormatter {
    // DateFormatter クラスは名前空間内に定義されているため、グローバルではありません
    public function formatYYYYMMDD(\DateTime $dateToBeFormatted): string {
    }
    // このメソッドはスタティックではありません。クラスの唯一の責務はインスタンスを
    // 作成することでありユーティリティを提供することではありません。
}
```

DateFormatter をメソッドオブジェクトに変換すると、はるかに良くなります。

```
namespace Dates;

final class DateFormatter {
    private $date;

    public function __construct(\DateTime $dateToBeFormatted) {
        $this->date = $dateToBeFormatted;
    }

    public function formatYYYYMMDD(): string {
    }
}
```

名前空間内で定義されたクラスを使用する場合は、モジュールや名前空間の間の関係がより明確になります。

```
use Dates\DateFormatter;
// DateFormatter はもはやグローバルではないため、完全修飾が必要です
// 名前の衝突も解決できます

$date = new DateTime('2022-12-18');
$dateFormatter = new DateFormatter($date);
$formattedDate = $dateFormatter->formatYYYYMMDD();
```

シングルトンパターン（「レシピ 17.2　シングルトンの置き換え」を参照）を使用すると、それもグローバルなアクセスポイントとなってしまいます。

```
class Singleton { }

final class DatabaseAccessor extends Singleton { }
```

名前空間を利用することで、クラスをグローバルに公開せずに、限定されたスコープ内でデータベースにアクセスすることができます。

```
namespace OracleDatabase;

class DatabaseAccessor {
    // データベースはシングルトンではなくなり、名前空間のスコープ内で定義されています
}
```

多くのリンタでは、不適切なクラス参照を検出するための依存関係ルールを設定できます。クラスの責務を小さな領域に限定し、外部とのやり取りにはファサードパターンを使用するべきです。こうすることで、コンポーネント間の結合度を大幅に低減できます。

関連するレシピ

- レシピ 18.1　グローバル関数の具象化
- レシピ 18.2　スタティックメソッドの具象化
- レシピ 19.9　振る舞いのないクラスの除去

レシピ 18.5　日付・時刻生成のグローバルな依存関係の解消

問題

コード内で `new Date()` を使用している場合。

解決策

引数なしの日付・時刻オブジェクトの生成を避けましょう。代わりに、使用する時刻情報の由来や意図を明確に示すコンテキストを提供してください。

考察

具体的なコンテキストなしで日付・時刻を生成すると、システム全体に隠れた依存関係や暗黙の前提が生まれてしまいます。特に多くのシステムがクラウド環境で動作している現在、タイムゾーンが明示的に設定されていないことがあります。このような問題が生じる典型的な例を以下に示します。

```
var today = new Date();
```

代わりに、日付・時刻の生成意図を明確に示す方法を採用すべきです[†1]。

```
var ouagadougou = new Location();
var today = timeSource.currentDateIn(ouagadougou);

function testGivenAYearHasPassedAccruedInterestsAre10() {
  var mockTime = new MockedDate(new Date(2021, 1, 1));
  var domainSystem = new TimeSystem(mockTime);
  // ..

  mockTime.moveDateTo(new Date(2022, 1, 1));

  // 年間の利息額を検証します
  assertEquals(10, domainSystem.accruedInterests());
}
```

開発ポリシーとして、グローバル関数の使用を避けるべきです。特に、システム時刻を取得するようなグローバル関数（`date.today()` や `time.now()` など）の使用は、予測不可能な時間ソースへの依存を生み、コードの結合度を高めてしまいます。テストの際には環境を完全に制御できる必要があるため、時刻の設定や操作が容易にできるようにすべきです。

`Date` クラスと `Time` クラスは、不変のインスタンスのみを生成すべきです。現在時刻の提供はこれらのクラスの責務ではありません。そのような機能を持たせると単一責任の原則に違反します（「レシピ4.7　文字列検証のオブジェクトとしての実装」を参照）。多くの場合、プログラマは時間の経過を適切に扱うことを軽視しがちです。この軽視により、オブジェクトが不必要に変更可能になり、結果として保守性の低い設計につながってしまいます。

†1　訳注：コード中の “ouagadougou” はブルキナファソの首都である「ワガドゥグー」のことです。

完全に制御された環境下でのテスト

完全に制御された環境下でのテストとは、テストが実行される環境を完全にコントロールする能力のことです。これには、テストが一貫して外部要因から独立して実行できるように、制御され予測可能な環境を作り出すことが含まれます。テスト環境の構築においては、外部の依存関係の管理、ネットワーク通信のシミュレーション、データベースの分離、そして時間の制御など、様々な要素を慎重に考慮する必要があります。

関連するレシピ

- レシピ 4.5　タイムスタンプの適切なモデル化
- レシピ 18.2　スタティックメソッドの具象化

19章 階層構造

クラスの一つの側面は、そのクラスのすべてのインスタンス（オブジェクト）で共有されるコードと情報のリポジトリとして機能することでした。効率の観点からは、ストレージ空間が最小限に抑えられ、変更を1箇所で行えるため、これは良いアイデアです。しかし、この利点から、共有の振る舞いではなく共有のコードに基づいてクラス階層を構築する誘惑に駆られがちです。そうではなく、常に共有の振る舞いに基づいて階層構造を設計すべきです。

— David West 著、『Object Thinking』(Microsoft Press)

はじめに

クラスの継承は、歴史的な理由からコードの再利用のためという誤った目的で使用されることがよくあります。継承よりもコンポジションを優先すべきですが、それは簡単ではなく、より多くの経験が必要です。コンポジションは動的であり、簡単に変更、テスト、再利用などができるため、設計に柔軟性を与えます。本章では、階層構造を使用することで偶発的に追加されてしまう結合を最小限に抑えるためのレシピを紹介します。

レシピ19.1　深い継承の分割

問題

コードの再利用のために深い階層構造を持っている場合。

解決策

インターフェースを見出し、継承よりもコンポジションを優先することで階層構造をフラットにしましょう。

考察

静的なサブクラス化による再利用は、動的なコンポジションによる再利用よりも強い結合を生み出します。深い階層構造は関連性の低いメソッドが混在し、基底クラスの変更が広範囲に影響を及ぼす可能性があります。また、メソッドのオーバーライドを引き起こし、リスコフの置換原則（SOLIDの基本原則の一つ）に反します。これらの問題を解決するには、クラスを分割し、コンポジションを使用する必要があります。過去には、コードの再利用のために継承を使用することを推奨する書籍もありましたが、現在ではコンポジションがより柔軟で保守性の高い方法として認識されています。

リスコフの置換原則

リスコフの置換原則は、あるクラスを使用するプログラムが、そのクラスのサブクラスを使用しても正常に動作すべきだと定めています。つまり、サブクラスは予期せぬ動作を引き起こすことなく、基底クラスの代わりに使用できるべきだということです。これはSOLIDの「L」に当たります（「レシピ 4.7　文字列検証のオブジェクトとしての実装」を参照）。

以下は、アザラシを科学的分類に基づいて深い階層で表現したものです。

```
class Animalia:
class Chordata(Animalia):
class Mammalia(Chordata):
class Carnivora(Mammalia):
class Pinnipedia(Carnivora):
class Phocidae(Pinnipedia):
class Halichoerus(Phocidae):
class GreySeal(Halichoerus):
```

この階層構造を、各クラスの本質的な振る舞いのみに絞り込むと、次のようになります。

```
class GreySeal:
    def eat(self):     # 階層内の共通の振る舞いを見つける
    def sleep(self):   # 階層内の共通の振る舞いを見つける
    def swim(self):    # 階層内の共通の振る舞いを見つける
    def breed(self):   # 階層内の共通の振る舞いを見つける
```

なお、ハイイロアザラシ（grey seal）は本書の表紙に登場しています。多くのリンタは継承の深さ（Depth of Inheritance Tree、DIT）を計測し報告できます。開発者は階層構造を注意深く設計し、必要に応じて分割すべきです。しかし、時として階層構造は本質的な理由ではなく、偶発的な理由（例：サーバーの課金方法）で作られることがあります。以下にその例を示します。

```
class Server:
    @abstractmethod
    def calculate_cost(self):
        pass
```

```
class DedicatedServer(Server):
    def calculate_cost(self):
        # 例: CPU と RAM の使用量に基づくコスト
        return self.cpu * 10 + self.ram * 5

class HourlyChargedServer(Server):
    def calculate_cost(self):
        # 例: CPU と RAM の使用量に時間を掛けたコスト
        return (self.cpu * 5 + self.ram * 2) * self.hours

# この設計では、サーバー作成後に課金方法を変更できません
# また、新しい課金方法の追加がサーバーの階層構造に影響を与えます
```

次に、コンポジションを使用して課金方法を柔軟に変更できる設計を示します。

```
class Server:
    def calculate_cost(self):
        return self.charging.calculate_cost(self.cpu, self.ram)
    def change_charging_method(self, charging):
        self.charging = charging

class ChargingMethod():
    @abstractmethod
    def calculate_cost(self, cpu, ram):
        pass

class MonthlyCharging(Charging):
    def calculate_cost(self, cpu, ram):
        return cpu * 10 + ram * 5

class HourlyCharging(Charging):
    def calculate_cost(self, cpu, ram):
        return (cpu * 5 + ram * 2) * self.hours

# この設計では、課金方法を独立してテストでき、
# サーバークラスに影響を与えずに新しい課金方法を追加できます
```

コンポジションを使用することで、柔軟性、テスト容易性、再利用性が向上します。また、開放/閉鎖原則（「レシピ 14.3　真偽値変数の具体的なオブジェクトへの置き換え」を参照）にも従っています。なぜなら、既存のクラス階層を変更せずに、新しい機能（この場合は課金方法）を追加できるからです。

コンポジション

コンポジションにより、オブジェクトをほかのオブジェクトの部品やコンポーネントとして構成することができます。より単純なオブジェクトを組み合わせることで複雑なオブジェクトを構築し（「レシピ 4.1　小さなオブジェクトの生成」を参照）、「〜である」（is-a）や「〜のよ

うに振る舞う」(behaves-as-a) といった従来の関係ではなく、「〜を持つ」(has-a) という関係を形成します(「レシピ 19.4 「is-a」関係の振る舞いへの置き換え」を参照)。

関連するレシピ

- レシピ 19.2 ヨーヨー階層の分割
- レシピ 19.3 コード再利用のためのサブクラス化の回避
- レシピ 19.4 「is-a」関係の振る舞いへの置き換え
- レシピ 19.7 具象クラスの final 化
- レシピ 19.11 protected 属性の削除

レシピ 19.2 ヨーヨー階層の分割

問題

具体的なメソッドの実装を探す際、ヨーヨーのように階層を上下に行ったり来たりする必要がある場合。

解決策

深い階層構造を避け、クラス構造をできるだけ平坦に保ちましょう。

考察

ヨーヨー問題

ヨーヨー問題とは、コードを理解したり修正したりするために、クラス階層内のクラスやメソッドを行き来する必要がある状況のことを指します。これにより、コードベースのメンテナンスや拡張が困難になります。

深い階層構造は、コードの再利用を目的としたサブクラス化を促進しますが、結果として可読性を損ないます。また、クラス間のわずかな違いに基づいてサブクラスを作成すると、各クラスの役割が不明確になり、凝集度が低下します。これらの問題を解決するために、継承よりもコンポジションを優先し、深い階層構造をリファクタリングする必要があります。

以下は、過度に細分化された継承階層の例です。

```
abstract class Controller { }

class BaseController extends Controller { }
class SimpleController extends BaseController { }
class ControllerBase extends SimpleController { }
class LoggedController extends ControllerBase { }
class RealController extends LoggedController { }
```

インターフェースを使用することで、委譲を優先し、ヨーヨー問題を回避できます。

```
interface ControllerInterface { }

abstract class Controller implements ControllerInterface { }
final class LoggedControllerDecorator implements ControllerInterface { }
final class RealController implements ControllerInterface { }
```

多くのリンタは、継承の深さに対して最大値を設定し、それを超える箇所を検出することができます。継承を通じたコードの再利用は、特に経験の浅い開発者によって頻繁に行われますが、これは高い結合度と低い凝集度を持つ階層構造を生み出す傾向があります。Johnson と Foote は 1988 年の論文で、この問題に対処する方法の重要性を示しました。それ以来、多くの開発者がこの教訓を学んできました。複雑な継承階層に遭遇した場合は、リファクタリングを行い、より平坦な構造に変更することが重要です。

関連するレシピ

- レシピ 19.1　深い継承の分割
- レシピ 19.3　コード再利用のためのサブクラス化の回避

関連項目

- Ralph E. Johnson、Brian Foote、「Designing Reusable Classes」（https://oreil.ly/lKRG1）

レシピ 19.3　コード再利用のためのサブクラス化の回避

問題

「〜である」（is-a）関係に基づいてサブクラス化を行い、コードを再利用している場合。

解決策

継承よりもコンポジションを優先しましょう。委譲を用いてインターフェースを分割し、委譲された小さなオブジェクトを再利用しましょう。

考察

「〜である」（is-a）関係に基づいて継承を使うことは、実装に基づいた一般的なソフトウェアの誤解です。このようなサブクラス化は不適切な動機に基づいています。継承を使用すべきなのは、2 つのオブジェクト間に「〜のように振る舞う」（behaves-as-a）関係が存在する場合のみです。

以下の例は、典型的な「〜である」（is-a）問題を示しています。

```
public class Rectangle {

    int length;
    int width;

    public Rectangle(int length, int width) {
        this.length = length;
        this.width = width;
    }

    public int area() {
        return this.length * this.width;
    }
}

public class Square extends Rectangle {
    public Square(int size) {
        super(size, size);
    }

    public int area() {
        return this.length * this.length;
    }
}

public class Box extends Rectangle {
}
```

Square（正方形）とBoxは、振る舞いの観点から見ると、真のRectangle（長方形）ではありません。これらはリスコフの置換原則に反しています（「レシピ19.1　深い継承の分割」を参照）。本レシピを適用して、以下のようにリファクタリングできます。

```
abstract public class Shape {
    abstract public int area();
}

public final class Rectangle extends Shape {

    int length;
    int width;

    public Rectangle(int length, int width) {
        this.length = length;
        this.width = width;
    }

    public int area() {
        return this.length * this.width;
    }
}
```

```
public final class Square extends Shape {
    // Rectangleを継承していません

    int size;

    public Square(int size) {
        this.size = size;
    }

    public int area() {
        return this.size * this.size;
    }
}

public final class Box {
    // Shapeを継承せず、コンポジションを使用しています

    Square shape;

    public Box(int length, int width) {
        this.shape = new Rectangle(length, width);
    }

    public int area() {
        return shape.area();
    }
}
```

継承は通常、サブクラスがスーパークラスのより特殊化されたバージョンを表す「～である」（is-a）関係をモデル化するために使用されます。しかし、`Square`と`Rectangle`の関係はこれに当てはまりません。現実世界では正方形は長方形の一種ですが、プログラミングの文脈では、`Square`が`Rectangle`の形状を持つ「～を持つ」（has-a）関係としてモデル化するのがより適切です。

`Rectangle`クラスの階層を使用して正方形を表現しようとすると問題が発生します。正方形は全ての辺の長さが等しい特殊な長方形ですが、`Rectangle`クラスは長さと幅が独立して変更可能であるため、この制約を表現できません。また、具象メソッドをサブクラス化する際のオーバーライドや、3レベル以上の深い継承階層は、不適切なサブクラス化の兆候となります。ただし、階層が「～のように振る舞う」（behaves-like）の原則に従っている場合は例外的に安全です。レガシーシステムでよく見られる深い階層とメソッドのオーバーライドは、実装上の理由ではなく本質的な理由に基づいてリファクタリングし、適切にサブクラス化する必要があります。

関連するレシピ

- レシピ 19.2　ヨーヨー階層の分割

レシピ19.4 「is-a」関係の振る舞いへの置き換え

問題

学校では、継承が「〜である」(is-a) 関係を表すと教えられることがよくあります。

解決策

インターフェースと振る舞いに焦点を当て、偶発的な継承を避けましょう。

考察

「is-a」モデルは全単射の原則に従わないため、予期しない振る舞いを引き起こし、サブクラスのオーバーライドによってコードを複雑にし、リスコフの置換原則に反します(「レシピ19.1 深い継承の分割」を参照)。

全単射の原則を文字通りに適用すべきではありません。「is-a」関係は言葉の上では適切に聞こえますが、実際には「〜のように振る舞う」(behaves-as-a) 関係が全単射の指針となるべきです。常に「behaves-as-a」の観点で考え、継承よりもコンポジションを優先すべきです。「is-a」関係はデータモデリングの世界に由来しています。構造化設計やデータモデリングでエンティティ関係図を学んだ経験があるかもしれませんが、現在は振る舞いの観点から考える必要があります。振る舞いが本質的であり、データは付随的なものです。

エンティティ関係図(ERD)

エンティティ関係図は、データベース内のデータ構造と関係性を視覚的に表現したモデルです。エンティティ関係図では、エンティティは長方形で表され、エンティティ間の関係は長方形を結ぶ線で表されます。

次に典型的な例を示します。

```
class ComplexNumber {
    protected double realPart;
    protected double imaginaryPart;

    public ComplexNumber(double realPart, double imaginaryPart) {
        this.realPart = realPart;
        this.imaginaryPart = imaginaryPart;
    }
}

class RealNumber extends ComplexNumber {
    public RealNumber(double realPart) {
        super(realPart, 0);
    }

    public void setImaginaryPart(double imaginaryPart) {
```

```
        System.out.println("実数の虚数部は設定できません。");
    }
}
```

次のようにリファクタリングできます。

```
class Number {
    protected double value;

    public Number(double value) {
        this.value = value;
    }
}

class ComplexNumber extends Number {
    protected double imaginaryPart;

    public ComplexNumber(double realPart, double imaginaryPart) {
        super(realPart);
        this.imaginaryPart = imaginaryPart;
    }
}

class RealNumber extends Number {
}
```

数学的には、すべての実数は複素数の一種（「is-a」関係）であり、同様にすべての整数は実数の一種（「is-a」関係）です。しかし、プログラミングの観点からは、実数は複素数のように振る舞うわけではないため、「～のように振る舞う」（behave-like-a）関係は成立しません。`real.setImaginaryPart()` を実行することはできないため、全単射の観点から見ると実数は複素数ではありません。

関連するレシピ

- レシピ 19.3　コード再利用のためのサブクラス化の回避
- レシピ 19.6　グローバルクラスの適切な命名
- レシピ 19.11　protected 属性の削除

関連項目

- Wikipedia、「Circle–ellipse problem」（https://oreil.ly/zSrVO）

レシピ19.5 ネストしたクラスの除去

問題

実装の詳細を隠蔽するためにネストしたクラスや擬似的なプライベートクラスを使用している場合。

解決策

ネストしたクラスは使わないようにしましょう。それに相当する概念は現実の世界には存在しません。

考察

ネストしたクラスは、現実世界の概念にマッピングされないため、全単射性（2章で定義）を壊してしまいます。また、テストや再利用が難しく、限定されたスコープによって名前空間を複雑にします（https://oreil.ly/xbPI7）（「レシピ18.4 グローバルクラスの除去」を参照）。この問題を解決するには、クラスをパブリックにして独自の名前空間やモジュール内に配置するか、ファサード（「レシピ17.3 ゴッドオブジェクトの分割」を参照）を使用して重要な部分を公開し、不要な部分を隠蔽することが必要です。一部のプログラミング言語では内部でのみ使用可能なプライベートな概念を作成できますが、これらはテスト、デバッグ、再利用が困難になる傾向があります。

ネストしたクラスの例を以下に示します。

```
class Address {
  String description = "住所： ";

  public class City {
    String name = "ドーハ";
  }
}

public class Main {
  public static void main(String[] args) {
    Address homeAddress = new Address();
    Address.City homeCity = homeAddress.new City();
    System.out.println(homeAddress.description + homeCity.name);
  }
}

// 出力結果は "住所： ドーハ" となります。
//
// もし可視性を 'private class City' に変更すると
//
// "Address.City has private access in Address" というエラーが発生します。
```

ネストしたクラスを独立させた後のコードは次のようになります。

```
class Address {
  String description = "住所： ";
}

class City {
  String name = "ドーハ";
}

public class Main {
  public static void main(String[] args) {
    Address homeAddress = new Address();
    City homeCity = new City();
    System.out.println(homeAddress.description + homeCity.name);
  }
}

// 出力結果は "住所： ドーハ" となります。
//
// これで、City という概念を再利用してテストできるようになりました。
```

多くのプログラミング言語は、複雑な機能を多く含んでいます。しかし、これらの新しい魅力的な機能を実際に使用する機会は少ないでしょう。不必要な複雑さを避け、本質的な問題に焦点を当てるためには、最小限の概念セットを維持することが重要です。

関連項目

- W3Schools、「Java Inner Classes」(https://oreil.ly/hYQC9)

レシピ 19.6　グローバルクラスの適切な命名

問題

クラスがグローバルスコープにあり、その名前に省略形が使用されている場合。

解決策

クラス名に省略形を使用するのはやめましょう。特にグローバルスコープのクラスには意図が明確な名前を使用しましょう。

考察

省略形はコードの可読性を低下させ、誤解や間違いを招く可能性があります。クラス名を変更する際は、その役割や用途を明確に示し、必要に応じてモジュールや名前空間、完全修飾名を活用してコンテキストを提供する必要があります。以下に、パーセヴァランス火星探査車（Perseverance Mars Rover）に関連するクラスで省略形を使用した例を示します。

```
abstract class PerseveranceDirection {
}

class North extends PerseveranceDirection {}
class East extends PerseveranceDirection {}
class West extends PerseveranceDirection {}
class South extends PerseveranceDirection {}

// サブクラスの名前が短く、階層外では意味をなしません
// East クラスを単なる方位の東と間違える可能性があります
```

以下は、クラス名に十分なコンテキストを含めた例です。

```
abstract class PerseveranceDirection { }

class PerseveranceDirectionNorth extends PerseveranceDirection {}
class PerseveranceDirectionEast extends PerseveranceDirection {}
class PerseveranceDirectionWest extends PerseveranceDirection {}
class PerseveranceDirectionSouth extends PerseveranceDirection {}

// サブクラスの名前の意図が明確になりました
```

本レシピで扱うケースを自動的に検出するのは容易ではありません。サブクラスに対してそのスコープ内での命名規則を設け、適切な名前を慎重に選ぶ必要があります。使用している言語がサポートしている場合は、モジュール、名前空間（「レシピ 18.4　グローバルクラスの除去」を参照）、およびローカルスコープを活用しましょう。

一部のプログラミング言語では、名前空間やモジュールの機能が提供されています。これらを使用することで、特定のスコープ内で短い名前を使いつつ、名前の衝突を回避することができます。

関連するレシピ

- レシピ 19.3　コード再利用のためのサブクラス化の回避

レシピ 19.7　具象クラスの final 化

問題

具象クラスがサブクラスを持っている場合。

解決策

具象クラスを `final` にしましょう。クラス階層構造を見直し、必要に応じて再構成してください。

考察

具象クラスはスーパークラスとなるべきではありません。それは、リスコフの置換原則に反します（「レシピ 19.1　深い継承の分割」を参照）。具象クラスのメソッドをオーバーライドすることは望ましくありません。サブクラスはスーパークラスを特殊化したものであるべきで、具象クラスをさらに特殊化することは困難だからです。クラス階層構造をリファクタリングし、継承よりもコンポジションを優先することを検討してください。一般的に、階層構造の末端のクラスは具象クラスとし、それ以外のクラスは抽象クラスとすることが望ましいです。

以下に Stack の例を示します。

```
class Stack extends ArrayList {
    public void push(Object value) { ... }
    public Object pop() { ... }
}

// Stack は ArrayList のように振る舞いません
// pop、push、top 以外にも、get、set、add、remove、clear を
// 実装（またはオーバーライド）しています
// Stack 要素に任意にアクセスできてしまいます

// 両方のクラスとも具象クラスです
```

両者は Collection クラスから継承することができます。以下に例を示します。

```
abstract class Collection {
    public abstract int size();
}

final class Stack extends Collection {
    private Object[] contents;

    public Stack(int maxSize) {
      contents = new Object[maxSize];
    }

    public void push(Object value) { ... }

    public Object pop() { ... }

    public int size() {
        return contents.length;
    }
}

final class ArrayList extends Collection {
    private Object[] contents;

    public ArrayList(Object[] contents) {
```

```
        this.contents = contents;
    }

    public int size() {
        return contents.length;
    }
}
```

具象メソッドをオーバーライドすることは、コードの品質低下を示す明確な兆候です。多くのリンタでこのような実装を検出し、警告を出すよう設定できます（「レシピ 5.2 変更が必要な変数の適切な宣言」を参照）。抽象クラスは具象メソッドをごく少数しか持つべきではありません。違反しているクラスを特定するため、具象メソッドの数に対して事前に定義した閾値を設けてチェックすることができます。経験の少ない開発者は、サブクラス化を安易に選択しがちです。一方、経験豊富な開発者は、代替手段としてコンポジションの可能性を探ります。コンポジションは継承と比較して、動的で、複数の要素を組み合わせやすく、プラグイン可能で、テストしやすく、保守性が高く、結合度も低くなります。エンティティをサブクラス化するのは、「〜のように振る舞う」(behaves-as-a) 関係が成り立つ場合のみにすべきです（「レシピ 19.4 「is-a」関係の振る舞いへの置き換え」を参照）。サブクラスを作成した後は、そのスーパークラスは抽象クラスにするべきです。

関連するレシピ

- レシピ 19.3 コード再利用のためのサブクラス化の回避

関連項目

- Wikipedia、「Composition over Inheritance」(https://oreil.ly/q9rcI)

レシピ 19.8 クラスの継承可否の明確化

問題

クラスが抽象クラス、`final`、または通常のクラスであるにもかかわらず、その性質が明示されていない場合。

解決策

使用しているプログラミング言語で可能な場合、クラスを抽象クラスか継承不可（`final`）のいずれかとして明示的に定義しましょう。これにより、コンパイラがこれらの設計ルールを自動的に強制できます。

考察

コードの再利用を目的としたサブクラス化は多くの問題を引き起こします。階層構造の末端にあるクラスは全て **final** として宣言し、それ以外のクラスは **abstract** として宣言すべきです。これらのキーワードを使用することで、設計意図を明確に表現できます。クラス階層とコンポジションを適切に管理することは、優れたソフトウェア設計者の重要な役割です。健全なクラス階層を維持することは、高い凝集度を実現し、不適切な結合を避けるために不可欠です。

以下のクラスはいずれも、明示的な `final` の宣言が欠けています。

```
public class Vehicle
{
  // このクラスは階層の末端ではないため、抽象クラスであるべきです

  // 各車両は異なる始動メカニズムを使用するため、
  // start メソッドは定義せず、宣言のみを行う抽象メソッドです
  abstract void start();
}

public class Car extends Vehicle
{
  // このクラスは階層の末端であるため、final であるべきです
}

public class Motorcycle extends Vehicle
{
  // このクラスは階層の末端であるため、final であるべきです
}
```

クラスの性質を明示的に宣言することで、階層構造の問題を検出できます。以下に例を示します。

```
abstract public class Vehicle
{
  // このクラスは階層の末端ではないため、抽象クラスであるべきです

  // 各車両は異なる始動メカニズムを使用するため、
  // start メソッドは定義せず、宣言のみを行う抽象メソッドです
  abstract void start();
}

final public class Car extends Vehicle
{
  // このクラスは階層の末端であるため、final です
}

final public class Motorcycle extends Vehicle
{
  // このクラスは階層の末端であるため、final です
```

```
}
```

既存のクラスを見直し、それぞれを抽象クラス（`abstract`）または継承不可（`final`）として明示的に定義し直すことを検討してください。一方の具象クラスが他方の具象クラスのサブクラスとなっているような、2つの具象クラスの継承関係は適切ではありません。

関連するレシピ

- レシピ12.3　サブクラスが1つしかないクラスのリファクタリング
- レシピ19.2　ヨーヨー階層の分割
- レシピ19.3　コード再利用のためのサブクラス化の回避
- レシピ19.11　protected属性の削除

関連項目

- Ralph E. Johnson、Brian Foote、「Designing Reusable Classes」(https://oreil.ly/HigZu)

レシピ19.9　振る舞いのないクラスの除去

問題

クラスに振る舞いがない場合。クラスは振る舞いをカプセル化するために使用されます。

解決策

振る舞いのないクラスをすべて削除しましょう。

考察

振る舞いのないクラスは全単射の原則に反します。現実世界には振る舞いのないオブジェクトは存在しないからです。この問題の典型的な例としては、不必要な例外クラスや継承階層の中間に位置する空のクラスが挙げられます。これらは名前空間を不必要に占有します。このような振る舞いのないクラスは削除し、必要に応じて適切な振る舞いを持つオブジェクトで置き換えるべきです。多くの開発者は、クラスを単なるデータの保管場所と考えがちです。その結果、**異なる振る舞い**を実装することと、単に**異なるデータを返すこと**を混同してしまうことがあります。

以下は、空の`ShopItem`クラスの例です。

```
class ShopItem {
  code() { }
  description() { }
}
```

```
class BookItem extends ShopItem {
  code() { return 'book' }
  description() { return 'some book'}
}

// 具象クラスに実際の振る舞いがなく、単に異なる「データ」を返すだけです
```

リファクタリング後は以下のようになります。

```
class ShopItem {
  constructor(code, description) {
    // code と description を検証します
    this._code = code;
    this._description = description;
  }

  code() { return this._code }

  description() { return this._description }
  // 貧血モデルとなるのを避けるためにさらに機能を追加しています
  // ゲッターもコードの不吉な臭いなので、さらに改善が必要です
}

bookItem = new ShopItem('book', 'some book');
// さらに他のアイテムを作成します
```

多くのリンタは、振る舞いのないクラスを検出して警告を発します。また、メタプログラミング技術を利用して、このような空のクラスを検出するカスタムスクリプトを作成することも可能です（詳細は 23 章を参照）。クラスの本質はその振る舞いにあります。つまり、クラスは「何ができるか」によって定義されるべきです。この観点から見ると、振る舞いのないクラスは存在意義がありません。

関連するレシピ

- レシピ 3.1　貧血オブジェクトのリッチオブジェクトへの変換
- レシピ 3.6　DTO の除去
- レシピ 12.3　サブクラスが 1 つしかないクラスのリファクタリング
- レシピ 18.4　グローバルクラスの除去
- レシピ 22.2　不要な例外の除去

レシピ 19.10　早すぎる分類の回避

問題

具体的な関連性を十分に理解する前に抽象化を行っている場合。

解決策

将来の要件を予測せず、現在の具体的な要求に基づいて設計しましょう。

考察

未来の予測は困難であり、ソフトウェア開発においても例外ではありません。初期の印象や仮定に基づいた設計は、しばしば不適切な結果をもたらします。一般化やリファクタリングは、十分な具体例や証拠が集まってから行うべきです。コンピュータサイエンスにおいて、アリストテレス的な分類法（厳密な階層的分類）は問題を引き起こすことがあります。開発者は往々にして、十分な知識やコンテキストを得る**前に**、物事を分類し名前を付けようとします。オブジェクトの振る舞い、特性、要件、関係性を完全に理解する前に分類を行うことは、不適切な設計につながる可能性があります。

以下のSongの例を見てみましょう。

```
class Song {
  constructor(title, artist) {
    this.title = title;
    this.artist = artist;
  }

  play() {
    console.log(`${this.artist}による${this.title}を再生中`);
  }
}
```

クラシック音楽の楽曲を扱う必要が生じたとき、Songクラスのサブクラスを作成して以下のように実装したくなるかもしれません。

```
class ClassicalSong extends Song {
  constructor(title, artist, composer) {
    super(title, artist);
    this.composer = composer;
  }

  listenCarefully() {
    console.log(`${this.composer}作曲の${this.title}をじっくり聴いています`);
  }
}

const goldberg = new ClassicalSong
    ("ゴールドベルク変奏曲", "グレン・グールド", "バッハ");
```

次に、ポップスの楽曲を表現するクラスを追加してみましょう。

```
class PopSong extends Song {
  constructor(title, artist, album) {
    super(title, artist);
    this.album = album;
  }

  danceWhileListening() {
    console.log(`${this.title}に合わせて踊っています`);
  }
}

const theTourist = new PopSong("ザ・トゥーリスト", "レディオヘッド", "OK コンピューター");
```

このように分類を進めていくと、異なるジャンルを組み合わせた場合、どうなるか考えたくなるかもしれません。

```
class ClassicalPopSong extends ClassicalSong {
  constructor(title, artist, composer, album) {
    super(title, artist, composer);
    this.album = album;
  }

  danceWhileListening() {
    console.log(`${this.title}はポップな要素を取り入れたクラシック曲です`);
  }
}

const classicalPopSong = new ClassicalPopSong(
    "ポップコーン協奏曲", "クラシカル・ポップ・スター", "ベートーヴェン");
```

ただし、このような分類は早計かもしれません。1つの抽象クラスに対して1つのサブクラスしかない場合、それは早すぎる分類の兆候です。クラスを設計する際は、具体的な実装例が複数出てきてから抽象化を行うべきです。抽象クラスやインターフェースに名前を付ける際は、その振る舞いに基づいて適切な名前を選択しましょう。具体的なサブクラスの実装を見てから、それらの共通点に基づいて抽象化を行うことが望ましいアプローチです。

関連するレシピ

- レシピ 19.3 コード再利用のためのサブクラス化の回避

レシピ 19.11 protected 属性の削除

問題

クラスに protected 属性がある場合。

解決策

属性を private に変更しましょう。

考察

protected 属性

protected 属性とは、クラス内またはそのサブクラス内からのみアクセスできるクラスの変数または属性のことです。protected 属性は、クラス階層内の特定のデータへのアクセスを制限しつつ、必要に応じてサブクラスがそのデータにアクセスして変更できるようにする方法です。

protected 属性は、属性のカプセル化とアクセス制御に適しています。しかし、これは多くの場合、設計上の問題を示唆しています。protected 属性の存在は、コードの再利用を目的としたサブクラス化やリスコフの置換原則に反している可能性を示唆します（「レシピ 19.1　深い継承の分割」を参照）。他の多くのレシピと同様に、継承よりもコンポジションを優先し、属性をサブクラス化する代わりに振る舞いを別のオブジェクトとして抽出することを検討しましょう。また、使用している言語でサポートされている場合は、トレイトの使用も検討してください。

トレイト

トレイトは、複数のクラスで共有できる共通の特性や振る舞いのセットを定義します。トレイトは、共通のスーパークラスからの継承なしに、異なるクラスで再利用可能なメソッド群です。クラスが複数のソースから振る舞いを取り入れられるため、トレイトは継承よりも柔軟なコード再利用の仕組みを提供します。

以下に protected 属性を使用したコード例を示します。

```
abstract class ElectronicDevice {
    protected $battery;

    public function __construct(Battery $battery) {
        $this->battery = $battery; // バッテリーは全てのデバイスに継承されます
    }
}

abstract class IDevice extends ElectronicDevice {
    protected $operatingSystem; // オペレーティングシステムは全てのデバイスに継承されます

    public function __construct(Battery $battery, OperatingSystem $ios) {
        $this->operatingSystem = $ios;
        parent::__construct($battery);
    }
}
```

```
final class IPad extends IDevice {
    public function __construct(Battery $battery, OperatingSystem $ios) {
        parent::__construct($battery, $ios);
    }
}

final class IPhone extends IDevice {
    private $phoneModule;

    public function __construct(Battery $battery,
                                OperatingSystem $ios,
                                PhoneModule $phoneModule) {
        $this->phoneModule = $phoneModule;
        parent::__construct($battery, $ios);
    }
}
```

リファクタリング後は以下のようになります。

```
interface ElectronicDevice { }

interface PhoneCommunication { }

final class IPad implements ElectronicDevice {
    private $operatingSystem; // 属性が重複しています
    private $battery;
    // 重複する振る舞いが多すぎる場合は、それらを抽出すべきです

    public function __construct(Battery $battery, OperatingSystem $ios) {
        $this->operatingSystem = $ios;
        $this->battery = $battery;
    }
}

final class IPhone implements ElectronicDevice, PhoneCommunication {
    private $phoneModule;
    private $operatingSystem;
    private $battery;

    public function __construct(Battery $battery,
                                OperatingSystem $ios,
                                PhoneModule $phoneModule) {
        $this->phoneModule = $phoneModule;
        $this->operatingSystem = $ios;
        $this->battery = $battery;
    }
}
```

protected 属性をサポートしているプログラミング言語では、コーディング規約を設けて protected 属性の使用を制限したり、リンタを用いて protected 属性の使用に対する警告を出すこ

とができます。protected 属性は適切に使用すれば有用なツールですが、慎重に扱う必要があります。protected 属性を使用する際は常に潜在的な設計上の問題がないか検討し、属性の可視性や継承の使用には細心の注意を払うべきです。

関連するレシピ

- レシピ 19.3 コード再利用のためのサブクラス化の回避

レシピ 19.12 空のメソッドの適切な処理

問題

クラス階層内に、将来の実装のために用意された空のメソッドがあり、それらを呼び出しても正常に動作してしまう場合。

解決策

空のメソッドでは例外を投げるか、仮の実装を提供しましょう。

考察

空のメソッドは、見かけ上は正常に動作するものの、実際には意図した機能を提供していないため、フェイルファストの原則に反します。未実装であることを明示するために、これらのメソッドでは例外を投げるべきです。空の実装を残すことは一時的には問題ないように見えるかもしれません。しかし、これは潜在的なバグを隠蔽し、後のデバッグを困難にする可能性があります。空のメソッドを適切に処理することで、開発の早い段階で問題を発見し、より堅牢なコードを作成することができます。

空のメソッドの例を以下に示します。

```
class MerchantProcessor {
  processPayment(amount) {
    // デフォルトの実装がありません
  }
}

class MockMerchantProcessor extends MerchantProcessor {
  processPayment(amount) {
    // コンパイルを通すための空の実装を用意しています
    // 何も実行しません
  }
}
```

以下は、より明示的でフェイルファストな実装例です。

```
class MerchantProcessor {
  processPayment(amount) {
    throw new Error('オーバーライドされるべきメソッドです');
  }
}

class MockMerchantProcessor extends MerchantProcessor {
  processPayment(amount) {
    throw new Error('必要になった時点で実装予定です');
  }
}
```

空のメソッドを、以下のような実際の処理を行う実装に置き換えることもできます。

```
class MockMerchantProcessor extends MerchantProcessor {
  processPayment(amount) {
    console.log(`モックの決済処理: ${amount}円`);
  }
}
```

空のコードが適切な場合もあるため、このような問題を発見するには、十分な注意を払ったコードレビューが必要です。

開発の過程で一時的に実装を後回しにすることは許容されますが、その場合は未実装であることを明示的に示すことが重要です。

関連するレシピ

- レシピ 20.4　モックの実オブジェクトへの置き換え
- レシピ 19.9　振る舞いのないクラスの除去

20章 テスト

どれだけテストを重ねても、ソフトウェアが完全に正しいことを証明することはできません。しかし、たった1つのテストでソフトウェアに欠陥があることを示すことはできます。
— Amir Ghahrai

はじめに

過去数十年間、自動化されたテストが不足している環境での開発作業は困難を極めました。開発者はソフトウェアの問題を発見し修正するために、手動テストとデバッグに大きく依存せざるを得なかったからです。手動テストでは、ソフトウェアの機能、性能、安定性を確認するために設計された一連のテストを実行します。このプロセスは時間がかかり、人的ミスも起こりやすく、テスターが特定のシナリオを見落としたり、重大な欠陥を見逃したりする可能性がありました。

自動テストがない状況では、開発者はデバッグと問題修正に多くの時間を費やさなければならず、開発プロセスが遅延し、新機能やアップデートのリリースが遅れる場合がありました。また、異なるプラットフォームや環境で一貫性のある信頼できる結果を得ることも困難でした。開発者は様々なオペレーティングシステム、ブラウザ、ハードウェア構成でソフトウェアを手動でテストする必要があり、予期せぬ欠陥や互換性の問題が発生する可能性がありました。問題を解決したり新機能を開発したりしても、将来的に既知のシナリオが機能しなくなる可能性があり、エンドユーザーは以前は動作していた機能で予期せぬ障害が発生することを経験せざるを得ませんでした。

今日、テストを書くことは優れた開発者にとって必須のスキルです。以前の機能についてテストを書いておけば、いつでも安心してソフトウェアを変更できます。良いコードを開発する方法については多くの書籍やコースがありますが、良いテストを書く方法についてはそれほど多くありません。本章のレシピが、良いテストを書く上で役立つことを願っています。

レシピ20.1　プライベートメソッドのテスト

問題

プライベートメソッドをテストする必要がある場合。

解決策

プライベートメソッドをテストしてはいけません。それらを抽出しましょう。

考察

多くの開発者は、高レベルの機能を支える重要な内部関数やメソッドのテストを書く必要に迫られた経験があるでしょう。しかし、メソッドのカプセル化を破壊してしまうため、プライベートメソッドを直接テストすることはできません。また、それらをコピーしたりパブリックにしたりすることも望ましくありません。原則として、テストのためにメソッドをパブリックにしたり、メタプログラミングを使って保護を回避したりしてはいけません（23章を参照）。メソッドが簡単なものであれば、テストする必要はありません。メソッドが複雑な場合は、メソッドオブジェクトに変換する必要があります（「レシピ10.7　メソッドのオブジェクトとしての抽出」を参照）。また、プライベートな計算をヘルパーメソッドに移動したり（「レシピ7.2　ヘルパーとユーティリティクラスの改名と責務の分割」を参照）、スタティックメソッドにすることは避けてください（「レシピ18.2　スタティックメソッドの具象化」を参照）。これらの方法は、問題の本質的な解決にはならず、コードの構造をさらに複雑にする可能性があります。

以下の例では、遠い星から光が届くまでの時間をテストしています。

```
final class Star {

  private $distanceInParsecs;

  public function timeForLightReachingUs() {
    return $this->convertDistanceInParsecsToLightYears($this->distanceInParsecs);
  }

  private function convertDistanceInParsecsToLightYears($distanceInParsecs) {
    return 3.26 * $distanceInParsecs;
    // この関数は、すでに利用可能な引数を使用しています
    // $distanceInParsecs にプライベートアクセスがあるためです。
    // これは別のコードの不吉な臭いの指標です。

    // この関数はプライベートなので、直接テストすることはできません。
  }
}
```

この問題を解決するために、コンバーターを独立したクラスとして実装すると、次のようになります。

```
final class Star {

  private $distanceInParsecs;

  public function timeToReachLightToUs() {
    return (new ParsecsToLightYearsConverter())
      ->convert($this->distanceInParsecs);
  }
}

final class ParsecsToLightYearsConverter {
  public function convert($distanceInParsecs) {
    return 3.26 * $distanceInParsecs;
  }
}

final class ParsecsToLightYearsConverterTest extends TestCase {
  public function testConvert0ParsecsReturns0LightYears() {
    $this->assertEquals(0, (new ParsecsToLightYearsConverter())->convert(0));
  }
  // このオブジェクトに対して多くのテストを追加し、信頼性を確保しましょう
  // そうすると Star クラスで変換をテストする必要はありません
  // これは簡略化されたシナリオです
}
```

一部のユニットテストフレームワークでは、メタプログラミングの不適切な使用が見られることがあります（23 章を参照）。本ガイドでは、そのような方法ではなく、常に**メソッドオブジェクト**パターンを用いた解決策を選択することを推奨します。

関連するレシピ

- レシピ 7.2　ヘルパーとユーティリティクラスの改名と責務の分割
- レシピ 10.7　メソッドのオブジェクトとしての抽出
- レシピ 18.2　スタティックメソッドの具象化
- レシピ 23.1　メタプログラミングの使用の停止
- レシピ 23.2　無名関数の具象化

関連項目

- Should I Test Private Methods（https://oreil.ly/q37Tx）

レシピ 20.2　アサーションへの説明の追加

問題

多くのアサーションにおいて、失敗の理由を明記していない場合。

解決策

明確で意味のある説明を含むアサーションを使用しましょう。

考察

アサーションが失敗した場合、その理由を迅速に理解する必要があります。アサーションの説明に適切な情報を追加することは、デバッグ時間を削減するための効果的な戦略です。また、問題解決のためのヒントを含めることもできます。これはコード内のコメントよりも優れた代替手段となります。アサーションの説明は、特定の結果を期待する理由を明確にする場所であり、同時に設計や実装の判断を明示的に示すことができます。

以下の例では、2つのコレクションを比較しています。

```
public function testNoNewStarsAppeared()
{
    $expectedStars = $this->historicStarsOnFrame();
    $observedStars = $this->starsFromObservation();
    // これらでは非常に大きなコレクションを取得します

    $this->assertEquals($expectedStars, $observedStars);
    // 失敗した場合、デバッグが非常に困難になります
}
```

アサーションに説明を追加すると、次のようになります。

```
public function testNoNewStarsAppeared(): void
{
    $expectedStars = $this->historicStarsOnFrame();
    $observedStars = $this->starsFromObservation();
    // これらでは非常に大きなコレクションを取得します

    $newStars = array_diff($expectedStars, $observedStars);

    $this->assertEquals($expectedStars, $observedStars,
        '新しい星が見つかってしまいました: ' . print_r($newStars, true));
    // これで、明確で宣言的なメッセージとともに、
    // アサーションが失敗した正確な理由を確認できます
}
```

assert や assertTrue、assert.isTrue、Assert.True、assert_true、XCTAssertTrue、ASSERT_TRUE、assertDescription(expect(true).toBe(false, 'message'))、assertEquals("message", true, false)、ASSERT_EQ((true, false) << "message";) など、さまざまな言語やフレームワークで使用されるアサーション関数は、引数の数や順序が異なる場合があります。その中でも、説明的なメッセージを含むものを優先して使用するようにしましょう。アサーションを書く際は、将来それを読む人（それは自分自身かもしれません）のことを

考え、わかりやすく丁寧に記述することが重要です。

関連項目

- xUnit: assert description deprecation（https://oreil.ly/0LRQ0）

レシピ 20.3　assertTrue から具体的なアサーションへの移行

問題

テストで単純な真偽値を使用したアサーションがある場合。

解決策

assertTrue() は、純粋な真偽値をチェックする場合にのみ使用しましょう。

考察

真偽値に対するアサーションは、エラーの追跡を困難にします。真偽値を使用したアサーションは、より具体的なアサーションに置き換えられる可能性があります。真偽条件をより明確に表現できないか検討し、可能であれば assertEquals などの具体的なアサーションを使いましょう。真偽値に対するアサーションを使用すると、テストエンジンが提供できる情報が限られます。テストが失敗した場合、単に「何かが失敗した」という情報しか得られません。これにより、エラーの原因を特定し追跡することがより困難になります。

これは真偽値の等価条件に対するアサーションの例です。

```
final class RangeUnitTest extends TestCase {
  function testValidOffset() {
    $range = new Range(1, 1);
    $offset = $range->offset();
    $this->assertTrue(10 == $offset);
    // 機能的に重要な説明がありません :(
    // テストフレームワークが生成する説明だけでは失敗の原因が明確ではありません
  }
}
```

このテストが失敗した場合、ユニットフレームワークは次のような出力を返します。

```
1 Test, 1 failed
Failing asserting true matches expected false :(
() <-- 失敗した理由についての何の説明もありません :(

<Click to see difference> - Two booleans
(そして、差分比較ツールが 2 つの真偽値の値を表示します)
```

次に、より説明的なアサーションの例を示します。

```
final class RangeUnitTest extends TestCase {
  function testValidOffset() {
    $range = new Range(1, 1);
    $offset = $range->offset();
    $this->assertEquals(10, $offset, 'すべてのページのオフセットは 10 でなければなりません');
    // 期待する値を常に最初の引数として渡します
    // 機能的に重要な説明を追加します
    // こうすることで、テストフレームワークによる説明がわかりやすくなります
  }
}
```

このテストが失敗した場合、ユニットフレームワークは次のような出力を返します。

```
1 Test, 1 failed
Failing asserting 0 matches expected 10
すべてのページのオフセットは 10 でなければなりません <-- 失敗した理由が記載されます

<Click to see difference>
（ここでは差分比較ツールが役立ちます。特にオブジェクトや JSON のような
複雑なオブジェクトの場合に非常に有用です）
```

このコードの改善は計算上の利点はありません。なぜなら、両方の式は同じ結果を生むからです。しかし、より具体的なアサーションを使用することで、ソフトウェアの保守性とチーム間の協力が大幅に向上します。真偽値のアサーションをより具体的な形に書き直すことで、テストが失敗した際により迅速に原因を特定し、修正できるようになります。

関連するレシピ

- レシピ 14.3　真偽値変数の具体的なオブジェクトへの置き換え
- レシピ 14.12　真偽値への暗黙的な型変換の防止

レシピ 20.4　モックの実オブジェクトへの置き換え

問題

テストにおいて、実際のオブジェクトの代わりにモックオブジェクトを使用している場合。

解決策

可能な限り、モックを実オブジェクトに置き換えましょう。

考察

モックオブジェクト

モックオブジェクトは、実オブジェクトの振る舞いを模倣し、その振る舞いをテストまたはシミュレートするためのものです。外部 API やライブラリなど、他のコンポーネントに依存しているソフトウェアコンポーネントをテストするために使用できます。

モックは振る舞いをテストする際の強力な助けになります。しかし、他の多くのツールと同様に、適切に使用しないと問題が生じる可能性があります。過度にモックを使用すると、不必要な複雑さが増し、コードの保守が難しくなり、テストの信頼性に関して誤った安心感を与える恐れがあります。実際のオブジェクトとモックの両方を使用して並行的にシステムを構築することになり、結果としてコードベース全体の保守性が低下する可能性があります。そのため、原則として、ビジネスロジックに直接関係のないエンティティのみをモック化することをお勧めします。

以下は問題のあるテストコードの例です。

```
class PaymentTest extends TestCase
{
    public function testProcessPaymentReturnsTrueOnSuccessfulPayment()
    {
        $paymentDetails = array(
            'amount'   => 123.99,
            'card_num' => '4111-1111-1111-1111',
            'exp_date' => '03/2013',
        );

        $payment = $this->getMockBuilder('Payment')
            ->setConstructorArgs(array())
            ->getMock();
        // ビジネスオブジェクトをモック化すべきではありません！

        $authorizeNet = new AuthorizeNetAIM(
            $payment::API_ID, $payment::TRANS_KEY);
        // これは外部に結合されたシステムです。
        // 制御できないため、テストが不安定になります

        $paymentProcessResult = $payment->processPayment(
            $authorizeNet, $paymentDetails);

        $this->assertTrue($paymentProcessResult);
    }
}
```

この問題を解決するため、ビジネスロジックを含むオブジェクトは実際のインスタンスを使用し、外部依存のみをモック化しましょう。その様子を以下に示します。

```
class PaymentTest extends TestCase
{
    public function testProcessPaymentReturnsTrueOnSuccessfulPayment()
    {
        $paymentDetails = array(
            'amount'   => 123.99,
            'card_num' => '4111-1111-1111-1111',
            'exp_date' => '03/2013',
        );

        $payment = new Payment(); // 実際の Payment オブジェクトを使用

        $response = new \stdClass();
        $response->approved = true;
        $response->transaction_id = 123;

        $authorizeNet = $this->getMockBuilder('\AuthorizeNetAIM')
            ->setConstructorArgs(array($payment::API_ID, $payment::TRANS_KEY))
            ->getMock();

        // 外部システムをモック化

        $authorizeNet->expects($this->once())
            ->method('authorizeAndCapture')
            ->will($this->returnValue($response));

        $paymentProcessResult = $payment->processPayment(
            $authorizeNet, $paymentDetails);

        $this->assertTrue($paymentProcessResult);
    }
}
```

これはアーキテクチャレベルのパターンです。そのため、自動的に検出するルールを作成するのは困難です。しかし、外部のコンポーネント（シリアライゼーション、データベース、API など）をモック化することは、システム間の不要な結合を避けるための有効な手法であることがわかるでしょう。モックは、スタブやフェイクなど他のテストダブルと同様に、適切に使用すれば非常に強力なツールとなります。ただし、ビジネスロジックそのものではなく、外部コンポーネントの模倣に限定して使用することが重要です。

関連するレシピ

- レシピ 19.12 空のメソッドの適切な処理

レシピ 20.5 一般的なアサーションの改善

問題

テストに、あまりにも一般的すぎるアサーションがある場合。

解決策

テストのアサーションは適切な精度で記述しましょう。曖昧すぎず、かつ実装の詳細に過度に依存しないようにします。

考察

テストカバレッジの数値を上げるためだけに、意味の薄いテストを作成することは避けてください。一般的すぎるアサーションは、コードが正しく動作しているという誤った安心感を与えてしまいます。代わりに、テスト対象の機能に対して適切なケースを確認し、機能的な観点からアサーションを行い、実装の詳細に依存したテストを避けるようにしましょう。以下は、一般的すぎるテストの例です。

```
square = Square(5)

assert square.area() != 0
# アサーションの条件が緩すぎるため、誤ったテスト結果となる可能性があります
```

より適切なテストの例は以下の通りです。

```
square = Square(5)

assert square.area() == 25
# アサーションは具体的であるべきです
```

テストの品質を向上させるには、ミューテーションテスト（「レシピ 5.1　var の const への変更」を参照）のような技術を活用することで、このようなテストの問題点を発見できます。また、テスト駆動開発（「レシピ 4.8　不要な属性の除去」を参照）を採用することをお勧めします。テスト駆動開発は具体的なビジネスケースに基づいてテストを設計し、ドメインに即した明確なアサーションを作成することを促進します。

関連するレシピ

- レシピ 20.4　モックの実オブジェクトへの置き換え
- レシピ 20.6　不安定なテストの削除

レシピ 20.6　不安定なテストの削除

問題

再現性のないテストがある場合。

解決策

外部データベースやインターネット上のリソースなど、テストで制御できない要素に依存しないようにしましょう。テストが時々失敗する場合は、その原因を特定し修正する必要があります。

考察

再現性のないテストは、開発者の自信を低下させ、テストの価値に疑問を抱かせる原因となります。テストの追加や実行が時間の無駄に感じられるかもしれません。理想的なテストは、完全に制御された環境で実行されるべきです（「レシピ 18.5 日付・時刻生成のグローバルな依存関係の解消」を参照）。テストの結果に不確実性や外部要因の影響があってはいけません。テスト間の不要な依存関係も取り除く必要があります。不安定で、時々失敗するテストは多くの組織で見られますが、これは開発者のテストに対する信頼を損なう原因となります。

不安定なテストとは、テスト環境やシステムの微小な変化に過敏に反応するテストのことです。例えば、ハードウェア、ネットワーク接続、ソフトウェアの依存関係の変更によってテストが失敗することがあります。このようなテストは頻繁なメンテナンスを必要とし、システムの実際の機能を正確に反映していない可能性があるため、問題となります。

不安定なテスト

不安定なあるいは**変動の大きいテスト**は、一貫性のない、または予測不可能な結果を生み出します。このようなテストは予期せず成功したり失敗したりするため、テスト対象のコードが正しく動作しているかどうかを判断するのが難しくなります。

不安定なテストの例を以下に示します。

```
public abstract class SetTest {

    protected abstract Set<String> constructor();

    @Test
    public final void testAddEmpty() {
        Set<String> colors = this.constructor();
        colors.add("green");
        colors.add("blue");
        assertEquals("{green, blue}", colors.toString());
        // これは脆いテストです。集合内の要素の順序に依存しており、
        // 集合において、要素の順序は定められていないためです
    }
}
```

以下は、より安定性の高いテストの例です。

```
public abstract class SetTest {

    protected abstract Set<String> constructor();

    @Test
    public final void testAddEmpty() {
        Set<String> colors = this.constructor();
        colors.add("green");
        assertEquals("{green}", colors.toString());
    }

    @Test
    public final void testEntryAtSingleEntry() {
        Set<String> colors = this.createFromArgs("red");
        Boolean redIsPresent = colors.contains("red");
        assertEquals(true, redIsPresent);
    }
}
```

不安定なテストの検出には、テスト実行結果の統計情報を活用できます。なお、テストはコードの品質を保証するセーフティネットの役割を果たすため、問題のあるテストを単に削除するのではなく、慎重に改善する必要があります。脆いテストは、システムの不適切な結合や予測不可能な振る舞いを示唆していることがあります。開発者はこのような信頼性の低いテストに対処するために多くの時間と労力を費やしていますが、それは本来のコード改善に充てるべき貴重なリソースです。

関連するレシピ

- レシピ 20.5　一般的なアサーションの改善
- レシピ 20.12　日付に依存するテストの書き換え

レシピ 20.7　浮動小数点数のアサーションの変更

問題

浮動小数点数を使用したアサーションがある場合。

解決策

可能な限り、浮動小数点数の直接比較を避けましょう。

考察

2つの浮動小数点数が同じであるとアサートすることは、非常に難しい問題です。テストで2つの浮動小数点数を比較する際、浮動小数点数のメモリ上の表現に起因するいくつかの問題が発生する可能性があります。これらの問題は、予期しないテスト結果を引き起こし、信頼性と正確性の高いテストを書くことを難しくします。

浮動小数点数は丸め誤差の影響を受けやすいです。たとえ2つの計算が同じ値を生成するはずであっても、丸め誤差のために若干異なる結果になることがあり、テストで偽陰性や偽陽性が生じる可能性があります。これにより、テストの信頼性が低下する可能性があります。原則として、実際のパフォーマンス上の必要性がない限り、浮動小数点数の使用は避けるべきです。これは早すぎる最適化の一例です（16章を参照）。代わりに、任意精度の数値を使用することをお勧めします。どうしても浮動小数点数を比較する必要がある場合は、許容範囲を設定して比較を行います。浮動小数点数の比較は、コンピュータサイエンスにおける古典的な問題の一つです。一般的な解決策として、閾値を用いた比較方法があります。これにより、小さな誤差を許容しつつ、実質的に同じ値かどうかを判断することができます。

次の例では、2つの浮動小数点数を比較しています。

```
Assert.assertEquals(0.0012f, 0.0012f); // 非推奨
Assert.assertTrue(0.0012f == 0.0012f); // 不適切な方法
```

浮動小数点数を比較する際は、以下のように許容範囲を設定して比較することをお勧めします。

```
float LargeThreshold = 0.0002f;
float SmallThreshold = 0.0001f;
Assert.assertEquals(0.0012f, 0.0014f, LargeThreshold); // true
Assert.assertEquals(0.0012f, 0.0014f, SmallThreshold); // false - アサーション失敗

Assert.assertEquals(12 / 10000, 12 / 10000); // true
Assert.assertEquals(12 / 10000, 14 / 10000); // false
```

この問題を検知するために、テストフレームワークの `assertEquals()` メソッドに対して、浮動小数点数が引数として渡されていないかをチェックするという方法があります。これにより、浮動小数点数の直接比較を検出し、避けることができます。可能な限り浮動小数点数の直接比較を避け、より適切な比較方法を採用することが重要です。

関連するレシピ

- レシピ 24.3　浮動小数点数型から十進数型への変更

レシピ 20.8　テストデータの現実的なデータへの変更

問題

テストで非現実的なデータを使用している場合。

解決策

実際のユースケースと現実のデータを可能な限り使用しましょう。

考察

非現実的なデータの使用は、2 章で定義した全単射の原則に反します。これは不適切なテストケースにつながり、コードの可読性を低下させます。現実のデータを使用し、MAPPER を活用して実際のエンティティと現実のデータをマッピングすることが重要です。かつて開発者は、現実のドメインデータを模倣した抽象的なデータでテストを行っていました。開発者は実際のユーザーからかけ離れたウォーターフォールモデルで開発を行っていました。しかし、全単射と MAPPER の技術、ドメイン駆動設計、テスト駆動開発の登場により、ユーザー受け入れテストの重要性が高まりました。

ドメイン駆動設計

ドメイン駆動設計は、ソフトウェアシステムの設計をビジネスや問題領域に合わせることに重点を置いています。これにより、コードがより表現力豊かになり、保守性が向上し、ビジネス要件との整合性が高まります。

アジャイル手法を採用する場合、現実世界のデータを用いてテストを行うことが不可欠です。本番環境でエラーが発見された場合は、そのエラーを再現する実際のデータを使用したテストケースを追加することが重要です。これにより、同様の問題の再発を防ぎ、システムの信頼性を向上させることができます。

ユーザー受け入れテスト

ユーザー受け入れテスト（UAT）は、ソフトウェアシステムやアプリケーションがビジネス要件とユーザー要件を満たし、本番環境へのデプロイの準備ができているかを確認するプロセスです。UAT では、実際のデータを使用した一連のテストとエンドユーザーによるレビューを行います。これにより、ソフトウェアが正しく機能し、ユーザーのニーズと期待に応えていることを検証します。

次のテストでは、非現実的なデータを使用しています。

```
class BookCartTestCase(unittest.TestCase):
    def setUp(self):
        self.cart = Cart()

    def test_add_book(self):
        self.cart.add_item('xxxxx', 3, 10)
        # これは現実的な例ではありません
```

```
        self.assertEqual(
            self.cart.total,
            30,
            msg='書籍をカートに追加後の合計が正しくありません')
        self.assertEqual(
            self.cart.items['xxxxx'],
            3,
            msg='書籍をカートに追加後の数量が正しくありません')

    def test_remove_item(self):
        self.cart.add_item('fgdfhhfhhh', 3, 10)
        self.cart.remove_item('fgdfhhfhrhh', 2, 10)
        # 現実的な例ではないため、タイプミスが発生しています
        self.assertEqual(
            self.cart.total,
            10,
            msg='書籍をカートから削除後の合計が正しくありません')
        self.assertEqual(
            self.cart.items['fgdfhhfhhh'],
            1,
            msg='書籍をカートから削除後の数量が正しくありません')
```

例に示したようなタイプミスは、「レシピ6.8 マジックナンバーの定数での置き換え」によって回避できます。ただし、現実的なデータを使用することで、テストの品質と理解しやすさが向上します。以下は、実際のデータを使用したテストの例です。

```
class BookCartTestCase(unittest.TestCase):
    def setUp(self):
        self.cart = Cart()

    def test_add_book(self):
        self.cart.add_item('Harry Potter', 3, 10)

        self.assertEqual(
            self.cart.total,
            30,
            msg='書籍をカートに追加後の合計が正しくありません')
        self.assertEqual(
            self.cart.items['Harry Potter'],
            3,
            msg='書籍をカートに追加後の数量が正しくありません')

    # 同じ例を再利用せず
    # 新しい現実の本を使います。
    def test_remove_item(self):
        self.cart.add_item('Divergent', 3, 10)
        self.cart.remove_item('Divergent', 2, 10)
        self.assertEqual(
            self.cart.total,
            10,
```

```
            msg='書籍をカートから削除後の合計が正しくありません')
        self.assertEqual(self.cart.items[
            'Divergent'],
            1,
            msg='書籍をカートから削除後の数量が正しくありません')
```

現実のデータを使用しても、“Devergent”のようなタイプミスは起こり得ますが、より早く気づきやすくなります。テストコードを読むことは、ソフトウェアの動作を理解する重要な方法です。そのため、テストは可能な限り明確かつ詳細に記述する必要があります。

一部の分野や規制下では、実際のデータを使用できない場合があります。そのような状況では、意味のある匿名化されたデータを使用してテストを行いましょう。

関連するレシピ

- レシピ 8.5　コメントの関数名への変換

関連項目

- Wikipedia、「Given-When-Then」(https://oreil.ly/ttrjC)

レシピ 20.9　カプセル化を尊重したテスト設計

問題

カプセル化に違反するテストがある場合。

解決策

テストのためだけに特別なメソッドを追加することは避けましょう。

考察

テストを容易にするためにテスト対象コードを変更することがありますが、これはカプセル化を破壊し、不適切なインターフェースや不要な依存関係を生み出す可能性があります。テストは対象のシステムを完全に制御できる環境で行う必要があります。もしテスト対象のオブジェクトを適切に制御できない場合、それは望ましくない依存関係が存在することを示唆しています。このような場合は、テスト対象のコードとテストコードの間の依存関係を見直し、適切に分離することが重要です。

次のようなクラスとそのテストを見てみましょう。

```
class Hangman {
    private $wordToGuess;

    function __construct() {
        $this->wordToGuess = getRandomWord();
        // テストがこの部分を制御できません
    }

    public function getWordToGuess(): string {
        return $this->wordToGuess;
        // 残念ながら、この情報を公開する必要があります
    }
}

class HangmanTest extends TestCase {
    function test01WordIsGuessed() {
        $hangmanGame = new Hangman();
        $this->assertEquals('tests', $hangmanGame->wordToGuess());
    }
}
```

より適切なアプローチは以下の通りです。

```
class Hangman {
    private $wordToGuess;

    function __construct(WordRandomizer $wordRandomizer) {
        $this->wordToGuess = $wordRandomizer->newRandomWord();
    }
    function wordWasGuessed() { }
    function play(char letter) { }
}

class MockRandomizer implements WordRandomizer {
    function newRandomWord(): string {
        return 'tests';
    }
}

class HangmanTest extends TestCase {
    function test01WordIsGuessed() {
        $hangmanGame = new Hangman(new MockRandomizer());
        // テストを制御できています
        $this->assertFalse($hangmanGame->wordWasGuessed());
        $hangmanGame->play('t');
        $this->assertFalse($hangmanGame->wordWasGuessed());
        $hangmanGame->play('e');
        $this->assertFalse($hangmanGame->wordWasGuessed());
        $hangmanGame->play('s');
        $this->assertTrue($hangmanGame->wordWasGuessed());
        // 振る舞いのみをテストしています
```

```
    }
}
```

このアプローチは、テストのためだけに内部状態を露出させることを避けています。テストの設計には注意が必要です。テストのためだけのメソッドを追加することは避け、代わりにオブジェクトの公開インターフェースを通じて振る舞いをテストすることが重要です。内部実装の詳細に依存するテスト（オープンボックステスト）は脆弱であり、コードの変更に弱くなります。代わりに、オブジェクトの外部から観察可能な振る舞いに焦点を当ててテストを設計しましょう。

関連するレシピ

- レシピ 3.3　オブジェクトからのセッターの除去
- レシピ 20.6　不安定なテストの削除

関連項目

- Gerard Meszaros 著、『xUnit Test Patterns: Refactoring Test Code』（Addison-Wesley Professional）

レシピ 20.10　テストにおける不要な情報の削除

問題

テストケースに、テストの目的に直接関係のないデータが含まれている場合。

解決策

テストとアサーションには、テストの目的に直接関連する情報のみを含めるようにしましょう。

考察

テストに不要な情報が含まれると、テストの本質的な目的が不明確になり、可読性とメンテナンス性が低下します。テストケースは必要最小限の情報に絞り、セットアップ、実行、検証の明確な3ステップ構造を維持することが重要です。

以下は、テストの目的に直接関係のない車のモデルや色の情報を含む例です。

```
def test_formula_1_race():
    # セットアップ
    racers = [
        {"name": "Lewis Hamilton",
        "team": "Mercedes",
        "starting_position": 1,
        "car_color": "Silver"},
```

```
        {"name": "Max Verstappen",
        "team": "Red Bull",
        "starting_position": 2,
        "car_color": "Red Bull"},
        {"name": "Sergio Perez",
        "team": "Red Bull",
        "starting_position": 3,
        "car_color": "Red Bull"},
        {"name": "Lando Norris",
        "team": "McLaren",
        "starting_position": 4,
        "car_color": "Papaya Orange"},
        {"name": "Valtteri Bottas",
        "team": "Mercedes",
        "starting_position": 5,
        "car_color": "Silver"}
    ]

    # 実行
    winner = simulate_formula_1_race(racers)

    # 検証
    assert winner == "Lewis Hamilton"

    # 以下は勝者の検証にはすべて無関係です。
    assert racers[0]["car_color"] == "Silver"
    assert racers[1]["car_color"] == "Red Bull"
    assert racers[2]["car_color"] == "Red Bull"
    assert racers[3]["car_color"] == "Papaya Orange"
    assert racers[4]["car_color"] == "Silver"
    assert racers[0]["car_model"] == "W12"
    assert racers[1]["car_model"] == "RB16B"
    assert racers[2]["car_model"] == "RB16B"
    assert racers[3]["car_model"] == "MCL35M"
    assert racers[4]["car_model"] == "W12"
```

次の例では、テストの目的に関連する情報のみが含まれています。

```
def test_formula_1_race():
    # セットアップ
    racers = [
        {"name": "Lewis Hamilton", "starting_position": 1},
        {"name": "Max Verstappen", "starting_position": 2},
        {"name": "Sergio Perez", "starting_position": 3},
        {"name": "Lando Norris", "starting_position": 4},
        {"name": "Valtteri Bottas", "starting_position": 5},
    ]

    # 実行
    winner = simulate_formula_1_race(racers)
```

```
# 検証
assert winner == "Lewis Hamilton"
```

テストコードを書く際は、不要な情報や冗長なアサーションを避け、テストの本質的な目的を明確に表現することが重要です。テストコードは、まるで物語を読むように分かりやすく流れるべきです。常に、将来テストコードを読む人のことを考えて書きましょう。その読み手は、数ヶ月後のあなた自身かもしれません。

関連するレシピ

- レシピ 20.5　一般的なアサーションの改善

レシピ 20.11　プルリクエストごとのテストカバレッジの確保

問題

プルリクエストに適切なテストが含まれていない場合。

解決策

コード変更には必ず対応するテストを追加し、テストカバレッジを確保しましょう。

考察

テストが不十分なプルリクエストは、システム全体の品質低下とメンテナンス性の悪化につながります。コードを変更する際は、その変更を反映したテストも同時に更新または追加することが重要です。これは、コードの動作を単に説明するドキュメントではなく、実際に動作を検証する「生きた仕様書」としての役割を果たします。テストのない部分のコードを変更する場合は、新たにテストを追加してカバレッジを向上させる必要があります。一方、既存のテストがカバーしている箇所を変更する場合は、それらのテストが新しい実装に合わせて正しく機能するよう更新します。

テストが不足している機能変更の例を以下に示します。

```
export function sayHello(name: string): string {
  const lengthOfName = name.length;
-   const salutation =
-   `お元気ですか、${name}さん？あなたの名前は${lengthOfName}文字ありますね！`;
+   const salutation =
+   `こんにちは、${name}さん。あなたの名前は${lengthOfName}文字ありますね！`;
  return salutation;
}
```

必要なテストを追加した後はこのようになります。

```
export function sayHello(name: string): string {
  const lengthOfName = name.length;
-  const salutation =
- `お元気ですか、${name}さん？あなたの名前は${lengthOfName}文字ありますね！`;
+  const salutation =
+  `こんにちは、${name}さん。あなたの名前は${lengthOfName}文字ありますね！`;
  return salutation;
}

import { sayHello } from './hello';

test('名前を与えると期待する挨拶を生成する', () => {
  expect(sayHello('アリス')).toBe(
    'こんにちは、アリスさん。あなたの名前は 3 文字ありますね！');
});
```

なお、コードとテストが別のリポジトリで管理されている場合、それぞれに対して異なるプルリクエストを作成する必要があるかもしれません。しかし、テストコードは機能コードと同等に重要であることを忘れないでください。テストは、あなたのコードの最初のユーザーであり、最も信頼できる品質保証の手段です。そのため、テストの保守と改善にも十分な注意を払うべきです。

関連するレシピ

- レシピ 8.5 コメントの関数名への変換

レシピ 20.12 日付に依存するテストの書き換え

問題

テスト内で特定の日時に依存したアサーションを行っている場合。

解決策

テストは完全に制御できる環境で実行する必要があります（「レシピ 18.5 日付・時刻生成のグローバルな依存関係の解消」を参照）。時間の経過を直接制御することは困難なため、日時に依存する条件は可能な限り排除しましょう。

考察

特定の日付や時刻に依存するテストは、非決定的なテストの一種です。これらは驚き最小の原則に反し（「レシピ 5.6 変更可能な定数の凍結」を参照）、予期せぬ失敗を引き起こす可能性があり、CI/CD パイプラインを阻害する恐れがあります。テストは常に制御可能な環境で実行されるべきです。例えば、将来の特定の日付でフィーチャーフラグを削除するようなテストを書くと、その日付が来るまでテストは常に失敗し続け、リリースや他の開発者の作業を妨げる可能性があります。他にも注意すべき例として、特定の日付になったときの動作をテストする場合や、真夜中に実行されるテスト、タイムゾーンの違いに依存するテストなどがあります。
特定の日付に依存するテストの例を以下に示します。

```
class DateTest {
    @Test
    void testNoFeatureFlagsAfterFixedDate() {
        LocalDate fixedDate = LocalDate.of(2023, 4, 4);
        LocalDate currentDate = LocalDate.now();
        Assertions.assertTrue(currentDate.isBefore(fixedDate) ||
            !featureFlag.isOn());
    }
}
```

日付への依存を排除し、機能フラグの状態のみをテストするように改善した例は以下の通りです。

```
class DateTest {
    @Test
    void testNoFeatureFlags() {
        Assertions.assertFalse(featureFlag.isOn());
    }
}
```

テスト内で日付や時間に基づいた検証を行うことは可能ですが、日付や時間に依存するテストには十分な注意が必要です。これらは予期せぬ失敗の原因となりやすく、テストの信頼性を損なう可能性があります。

関連するレシピ

- レシピ 20.6　不安定なテストの削除

レシピ 20.13　新しいプログラミング言語の学習

問題

新しい言語を学び、その言語で「Hello World」プログラムを実装する必要がある場合。

解決策

新しいプログラミング言語を学ぶためのチュートリアルなどでよくあるアプローチは、コンソール出力などのグローバルな機能を使用して「Hello World」を表示するというものです。しかし、より良い方法は、最初に失敗するテストを書き、それを修正することで学習を進めるというものです。

考察

「Hello World」プログラムは、多くのプログラミング入門者が最初に学ぶ例題です。しかし、最初に書くプログラムは、コンソール出力などのグローバルな機能に依存しており（18章を参照）、副作用があるため結果が正しいかどうかを自動的にテストすることが困難です（「レシピ5.7 副作用の除去」を参照）。さらに、自動化されたテストがないため、コードの変更後も正しく動作しているかを確認するのが難しくなります。

多くのプログラミング入門で最初に紹介される例は以下のようなものです。

```
console.log("Hello, World!");
```

しかし、より良い学習方法として、以下のようなテストコードから始めることをお勧めします。

```
function testFalse() {
  expect(false).toBe(true);
}
```

このように、最初に失敗するテストを書くことから始めます。これにより、テスト駆動開発の基本的な流れを学ぶことができます（「レシピ4.8 不要な属性の除去」を参照）。この方法で学習を進めることで、新しい言語の基本だけでなく、良質なソフトウェア開発の手法も同時に身につけることができます。

関連項目

- The Hello World Collection（https://oreil.ly/bmB6_）

21章
技術的負債

技術的負債は、機械装置における摩擦に例えることができます。摩耗、潤滑不足、設計の欠陥などにより装置の摩擦が大きくなればなるほど、装置の動きは鈍くなり、本来の効果を得るためにはより多くのエネルギーを加える必要があります。一方で、摩擦は機械部品が正常に機能するための不可欠な要素でもあります。摩擦を完全に取り除くことはできず、その影響を軽減することしかできないのです。

— Philippe Kruchten、Robert Nord、Ipek Ozkaya 著、『Managing Technical Debt: Reducing Friction in Software Development』(Addison-Wesley Professional)

はじめに

ソフトウェア開発において、技術的負債を回避することは非常に重要です。技術的負債は、可読性、保守性、スケーラビリティ、信頼性、長期的なコスト、コードレビュー、コラボレーション、評判、顧客満足度といった多くの品質属性に影響を与えます。技術的負債が蓄積すると、コードの理解、修正、維持が困難になり、結果として開発チームの生産性と意欲が低下します。早い段階で技術的負債に取り組むことで、より高いコード品質、より優れたシステムのスケーラビリティと適応性を確保しつつ、障害やセキュリティ侵害のリスクを最小限に抑えることができます。クリーンコードを書くことを重視し、技術的負債を最小限に抑えることで、信頼性の高いソフトウェアを提供できます。また、効果的なコラボレーションを促進し、ポジティブな評判を維持することができ、最終的には顧客満足度とビジネスの成功につながります。

ソフトウェア開発サイクルは、コードが動作するようになったら終わりではありません。クリーンコードは、開発から本番運用まですべての段階で正しく機能する必要があります。多くのシステムがミッションクリティカルな性質を持つ中、これまで以上に速いペースで本番環境にリリースすることが求められています。そのため、本番環境で高品質なコードを確実に提供するためのプロセス設計が、かつてないほど重要になっています。

技術的負債

技術的負債とは、不適切な開発プラクティスや設計により、時間の経過とともにソフトウェアシステムの維持と改善にかかるコストが増大することを指します。金銭的な借金が時間とともに利子が生じるのと同様に、開発者が近道を選んだり、設計上の妥協をしたり、コードベースの問題に適切に対処しないことで、技術的負債は蓄積されていきます。その結果、最初に節約した時間やリソース（元本）よりも、後々多くの労力やコスト（利息）を払うことになってしまうのです。

レシピ21.1　本番環境に依存するコードの排除

問題

本番環境で動作が異なるコードがある場合。

解決策

本番環境かどうかを判定するための条件分岐や、本番環境に特化した条件分岐をコードに追加しないようにしましょう。

考察

本番環境に依存するコードは、本番環境でコードを実行する前に問題を検出できないため、フェイルファストの原則に反します。また、本番環境を正確に再現できない限り、十分なテストを行うことが困難です。どうしても本番環境固有のコードが必要な場合は、各環境をモデル化し、すべての環境でテストを行うことを検討しましょう。例えば、パスワードの強度要件など、開発環境と本番環境で異なる動作が必要だとします。このような場合は、ストラテジーパターンを活用し、環境ごとに適切な強度のパスワードチェックのアルゴリズム（ストラテジー）を実装しましょう。そして、環境設定に基づいて適切なストラテジーを選択し使用しましょう。これにより、環境自体ではなく各ストラテジーをテストすることが可能になり、環境に依存する条件分岐を避けつつ、必要に応じて異なる動作を実現し、テスト可能性を保持することができます。

以下のコードは、グローバルに定義された定数に依存しています。

```
def send_welcome_email(email_address, environment):
  if ENVIRONMENT_NAME == "production":
    print(f"歓迎メールを {email_address} に送信中 "
        "送信元：from Bob Builder <bob@builder.com>")
  else:
    print("メールは本番環境でのみ送信されます")

send_welcome_email("john@doe.com", "development")
# 何も起こりません。メールは本番環境でのみ送信されます。

send_welcome_email("john@doe.com", "production")
```

```
# 歓迎メールを john@doe.com に送信中
# 送信元: Bob Builder bob@builder.com
```

これらの変更をより明示的にするために、「レシピ 14.1　偶発的な if 文のポリモーフィズムを用いた書き換え」で説明されているように、条件分岐を排除し、ポリモーフィズムを活用できます。

```
class ProductionEnvironment:
  FROM_EMAIL = "Bob Builder <bob@builder.com>"

class DevelopmentEnvironment:
  FROM_EMAIL = "Bob Builder Development <bob@builder.com>"

# 環境をユニットテストできます
# さらに異なる送信メカニズムを実装することもできます

def send_welcome_email(email_address, environment):
  print(f"歓迎メールを {email_address} に送信中 "
      f"送信元： {environment.FROM_EMAIL}")
  # フェイクの送信者（および可能であればロガー）に委譲し、
  # ユニットテストすることができます

send_welcome_email("john@doe.com", DevelopmentEnvironment())
# 歓迎メールを john@doe.com に送信中
# 送信元： Bob Builder Development <bob@builder.com>

send_welcome_email("john@doe.com", ProductionEnvironment())
# 歓迎メールを john@doe.com に送信中
# 送信元： Bob Builder <bob@builder.com>
```

開発環境と本番環境それぞれに適した設定を作成し、環境固有の振る舞いをカスタマイズ可能なオブジェクトに委譲しましょう。また、テストが困難な条件分岐の追加は避け、ビジネスルールを適切に設定されたオブジェクトに委譲するアプローチを取りましょう。さらに、抽象化やインターフェースを活用し、柔軟性に欠ける階層構造の構築は避けるようにしましょう。

関連するレシピ

- レシピ 23.3　プリプロセッサの除去

レシピ 21.2　イシュートラッカーの廃止

問題

既知の問題を管理するためにイシュートラッカーを使用している場合。

解決策

すべてのソフトウェアには既知の問題が存在します。これらを追跡するのではなく、積極的に解決することでイシューリストの管理を不要にしましょう。

考察

イシュートラッカーは管理が難しく、技術的負債と機能的負債を蓄積させる原因となります。こういった欠陥を「バグ」と呼ぶのは避けましょう（「2.8 唯一無二のソフトウェア設計原則」を参照）。代わりに、欠陥を再現し、その状況を網羅するテストを作成し、最もシンプルな解決策（一時的な対応でも可）を実装し、必要に応じて後でリファクタリングするというアプローチを取りましょう。この手法はテスト駆動開発の考え方に基づいています（「レシピ 4.8 不要な属性の除去」を参照）。多くの開発者は作業の中断を避けるため、欠陥をリスト化し解決を先送りにする傾向がありますが、これはより深刻な問題の兆候です。理想的には、ソフトウェアは容易に変更できるようにすべきです。「解決予定リスト」に頼らずに迅速な修正や調整ができない場合、それはソフトウェア開発プロセス全体の改善が必要なサインかもしれません。

ここに欠陥が含まれるコードの例があります。

```
function divide($numerator, $denominator) {
  return $numerator / $denominator;
  // FIXME 分母の値が 0 になる可能性がある
  // TODO 関数名の変更
}
```

そして、それを即座に対処した場合は次のようになります。

```
function integerDivide($numerator, $denominator) {
  if ($denominator == 0) {
    throw new DivideByZeroException();
  }
  return $numerator / $denominator;
}

// 技術的負債を返済しました
```

開発チーム内でのイシュートラッカーの使用は最小限に抑えましょう。ただし、顧客からの報告を管理し、迅速に対応するための顧客対応用のトラッカーを使用することは適切です。これにより、顧客の声を確実に把握し、効果的に対応することができます。

関連するレシピ

- レシピ 21.4 TODO と FIXME コメントの削除

関連項目

- Wikipedia、「List of Software Bugs」（https://oreil.ly/h3pY2）

レシピ 21.3　警告オプションとストリクトモードの常時有効化

問題

本番環境で警告オプションやストリクトモードがオフになっている場合。

解決策

コンパイラの警告オプションや警告表示は開発者を支援するためのものです。これらを無視せず、本番環境を含むすべての環境で**常に**有効にしておきましょう。

考察

警告を無視することで、エラーとその波及効果を見逃し、フェイルファストの原則に反することになります（13 章を参照）。この問題を解決するには、すべての警告オプションを有効にし、契約による設計の方法論に基づいて、本番環境でも事前条件チェックとアサーションを有効にすることが重要です（「レシピ 13.2　事前条件の強制」を参照）。

以下に、警告オプションがオフの状態のコード例を示します。

```
undefinedVariable = 310;
console.log(undefinedVariable); // 出力: 310

delete undefinedVariable; // エラーなし。undefinedVariable を削除できます
```

ストリクトモードを有効にした場合は以下のようになります。

```
'use strict';

undefinedVariable = 310;
console.log(undefinedVariable); // ReferenceError: undefinedVariable is not defined

delete undefinedVariable; //  SyntaxError: Delete of an unqualified identifier in strict mode
```

多くのプログラミング言語には複数の警告レベルが用意されています。これらのほとんどを有効にすることをお勧めします。また、コードの潜在的な問題を静的に分析するためにリンタを使用しましょう。警告を無視して開発を進めると、いずれ問題が発生する可能性が高くなります。後になって問題が発生した場合、根本原因の特定が困難になり、欠陥は最初の警告地点から遠く離れたところにある可能性があります。「割れ窓理論」に基づけば、警告を一切容認しないことが重要です。これにより、既存の警告の中に新しい問題が埋もれるのを防ぐことができます。

割れ窓理論

割れ窓理論は、一見些細な問題や欠陥が、長期的にはより深刻な問題につながる可能性があることを示唆しています。開発者がコード内の小さな問題に気づきながら、「すでに他の問題もあるから」と無視してしまうと、開発プロセス全体で問題を軽視する文化や細部への注意不足を生み出す可能性があります。

関連するレシピ

- レシピ 15.1 Null オブジェクトの作成
- レシピ 17.7 オプション引数の排除

関連項目

- Adam D. Scott 他著、『JavaScript Cookbook, 3rd Edition』(O'Reilly Media)、「Using Strict Mode to Catch Common Mistakes」
- Joseph Edmonds, Lorna Jane Mitchell 著、『The Art of Modern PHP 8』(Packt Publishing)

レシピ 21.4 TODO と FIXME コメントの削除

問題

コード内に TODO や FIXME コメントを挿入し、技術的負債を増やしている場合。

解決策

コード内に TODO や FIXME コメントを残さないでください。それらの課題を即座に解決しましょう！

考察

技術的負債は他の負債と同様に、最小限に抑える必要があります。コードに TODO や FIXME コメントを追加することは望ましくありません。これらのコメントは放置されがちで、結果として技術的負債が蓄積されていきます。技術的負債は時間とともに増大し、元の問題を解決するよりも多くの労力とコストが必要になる可能性があります。つまり、後になればなるほど、元の負債（問題の解決）よりも多くの「利息」（追加の労力やコスト）を支払うことになります。

以下に、後で実装予定であるという TODO コメントを含むコード例を示します。

```
public class Door
{
    private Boolean isOpened;
```

```
    public Door(boolean isOpened)
    {
        this.isOpened = isOpened;
    }

    public void openDoor()
    {
        this.isOpened = true;
    }

    public void closeDoor()
    {
        // TODO: ドアを閉じる実装を追加
    }
}
```

技術的負債を回避するために、以下のように即座に実装すべきです。

```
public class Door
{
    private Boolean isOpened;

    public Door(boolean isOpened)
    {
        this.isOpened = isOpened;
    }

    public void openDoor()
    {
        this.isOpened = true;
    }

    public void closeDoor()
    {
        this.isOpened = false;
    }
}
```

多くのリンタは TODO コメントの数を数える機能を持っています。これを利用するか、必要に応じて独自のツールを作成し、TODO コメントを減らす方針を立てましょう。テスト駆動開発を実践している場合（「レシピ 4.8　不要な属性の除去」参照）、TODO コメントの代わりに未実装機能のテストを書き、すぐに実装することをお勧めします。テスト駆動開発で、TODO コメントが有効なのは、深さ優先の開発を行う際に、後で取り組むべき課題を記録しておく場合のみです。

関連するレシピ

- レシピ 9.6　割れた窓の修理
- レシピ 21.2　イシュートラッカーの廃止

22章 例外

最適化は進化を妨げます。最初の構築を除き、すべてはトップダウンで構築されるべきです。単純さは複雑さに先行するのではなく、複雑さを経て到達するものです。

— Alan Perlis

はじめに

例外は、正常なユースケースとエラーを分離し、エラーを適切に処理することでクリーンコードを実現するための素晴らしいメカニズムです。しかし残念なことに、Go 言語のような一部の流行の言語は、早すぎる最適化を理由に古い戻り値コードの仕組みを採用しています。これは多くの `if` 文（開発者が見落としがち）を必要とし、エラーを大きな単位でしか処理できないという問題があります。

例外は関心事を分離するための最良のツールであり、予期せぬ状況も含めて、正常な処理と例外的な処理を明確に区別するのに役立ちます。例外は適切な制御フローを生み出し、早期にエラーを検出します。ただし、例外の効果を最大化し、潜在的な問題を回避するためには、慎重な設計と適切な処理が不可欠です。

レシピ 22.1　空の例外ブロックの除去

問題

例外を無視しているコードがある場合。

解決策

例外を無視せず、適切に処理しましょう。

考察

以前は「On Error Resume Next（エラーが発生しても処理を継続する）」という方法がよく使

われていました。しかし、この対処法はフェイルファストの原則に反し（13章を参照）、問題がシステムの広い範囲に波及してしまう可能性があります。例外は捕捉し、明示的に処理すべきです。以下は例外を無視している例です。

```
import logging

def send_email():
  print("メール送信中")
  raise ConnectionError("エラー発生")

try:
  send_email()
except:
  # これは避けるべきです
pass
```

以下は、例外を適切に処理した場合のコードです。

```
import logging

logger = logging.getLogger(__name__)
try:
  send_email()
except ConnectionError as exception:
  logger.error(f"メールを送信できません {exception}")
```

多くのリンタは、空の例外ブロックに対して警告を出します。正当な理由で例外を無視する必要がある場合は、その理由を明確にコメントで記述すべきです。常にエラーへの対処を意識しましょう。何も処理しないと決めた場合でも、その判断を明示的に示すべきです。

関連するレシピ

- レシピ22.8 try ブロックの範囲の縮小

関連項目

- “on-error-resume-next” package（https://oreil.ly/RpM9N）

レシピ22.2 不要な例外の除去

問題

空の例外がある場合。

解決策

例外を適切に使用することでコードが明確で堅牢になります。ただし、例外であっても中身のない空のオブジェクトは作らないようにしましょう。

考察

空の例外は過剰設計の兆候であり、名前空間を不必要に複雑にします。新しい例外は、既存の例外とは異なる特有の動作が必要な場合にのみ作成すべきです。例外はオブジェクトとしてモデル化し、その振る舞いを明確に定義しましょう。新しい例外クラスを安易に作成することは避けてください。

以下のコードでは、多くの空の例外を使用しています。

```
public class FileReader {

    public static void main(String[] args) {
        FileReader file = null;

        try {
            file = new FileReader("source.txt");
            file.read();
        }
        catch(FileDoesNotExistException e) {
            e.printStackTrace();
        }
        catch(FileLockedException e) {
            e.printStackTrace();
        }
        catch(FilePermissionsException e) {
            e.printStackTrace();
        }
        catch(Exception e) {
            e.printStackTrace();
        }
        finally {
            try {
                file.close();
            }
            catch(CannotCloseFileException e) {
                e.printStackTrace();
            }
        }
    }
}
```

次の例はより簡潔です。

```
public class FileReader {

    public static void main(String[] args) {
        FileReader file = null;

        try {
            file = new FileReader("source.txt");
            file.read();
        }
        catch(FileException exception) {
            if (exception.description ==
                this.expectedMessages().errorDescriptionFileTemporaryLocked()) {
                // スリープして再試行
                // すべての例外で振る舞いが同じ場合、
                // オブジェクト作成時にメッセージテキストを変更するだけで、
                // 新しい例外クラスを作成する必要はありません
            }
            this.showErrorToUser(exception.messageToUser());
            // この例は簡略化されています。
            // 実際の使用時はメッセージを適切に多言語化すべきです
        }
        finally {
            try {
                file.close();
            } catch (IOException ioException) {
                ioException.printStackTrace();
            }
        }
    }
}
```

新しい例外クラスを作成する際は、振る舞いを表すメソッドをオーバーライドすることに重点を置くべきです。単に`code`、`description`、`resumable`などの属性を持たせるだけでは、振る舞いを定義したことにはなりません。たとえば、`Person`クラスの各インスタンスに対して異なる名前を返すために別々のクラスを作成しないのと同じように、例外においても単なる情報の違いでクラスを分ける必要はありません。実際のコードを見直してみると、特定の例外をキャッチする頻度はそれほど高くないことに気づくかもしれません。新しいクラスを作成する前に、それが本当に必要かどうかを考えてみてください。すでに例外クラスに依存している場合、クラス自体ではなく、例外の説明に依存する方が柔軟性が高まります。また、例外のインスタンスをシングルトンとして扱うことは**避ける**べきです。

関連するレシピ

- レシピ3.1 貧血オブジェクトのリッチオブジェクトへの変換
- レシピ19.9 振る舞いのないクラスの除去

レシピ 22.3　期待されるケースにおける例外の使用の回避

問題

正常な処理フローの一部である期待されるビジネスケースに例外を使用している場合。

解決策

制御フローの管理に例外を使用しないようにしましょう。

考察

例外は goto 文やフラグと同様に扱うべきではありません（「レシピ 18.3　goto 文の構造化コードへの置き換え」を参照）。通常の処理フローで例外を使用すると、コードの可読性が低下し、驚き最小の原則に反します（「レシピ 5.6　変更可能な定数の凍結」を参照）。例外は予期せぬ状況や異常事態を処理するためにのみ使用すべきです。具体的には、契約違反（メソッドの事前条件が満たされない場合など）を処理する目的で使用するべきです（「レシピ 13.2　事前条件の強制」を参照）。

境界条件を例外で処理する不適切なループの例を以下に示します。

```
try {
    // 終了条件のない無限ループ
    for (int index = 0;; index++)
        array[i]++;
} catch (ArrayIndexOutOfBoundsException exception) {}
```

以下は、同じ処理をより適切に記述したコードです。ループの終了条件を明示的に示しています。

```
// index < array.length で実行を終了
for (int index = 0; index < array.length; index++)
    array[index]++;
```

このような例外の不適切な使用は、コードの意図を不明確にするセマンティックな問題です。機械学習を活用した静的解析ツール（「レシピ 5.2　変更が必要な変数の適切な宣言」を参照）を使用しない限り、このような問題を自動的に発見するのは困難です。例外は有用なツールであり、戻り値でエラーを表現する代わりに例外を活用すべきですが、その正しい使用法と誤った使用法の境界は、多くの設計原則と同様に明確に定義することが難しい場合があります。

関連するレシピ

- レシピ 22.2　不要な例外の除去
- レシピ 22.5　リターンコードの例外への置き換え

関連項目

- C2 Wiki、「Don't Use Exceptions for Flow Control」(https://oreil.ly/8frWT)
- DZone、「Why You Should Avoid Using Exceptions as the Control Flow in Java」(https://oreil.ly/q00Ep)

レシピ22.4　ネストしたtry/catchの書き換え

問題

ネストしたtry/catchブロックがある場合。

解決策

例外処理のネストはやめましょう。代わりに、例外処理のロジックを別のクラスや関数に抽出しましょう。

考察

例外は正常系の処理と異常系の処理を分離するための優れた方法です。しかし、例外処理を過度にネストさせると、コードの可読性が低下し、ロジックの流れを追うのが困難になります。以下は、ネストしたtry/catchの問題のある例です。

```
try {
    transaction.commit();
} catch (exception) {
    logerror(exception);
    if (exception instanceof DBError) {
      try {
          transaction.rollback();
      } catch (e) {
          doMoreLoggingRollbackFailed(e);
      }
    }
}

// ネストしたtry/catch
// 例外ケースが正常系の処理よりも重要に見えてしまいます
```

以下のように書き換えることができます。

```
try {
    transaction.commit();
} catch (transactionError) {
    this.handleTransactionError(
        transactionError, transaction);
```

```
}

// トランザクションエラーの処理方針についてはここで記述しないようになったため
// コードの重複がなく、より読みやすくなっています
// 抽出したメソッドの中で、トランザクションとエラーの性質に基づいて、
// どう処理するかを決定できます
```

構文解析ツールを使用して、このようなコードの問題点を検出することができます。例外の使用に関しては、過度に使用せず、誰も捕捉しない例外クラスを作成しないよう注意しましょう。また、すべての可能性のある例外に対して過剰に備える必要はありません。ただし、現実的なシナリオがあり、十分にテストでカバーされている場合は例外です。重要なのは、正常系の処理フローを最優先することです。

関連するレシピ

- レシピ 22.2 不要な例外の除去
- レシピ 22.3 期待されるケースにおける例外の使用の回避

関連項目

- BeginnersBook、「Nested Try Catch Block in Java – Exception Handling」(https://oreil.ly/W4r5H)

レシピ 22.5 リターンコードの例外への置き換え

問題

例外の代わりにリターンコードを使用している場合。

解決策

リターンコードを返すのではなく、例外を発生させましょう。

考察

API や低レベルの言語では、例外の代わりにリターンコードを使用することがあります。しかし、リターンコードの使用は不要な `if` 文や `switch` 文を増やし、正常系のコードやビジネスロジックを複雑にします。また、コードの複雑さが増し、ドキュメントの更新が追いつかなくなる可能性があります。これらの問題を解決するために、リターンコードの代わりに例外を使用しましょう。例外を使用することで、正常系の処理と異常系の処理を明確に分離できます。

リターンコードを使用した例を以下に示します。

```
function createSomething(arguments) {
    // ここで生成処理を実行する
    success = false;  // 生成に失敗した場合
    if (!success) {
        return {
            object: null,
            httpCode: 403,
            errorDescription: '作成する権限がありません...'
        };
    }

    return {
        object: createdObject,
        httpCode: 201,
        errorDescription: ''
    };
}

var myObject = createSomething('argument');
if (myObject.httpCode !== 201) {
    console.log(myObject.httpCode + ' ' + myObject.errorDescription)
}
// myObject は実際のオブジェクトではなく
// 実装に基づく偶発的な情報を保持しています
// これ以降、この仕様を常に覚えておく必要があります
```

次に、これを例外を使用して改善する方法を示します。

```
function createSomething(arguments) {
    // ここで生成処理を実行する
    success = false; // 生成に失敗した場合
    if (!success) {
        throw new Error('作成する権限がありません...');
    }

    return createdObject;
}

try {
    var myObject = createSomething('argument');
    // if 文を使っておらず、ここでは正常系の処理のみ実行します
} catch (exception) {
    // ここで例外処理を実行します
    console.log(exception.message);
}
// myObject は期待されるオブジェクトを保持しています
```

リンタを使用して、`if` 文やリターンチェックと組み合わせた整数や文字列の返却パターンを検出できるようにすることができます。ただし、外部システムとのインターフェースでは、IDやコードを外部識別子として使用することは適切です。これは特に外部システム（REST APIなど）と

のやり取りの際に有用です。しかし、自社のシステムや内部 API ではこのような方法は避けるべきです。代わりに、汎用的な例外を作成し、適切に使用しましょう。特殊な動作が必要で、その処理の準備ができている場合にのみ、特化した例外クラスを作成してください。また、中身のない形式的な例外の作成は避けてください。最後に、早すぎる最適化（https://oreil.ly/Ea2ev）（16 章を参照）を行う言語や、リターンコードを過度に使用する言語の使用は避けましょう。

関連するレシピ

- レシピ 22.2　不要な例外の除去

関連項目

- Nicole Carpenter、「Clean Code: Chapter 7 - Error Handling」（https://oreil.ly/KmT1Q）

レシピ 22.6　例外処理におけるアローコードの書き換え

問題

例外を扱うために階段状のコード（アローコード）がある場合。

解決策

例外処理を階層化せず、フラットな構造にしましょう。

考察

階段状のコード（アローコード）はコードの悪い兆候です（「レシピ 14.8　階段状の条件分岐の簡素化」を参照）。同様に、例外処理の過剰な使用も問題です。これらが組み合わさると、コードの可読性が著しく低下し、複雑さが増大します。このような問題は、ネストされた例外処理を適切に書き換えることで解決できます。以下の例では、例外処理が階段状に連鎖している様子を示します。

```
class QuotesSaver {
    public void Save(string filename) {
        if (FileSystem.IsPathValid(filename)) {
            if (FileSystem.ParentDirectoryExists(filename)) {
                if (!FileSystem.Exists(filename)) {
                    this.SaveOnValidFilename(filename);
                } else {
                    throw new IOException("ファイルが既に存在します: " + filename);
                }
            } else {
                throw new IOException("親ディレクトリが存在しません: " + filename);
            }
        } else {
            throw new IllegalArgumentException("無効なパスです: " + filename);
```

```
        }
    }
}
```

これを以下のように改善できます。

```
public class QuotesSaver {
    public void Save(string filename) {
        if (!FileSystem.IsPathValid(filename)) {
            throw new ArgumentException("無効なパスです: " + filename);
        } else if (!FileSystem.ParentDirectoryExists(filename)) {
            throw new IOException("親ディレクトリが存在しません: " + filename);
        } else if (FileSystem.Exists(filename)) {
             throw new IOException("ファイルが既に存在します: " + filename);
        }
        this.SaveOnValidFilename(filename);
    }
}
```

例外処理は通常の処理フローよりも副次的なものです。もし例外処理のコードが通常の処理のコードよりも多くなっている場合、それはコードの構造を見直すべき時期を示しています。

関連するレシピ

- レシピ 14.10　ネストされた if 文の書き換え
- レシピ 22.2　不要な例外の除去

レシピ 22.7　エンドユーザーからの低レベルなエラーの隠蔽

問題

エンドユーザーに低レベルのメッセージを表示している場合。

解決策

すべてのエラーを適切に捕捉しましょう。予期していないエラーも含めて対応する必要があります。

考察

ウェブサイトでこのようなメッセージを見たことはありませんか？

```
'Fatal error:  Uncaught Error:  Class 'logs_queries_web' not found in
/var/www/html/ query-line.php:78 Stack trace:  #0 {main} thrown in /var
/www/html/query-line.php on line 718'
```

このような低レベルのエラー情報をエンドユーザーに直接表示することは、セキュリティリスクを高め、ユーザー体験を損なう可能性があります。適切なエラー処理を行うために、トップレベルの例外ハンドラを使用して、予期しないエラーも含めてすべてのエラーを捕捉する必要があります。また、リターンコードよりも例外を優先する言語を選択することが推奨されます（「レシピ 22.5　リターンコードの例外への置き換え」を参照）。本番環境へのデプロイ前には、データベースエラーや低レベルのシステムエラーなど、様々なエラーケースをテストすることが重要です。残念ながら、今日でも多くの「重要な」ウェブサイトで、エンドユーザーに対してデバッグ情報やスタックトレースが表示されることがあります。

エンドユーザーに誤って表示されてしまう可能性のあるスタックトレースの例です。

```
Fatal error: Uncaught Error: Class 'MyClass'
  not found in /nstest/src/Container.php:9
```

適切なトップレベルのエラーハンドラを実装した後の例です。

```
// 例外ハンドラ関数
function myException($exception) {
    logError($exception->description())
    // エンドユーザーには例外の詳細を表示しません
    // これはビジネス上の判断です
    // 代わりに一般的なエラーメッセージを表示することも可能です
}

// 例外ハンドラ関数を設定します
set_exception_handler("myException");
```

エラー処理が適切に機能しているかを確認するために、ミューテーションテスト（「レシピ 5.1　var の const への変更」を参照）を活用できます。これにより、様々なエラーシナリオをシミュレートし、システムの堅牢性を検証できます。プロフェッショナルなソフトウェアエンジニアとして、エラー処理を含むすべての実装において、細心の注意を払い、高品質なソリューションを提供することが重要です。

関連するレシピ

- レシピ 22.5　リターンコードの例外への置き換え

レシピ 22.8　try ブロックの範囲の縮小

問題

例外処理の try ブロックが広範囲に及んでいる場合。

解決策

エラー処理は、可能な限り特定の操作や状況に対して行いましょう。

考察

例外処理は有用なツールですが、その使用範囲は適切に制限する必要があります。これは、フェイルファストの原則に従い、エラーの見逃しや誤った判断を防ぐためです。tryブロックは、できるだけ小さな範囲のコードに対して適用し、「早めに例外をスローし、遅めにキャッチする」という原則に従うことが重要です。

以下に、広範囲のtryブロックを使用した例を示します。

```
import calendar, datetime
try:
    birthYear = input('生まれた年：')
    birthMonth = input('生まれた月：')
    birthDay = input('生まれた日：')
    # 上記の入力操作は失敗しないと仮定します
    print(datetime.date(int(birthYear), int(birthMonth), int(birthDay)))
except ValueError as e:
    if str(e) == 'month must be in 1..12':
        print('月に渡された' + str(birthMonth) +
              'は範囲外です。月は1から12の間の数字である必要があります')
    elif str(e) == 'year {0} is out of range'.format(birthYear):
        print('年に渡された' + str(birthYear) +
              'は範囲外です。年は次の範囲である必要があります：' +
              str(datetime.MINYEAR) + '...' + str(datetime.MAXYEAR))
    elif str(e) == 'day is out of range for month':
        print('日に渡された' + str(birthDay) +
              'は範囲外です。日は次の範囲である必要があります：1...' +
              str(calendar.monthrange(birthYear, birthMonth)))
```

tryブロックの範囲を適切に狭めた後の例を以下に示します。

```
import calendar, datetime

# 以下の3つの文において発生する可能性のあるエラーを扱う
# 別のtryを追加しても良いかもしれません

birthYear = input('生まれた年：')
birthMonth = input('生まれた月：')
birthDay = input('生まれた日：')
# tryブロックの範囲が適切に狭められています
try:
    print(datetime.date(int(birthYear), int(birthMonth), int(birthDay)))
except ValueError as e:
    if str(e) == 'month must be in 1..12':
        print('月に渡された' + str(birthMonth) + 'は範囲外です。'
```

```
            '月は 1 から 12 の間の数字である必要があります')
    elif str(e) == 'year {0} is out of range'.format(birthYear):
        print('年に渡された' + str(birthYear) + 'は範囲外です。'
            '年は次の範囲である必要があります：' +
            str(datetime.MINYEAR) + '...' + str(datetime.MAXYEAR))
    elif str(e) == 'day is out of range for month':
        print('日に渡された' + str(birthDay) + 'は範囲外です'
            '日は次の範囲である必要があります：1...' +
            str(calendar.monthrange(birthYear, birthMonth)))
```

網羅的なテストスイートがある場合、ミューテーションテスト（「レシピ 5.1　var の const への変更」を参照）を活用して、安心して例外処理の範囲を狭めることができます。例外処理は、コードの構造を考慮しつつ、可能な限り精密に行うべきです。

早めに例外をスローし、遅めにキャッチする

「早めに例外をスローし、遅めにキャッチする」という原則は、エラーや例外をコード内でできるだけ早く発見しつつ、その実際の処理や報告は、より適切なコンテキストや上位のレベルまで延期することを推奨しています。この方法では、局所的な情報のみで判断を下すのではなく、より多くの文脈情報が利用可能な場所でエラー処理を行うことが望ましいとされています。

関連するレシピ

- レシピ 22.2　不要な例外の除去
- レシピ 22.3　期待されるケースにおける例外の使用の回避

23章 メタプログラミング

ソフトウェアはエントロピーに似ています。理解しがたく、重さはなく、熱力学の第二法則に従います。そして、常に増大していきます。

— Norman Augustine

はじめに

メタプログラミングとは、プログラミング言語が実行時にコードを操作、生成、変更する能力を指します。これは非常に魅力的で、一度その力を知ると、あらゆる問題を解決できる万能ツールのように感じるでしょう。しかし、それは特効薬ではありません（「レシピ 4.1　小さなオブジェクトの生成」を参照）し、コストがかからないわけでもありません。メタプログラミングを使うべきでない主な理由は、それが何か魔法のようなものを生み出していると誤解してしまうことにあります。

メタプログラミングは、デザインパターンと同様に以下のような段階を経ます。

1. メタプログラミングを知る。
2. メタプログラミングを完全には理解していない。
3. メタプログラミングを徹底的に学ぶ。
4. メタプログラミングをマスターする。
5. メタプログラミングがほとんどあらゆる場所で使えるように思える。
6. メタプログラミングを乱用する（「レシピ 12.5　過剰なデザインパターンの見直し」を参照）。これを万能の解決策だと誤解してしまう（「レシピ 4.1　小さなオブジェクトの生成」を参照）。
7. メタプログラミングを避けることを学ぶ。

レシピ23.1　メタプログラミングの使用の停止

問題

メタプログラミングを使用している場合。

解決策

メタプログラミングの使用を見直し、直接的な解決策を優先しましょう。

考察

メタプログラミングを使用すると、メタ言語（プログラミング言語について記述するための言語）とメタモデル（モデルを記述するためのモデル）について扱うことになります。これは問題領域のオブジェクトを超えた抽象度の高いレベルで考えることを意味します。この追加層により、現実のエンティティ間の関係をより高度な言語で考察できるようになります。しかし、これにより現実を観察するために必要な全単射の関係が崩れてしまいます。なぜなら、現実世界にはモデルやメタモデルは存在せず、ビジネスエンティティのみが存在するからです。実際のビジネス問題に取り組む際、メタエンティティへの参照を正当化することは非常に困難です。そのようなメタエンティティは現実には存在しないためです（**図23-1**を参照）。結果として、オブジェクトと現実の間に全単射を維持するという基本原則から逸脱してしまうのです。

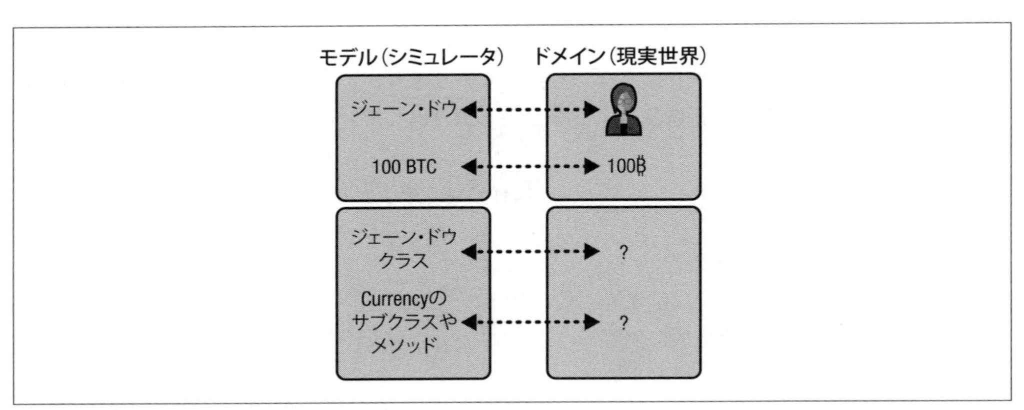

図23-1　現実世界にはメタモデルは存在しません

現実世界において、メタプログラミングによって生じる余分なオブジェクトや実在しない責務の存在を正当化するのは非常に困難です。ソフトウェア設計の重要な原則の一つに**開放/閉鎖原則**があり、これはSOLID原則の一部です（「レシピ19.1　深い継承の分割」を参照）。この原則は、モデルが拡張には開かれており（オープン）、修正には閉じている（クローズド）べきだと述べています。

この原則は現在でも有効であり、モデル設計において重視すべきです。しかし、多くの実装では、この「オープン」な特性を実現するために、サブクラス化を用いて拡張の余地を残しています。

一見すると、サブクラス化による拡張は堅牢な仕組みに見えますが、実際には不要な結合を生み出してしまいます。どのサブクラスがどのような挙動をするかという選択肢を、クラスとそのサブクラスに依存して定義するため、変更に柔軟に対応できず、拡張すべき部分が固定化されてしまうのです。

以下は、ポリモーフィズムを利用したパーサーの階層構造の例です。

```
public abstract class Parser {
    public abstract boolean canHandle(String data);
    public abstract void handle();
}

public class XMLParser extends Parser {
    public static boolean canHandle(String data) {
        return data.startsWith("<xml>");
    }
    public void handle() {
        System.out.println("XML データを処理中...");
    }
}

public class JSONParser extends Parser {
    public static boolean canHandle(String data) {
        try {
            new JSONObject(data);
            return true;
        } catch (JSONException e) {
            return false;
        }
    }
    public void handle() {
        System.out.println("JSON データを処理中...");
    }
}

public class CSVParser extends Parser {
    public static boolean canHandle(String data) {
        return data.contains(",");
    }
    public void handle() {
        System.out.println("CSV データを処理中...");
    }
}
```

このアルゴリズムでは、Parser クラスに特定のコンテンツの解釈を依頼します[†1]。それを実現

†1　訳注：このサンプルコード内ではメタプログラミングが使用されていません。ここで筆者は、Parser クラスを拡張したクラスの一覧をメタプログラミングを使って取得し、そこで得られたオブジェクトたちに対して順番に canHandle メソッドを呼び出して、処理可能なパーサーを見つけるという処理を想定しています。

するために、サブクラスの中で解釈可能なものが見つかるまで、順次処理を委譲していきます。これは責務連鎖パターンの一種と言えます。

責務連鎖パターン

責務連鎖パターンでは、複数のオブジェクトがリクエストを連鎖的に処理します。このとき、どのオブジェクトが具体的に処理するかを事前に知る必要はありません。リクエストは一連のハンドラを通過し、いずれかが処理するか、連鎖の終端に達するまで続きます。各オブジェクトは互いに独立しており、疎結合を保っています。

しかし、このパターンには以下のような欠点があります。

- `Parser`クラスへの依存関係が生じます。このクラスが処理の起点となるためです（「レシピ18.4　グローバルクラスの除去」を参照）。
- メタプログラミングを用いてサブクラスを使用するため、直接的な参照がなく、その使用箇所や参照関係が不明確になります。
- 明確な参照や使用箇所がないため、直接的なリファクタリングが困難です。全ての使用箇所を把握し、意図しない削除を避けることが難しくなります。

この問題は、オープンな拡張性を持つフレームワークに共通して見られます。その代表例が、xUnit（https://oreil.ly/Yp1R5）ファミリーとその派生フレームワークです。しかし、クラスをグローバル変数のように扱うことは結合度を高め、モデルを適切に拡張する方法としては最適ではありません。代わりに、開放/閉鎖原則を用いて宣言的にモデルを拡張する方法を見てみましょう。

具体的には、`Parser`クラスへの直接参照を除去し、**依存性逆転の原則**（SOLIDのD、「レシピ12.4　実装が1つしかないインターフェースの削除」を参照）を用いて、パース処理のプロバイダへの依存関係を作ります[†2]。環境（本番、テスト、設定など）に応じて異なるパース処理のプロバイダを使用します。これらのプロバイダは必ずしも同じクラス階層に属す必要はありません。宣言的な結合を用い、各プロバイダに`ParseHandling`インターフェースの実装を要求します。

メタプログラミングを使用する際の最大の問題点は、クラスやメソッドへの参照が不明確になることです。これにより、あらゆる種類のリファクタリングが困難になり、たとえテストカバレッジが100%であっても、コードの発展が妨げられます。また、間接的で不明瞭な方法で参照されているケースを見落とす可能性があり、通常の検索やリファクタリング作業では発見できない、検出しづらいエラーを生み出す恐れがあります。したがって、コードはクリーンで透明性が高く、メタ参照は最小限に抑える必要があります。

以下は動的に関数名を構築する例です。

†2　訳注：プロバイダが`ParseHandling`インターフェースを実装し、それらプロバイダのリストから`canHandle`メソッドを呼び出すことで、解析しようとしているデータにマッチしたパーサーを見つけるというようなコードになります。

```
$selector = 'getLanguage' . $this->languageCode;
Reflection::invokeMethod($selector, $object);
```

例えば、イタリア語設定のクライアントでは、この呼び出しは`getLanguageIt()`メソッドを実行します。この手法には、先のパーサーの例と同様の問題があります。このメソッドは直接的な参照がなく、リファクタリングが困難で、使用箇所の特定やカバレッジの確認が難しいなどの課題があります。こうした問題を避けるには、メタプログラミングではなく、明示的な依存関係（マッピングテーブルや直接的な参照など）を使用するべきです。

ただし、メタプログラミングが有用な例外的なケースもあります。MAPPERモデルを作成する際、ビジネスロジックとは直接関係のない側面（永続化、シリアライズ、UI表示、テスト、アサーションなど）は可能な限り分離すべきです。これらは特定のビジネスに限らない、計算モデルに共通の課題です。オブジェクトの本来の責務を超えて機能を追加するのではなく、こうした共通の課題にはメタプログラミングを活用できる場合があります。

しかし、実世界の概念を適切に抽象化できる場合は、常にそちらを優先し、メタプログラミングは極力避けるべきです。適切な抽象化を見出すには、ビジネスドメインへの深い理解が必要です。なお、メタプログラミングに関連するセキュリティ上の問題については、「レシピ25.5　オブジェクトのデシリアライゼーションの保護」を参照してください。

レシピ 23.2　無名関数の具象化

問題

無名関数を多用している場合。

解決策

クロージャや無名関数の過剰な使用を避け、代わりにそれらの機能をオブジェクトにカプセル化しましょう。

考察

無名関数、ラムダ式、アロー関数、クロージャには様々な問題があります。これらはメンテナンスとテストが困難で、コードの追跡と再利用が難しくなります。また、読みづらく、ソースコードの特定が困難です。多くのIDEやデバッガでは、これらの関数の実際のコードを表示するのに苦労します。さらに、再利用性が低く、情報隠蔽の原則に反する傾向があります。関数の内容が複雑な場合は、「レシピ10.7　メソッドのオブジェクトとしての抽出」を用いて、アルゴリズムをオブジェクトとして具象化することをお勧めします。

以下は、手続き的に書かれたソート関数の例です。

```
sortFunction = function(arr, fn) {
  var len = arr.length;
  for (var i = 0; i < len ; i++) {
    for(var j = 0 ; j < len - i - 1; j++) {
      if (fn(arr[j], arr[j+1])) {
        var temp = arr[j];
        arr[j] = arr[j+1];
        arr[j+1] = temp;
      }
    }
  }
  return arr;
}

scores = [9, 5, 2, 7, 23, 1, 3];
sorted = sortFunction(scores, (a,b) => {return a > b});
```

関数に具象化し、オブジェクトにカプセル化すると、次のようになります。

```
class ElementComparator{
  greaterThan(firstElement, secondElement) {
    return firstElement > secondElement;
    // これは単なる例です。
    // より複雑なオブジェクトでは、この比較は自明ではないかもしれません。
  }
}

class BubbleSortingStrategy {
  // ここにはストラテジーがあります。単体テストはできませんが、
  // ポリモーフィックな実装に変更したり、アルゴリズムの入れ替えや
  // ベンチマークができます。
  constructor(collection, comparer) {
    this._elements = collection;
    this._comparer = comparer;
  }

  sorted() {
    for (var outerIterator = 0;
      outerIterator < this.size();
      outerIterator++) {
      for(var innerIterator = 0 ;
          innerIterator < this.size() - outerIterator - 1;
          innerIterator++) {
        if (this._comparer.greaterThan(
          this._elements[innerIterator], this._elements[ innerIterator + 1])) {
            this.swap(innerIterator);
        }
      }
    }
    return this._elements;
  }
```

```
  size() {
    return this._elements.length;
  }

  swap(position) {
    var temporarySwap = this._elements[position];
    this._elements[position] = this._elements[position + 1];
    this._elements[position + 1] = temporarySwap;
  }
}

scores = [9, 5, 2, 7, 23, 1, 3];
sorted = new BubbleSortingStrategy(scores,new ElementComparator()).sorted();
```

ただし、クロージャと無名関数が有用な場面もあります。特に**コードブロック**や **Promise** のモデル化には適しています。これらの場合、関数を分解してオブジェクトに置き換えるのは難しく、また不適切かもしれません。無名関数自体はソフトウェアの動作に問題を起こすわけではありませんが、人間がコードを読む際の理解しやすさが重要です。特に、複数のクロージャが複雑に絡み合う場合、コードの保守性が著しく低下する可能性があります。

関連するレシピ

- レシピ 10.4　コードからの過度な技巧の除去
- レシピ 10.7　メソッドのオブジェクトとしての抽出

レシピ 23.3　プリプロセッサの除去

問題

プリプロセッサを使用している場合。

解決策

コードからプリプロセッサを取り除きましょう。

考察

プリプロセッサ

プリプロセッサは、ソースコードがコンパイルや解釈される前に、主にソースコードを変更または操作するために使用されるツールです。

異なる環境や OS でコードの動作を変えたい場合、言語によってはプリプロセッサを使うのが一般的です。しかし、プリプロセッサの使用にはいくつかの問題があります。まず、コードの可読性を低下させ、早すぎる最適化（16 章参照）を引き起こす傾向があります。また、不必要な複雑性を増加させ、デバッグを困難にする可能性もあります。これらの理由から、コンパイラディレクティブ[†3]の使用は避けるべきです。代わりに、異なる動作が必要な場合はオブジェクトを用いてモデル化しましょう。パフォーマンスの問題が懸念される場合は、早すぎる最適化を行うのではなく、適切なベンチマークテストを実施して評価することをお勧めします。

プリプロセッサを使ったコードの例を以下に示します。

```
#if VERBOSE >= 2
  printf("ベテルギウスが超新星になりつつあります");
#endif
```

これに対し、プリプロセッサを使用しないコードの例は次のようになります。

```
if (runtimeEnvironment->traceDebug()) {
  printf("ベテルギウスが超新星になりつつあります");
}

// ポリモーフィズムを使用し、if 文を避けるとさらに良くなります

runtimeEnvironment->traceDebug("ベテルギウスが超新星になりつつあります");
```

コンパイラディレクティブはいくつかのプログラミング言語で一般的に使用されていますが、実際の動作に置き換えることは比較的容易です。プリプロセッサの使用は複雑性を増加させ、デバッグを困難にします。このようなテクニックは、メモリや CPU リソースが限られていた時代に広く使用されていました。しかし、現代のソフトウェア開発ではクリーンなコードが重要視され、早すぎる最適化は避けるべきとされています。実際、C++ の創始者である Bjarne Stroustrup は、著書『The Design and Evolution of C++』(邦訳『C++ の設計と進化』ソフトバンククリエイティブ) の中で、以前に導入したプリプロセッサのディレクティブについて反省の念を示しています。

関連するレシピ

- レシピ 16.2 早すぎる最適化の排除

関連項目

- Standard C++、「Are You Saying That the Preprocessor Is Evil?」(https://oreil.ly/QaP2C)
- Wikipedia、「C preprocessor」(https://oreil.ly/BzQ3t)

---

†3 訳注：コンパイラディレクティブとは、プリプロセッサに対する指示であり、通常は特別な記号（例：#ifdef、#define）で始まる行として記述されます。これらはコードの特定の部分を条件付きでコンパイルしたり、マクロを定義したりするために使用されます。

- Harry Spencer、Geoff Collyer、「#ifdef Considered Harmful」(https://oreil.ly/nKHCJ)

レシピ 23.4　動的メソッドの除去

問題

メタプログラミングを使用して、属性やメソッドを動的に追加している場合。

解決策

メタプログラミングによる動的な振る舞いの追加を避け、代わりに静的な方法でコードを構築しましょう。

考察

メタプログラミングは強力な技術ですが、多くの問題を引き起こす可能性があります。主な問題点として、可読性とメンテナンス性の低下が挙げられます。また、実行時に生成されるコードは、通常のデバッグツールでは追跡が困難になるため、デバッグの複雑さも増加します。さらに、特に設定ファイルから動的にコードを生成する場合、適切なサニタイズが行われていないとセキュリティ上の脆弱性につながる可能性があり、セキュリティリスクも懸念されます。これらの問題を避けるため、メソッドは手動で明示的に定義することをお勧めします。既存のオブジェクトに機能を追加する必要がある場合は、デコレータデザインパターン（「レシピ 7.11 「Basic」や「Do」という関数名の変更」を参照）のような静的な方法を検討してください。メタプログラミングは確かに強力な技術ですが、それによって生じる複雑性とリスクを考慮すると、多くの場合、より単純で直接的なアプローチの方が望ましいでしょう。

Ruby で属性とメソッドを動的にロードする例を以下に示します。

```
class Skynet < ActiveRecord::Base
  # 設定ファイルに基づいて属性を動的に追加します
  YAML.load_file("attributes.yml")["attributes"].each do |attribute|
    attr_accessor attribute
  end

  # 設定ファイルに基づいてメソッドを動的に定義します
  YAML.load_file("protocol.yml")["methods"].each do |method_name, method_body|
    define_method method_name do
      eval method_body
    end
  end
end
```

これに対し、動的ロードを使用せずに静的に定義する例は以下のようになります。

```
class Skynet < ActiveRecord::Base
  # 属性を明示的に定義します
  attr_accessor :asimovsFirstLaw, :asimovsSecondLaw, :asimovsThirdLaw

  # メソッドを明示的に定義します
  def takeoverTheWorld
    # 実装
  end
end
```

メタプログラミングを使用する際は、セキュリティ上の懸念から、許可されたメソッドのリストを設定したり、特定のメソッドの使用を禁止したりする対策が必要になることがあります。しかし、メタプログラミングは本質的に複雑なコードや高度な抽象化を伴うことが多く、結果として生成されるコードは読みづらく、保守が困難になりがちです。また、他の開発者がコードを理解し修正することも難しくなり、長期的にはコードの複雑さが増し、バグが発生するリスクも高まります。これらの理由から、可能な限り静的な方法でコードを記述することが推奨されます。

関連するレシピ

- レシピ 23.1　メタプログラミングの使用の停止
- レシピ 23.2　無名関数の具象化
- レシピ 25.1　入力値のサニタイズ

24章
型

型というのは実質的にプログラムに関するアサーションです。私は物事を可能な限りシンプルにすることに価値を置いていて、型が何かをあえて言わないというのもその一部です。

— Dan Ingalls、Peter Seibel 著、『Coders at Work: Reflections on the Craft of Programming』（邦訳『Coders at Work』オーム社）

はじめに

型はクラス型言語における最も重要な概念です。これは静的型付け言語や強い型付け言語だけでなく、動的型付け言語にも当てはまります。型の扱いは簡単ではなく、非常に制限の厳しいものから緩いものまで、多くの種類があります。

レシピ 24.1　動的な型チェックの削除

問題

引数の型を動的にチェックしている場合。

解決策

メソッドの呼び出し元を信頼し、型を動的にチェックするのではなく、適切な型の値を渡してもらえるよう表明しましょう。

考察

`kind()`、`isKindOf()`、`instance()`、`getClass()`、`typeOf()` などの型チェックメソッドの使用を避けましょう。また、ドメインオブジェクトにリフレクションやメタプログラミングを使用しないようにしましょう（23 章を参照）。未定義かどうかのチェックも避けるべきです。代わりに、完全なオブジェクトを使用し（「レシピ 3.7　空のコンストラクタの除去と適切な初期化の実施」を参照）、`null` の使用（「レシピ 15.1　Null オブジェクトの作成」を参照）やセッターの使用を避けましょう。不変性を重視することで、未定義の型や意図しないif文の使用を防ぐことができます。

動的に型チェックを行っている例を以下に示します。

```
if (typeof(x) === 'undefined') {
  console.log('変数 x は定義されていません');
}

function isNumber(data) {
  return (typeof data === 'number');
}
```

以下は動的な型チェックを含むより具体的な例です。

```
function move(animal) {
  if (animal instanceof Rabbit) {
    animal.run()
  }
  if (animal instanceof Seagull) {
    animal.fly()
  }
}

class Rabbit {
  run() {
    console.log("走っています");
  }
}

class Seagull {
  fly() {
    console.log("飛んでいます");
  }
}

let bunny = new Rabbit();
let livingston = new Seagull();

move(bunny);
move(livingston);
```

リファクタリングにより動的な型チェックを排除したAnimalクラスとその派生クラスは以下のようになります。

```
class Animal { }

class Rabbit extends Animal {
```

```
  move() {
    console.log("走っています");
  }
}

class Seagull extends Animal {
  move() {
    console.log("飛んでいます");
  }
}

let bunny = new Rabbit();
let livingston = new Seagull();

bunny.move();
livingston.move();
```

本レシピで取り上げたような動的な型チェックメソッドは広く知られているため、静的解析ツールを使用してこれらの使用を検出するコーディング規則を簡単に設定できます。クラスの型をテストすることは、オブジェクトを不適切な実装の詳細と結びつけてしまいます。また、実世界にはこのような型チェックが存在しないため、全単射の原則に反します。このような型チェックの必要性は、モデル設計が不十分であることを示唆しています。

関連するレシピ

- レシピ 15.1　Null オブジェクトの作成
- レシピ 23.1　メタプログラミングの使用の停止

レシピ 24.2　真値の扱い

問題

真偽値以外の値が真偽値として扱われる場合。

解決策

真偽値の条件には、真偽値型の値のみを使用しましょう。真値として扱われる非真偽値の使用は避けましょう。

考察

一部の関数は直感に反する動作をすることがあります。開発者コミュニティではこれを許容していますが、これは驚き最小の原則（「レシピ 5.6　変更可能な定数の凍結」を参照）と全単射（2 章で定義）に反し、予期しない結果を招くことがあります。真偽値は `true` と `false` のみであるべきです。真値としての非真偽値の使用は、エラーを隠蔽し、特定の言語に依存した複雑さを生み出すため、コードの可読性を低下させ、他言語への移植性を損ないます。真偽値の条件には、整数、

null、文字列、リストではなく明示的に真偽値を使用する必要があります。

真値と偽値

多くのプログラミング言語では、**真値**（truthy）と**偽値**（falsy）という用語が、真偽値以外のデータ型を真偽値として評価することを表すために使用されます。真偽値以外の値が真偽値のコンテキストで評価される際、警告なしに暗黙的に真偽値へ変換されます。

以下の直感に反するような例を確認し、問題点を見つけてみてください。

```
console.log(Math.max() > Math.min());
// false を返す
console.log(Math.max());
// -Infinity を返す
```

より適切に設計された言語では、以下のような結果が得られるはずです。

```
console.log(Math.max() > Math.min());
console.log(Math.max());

// max と min は少なくとも 1 つの引数が必要です。
// そのため、引数が不足しているという例外が投げられるべきです。
```

これらの関数は JavaScript の標準 Math ライブラリの一部です。そのため、使用を完全に避けるのは難しく、言語固有の動作により実世界の概念と矛盾する関数を使用する際には特に注意が必要です。以下に、さらに直感に反するような例をいくつか示します。

```
!true              // false を返す
!false             // true を返す

isActive = true
!isActive          // false を返す

age = 54
!age               // false を返す
array = []
!array             // false を返す
obj = new Object()
!obj               // false を返す

!!true             // true を返す
!!false            // false を返す

!!isActive         // true を返す
!!age              // true を返す
```

```
!!array           // true を返す
!!obj             // true を返す
```

驚き最小の原則に従った言語であれば以下のようになるでしょう（「レシピ 5.6　変更可能な定数の凍結」を参照）。

```
!true             // false を返す
!false            // true を返す

isActive = true
!isActive         // false を返す

age = 54
!age              // 型の不一致となるべき（または 54 の階乗）
array = []
!array            // 型の不一致となるべき
obj = new Object()
!obj              // 型の不一致となるべき（実際のドメインでオブジェクトの否定とは何か？）

!!true            // true を返す
!!false           // false を返す
!!isActive        // true を返す
!!age             // 意味をなさない
!!array           // 意味をなさない
!!obj             // 意味をなさない
```

一部の言語ではこの暗黙的な型変換が言語の機能として提供されているため、テストは困難です。このような状況を避けるには、コーディング規約を設定するか、より厳格な言語を選択することが有効です。

JavaScript や PHP などの言語では、全ての値を `true` または `false` として扱います。この仕様は、真偽値以外の値を扱う際にエラーを隠蔽してしまう可能性があります。真偽値以外のオブジェクトに対する `!` や `!!` の使用を検出し、コードレビュー時に他の開発者に警告すべきです。真偽値（およびその操作）を真偽値以外の値から明確に分離し、厳密に扱うことが推奨されます。

コードレビュー

コードレビューは、ソースコードを調べて問題点、エラー、改善すべき点を特定することです。これには、コードが正しく、効率的で、保守可能であり、ベストプラクティスと標準に準拠していることを確認するために、複数の開発者がコードを精査することが含まれます。

図24-1 は、モデルが実世界を正確に反映していないことを示しています。これにより全単射の原則が破られ、予期しない結果が生じています。

これは言語の仕様に起因する問題です。一部の厳格な言語では、このような暗黙的な変換に対し

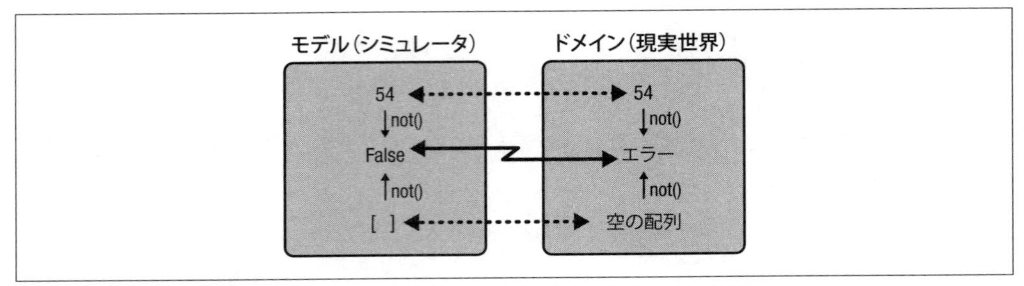

図24-1　モデルと実世界で not() メソッドが異なるオブジェクトを生成している様子

て警告を発します。一方で、一部の言語は簡略化された記法や暗黙的な型変換を推奨しています。しかし、これらはエラーの原因となり、早すぎる最適化（16章を参照）の兆候でもあります。常に可能な限り明示的なコードを書くべきです。

関連するレシピ

- レシピ 10.4　コードからの過度な技巧の除去
- レシピ 14.12　真偽値への暗黙的な型変換の防止

レシピ 24.3　浮動小数点数型から十進数型への変更

問題

コードで浮動小数点数を使用している場合。

解決策

言語がサポートしている場合は、浮動小数点数の代わりに十進数型（デシマル型）を使用しましょう。

考察

多くの浮動小数点数演算は、驚き最小の原則（「レシピ 5.6　変更可能な定数の凍結」を参照）に違反し、予期せぬ複雑さをもたらし、不正確な十進数表現を生成しがちです。十進数型をサポートしている成熟した言語を選択し、十進数を適切な十進数型で表現することで全単射の原則に従うべきです。

以下は、単純ながら予想外の結果を示す例です。

```
console.log(0.2 + 0.1)
// 0.30000000000000004

// ここでは 2 つの十進数を加算しています
// 2/10  +  1/10
```

```
// 結果は学校で習ったように 3/10 になるはずです
```

0.2 や 0.1 などの浮動小数点数は、コンピュータのメモリ内で二進数形式で表現されます。一部の十進数は二進数で正確に表現できないため、算術演算で微小な丸め誤差が発生します。この例では、0.2 と 0.1 の加算の実際の結果は 0.3 のはずですが、浮動小数点数の二進表現により、結果がわずかに異なり 0.30000000000000004 という出力になります。以下により適切な表現方法を示します。

```
class Decimal {
  constructor(numerator) {
    this.numerator = numerator;
  }
  plus(anotherDecimal) {
    return new Decimal(this.numerator + anotherDecimal.numerator);
  }
  toString() {
    return "0." + this.numerator;
  }
}

console.log((new Decimal(2).plus(new Decimal(1))).toString());
// 0.3

// 数値は Decimal クラスで表現できます（分子のみを保存）
// もしくはより汎用的な Fraction クラスでも表現できます（分子と分母の両方を保存）
```

これは言語の仕様に起因する問題であるため、検出が困難です。このような数値操作を防ぐため、リンタに適切なルールを設定することができます。1985 年に発売されたコモドール 64（https://oreil.ly/dXHa1）では、プログラマが 1+1+1 が常に 3 にならないことを発見し、その後整数型が導入されました。興味深いことに、30 年以上経った今でも JavaScript のコードで同様の問題が存在します。この問題は多くの現代プログラミング言語にも見られます。このような偶発的な複雑さは、本質的なビジネス課題に集中するために排除すべきものです。

関連するレシピ

- レシピ 24.2　真値の扱い

関連項目

- IEEE Standard for Floating-Point Arithmatic（https://oreil.ly/8OeLW）
- 浮動小数点数の計算例（https://oreil.ly/qwyCi）

25章 セキュリティ

複雑さは致命的です。それは開発者から活力を奪い、製品の計画、構築、テストを困難にします。さらに、セキュリティ上の課題を生み出し、エンドユーザーと管理者に不満をもたらします。

— Ray Ozzie

はじめに

経験豊富な開発者には、クリーンで保守性の高いコードを作成するだけでなく、パフォーマンス、リソース使用量、セキュリティなど、様々なソフトウェア品質特性を考慮した堅牢なソリューションを構築する能力が求められます。コードを書く際には、セキュリティを重視したアプローチを採用することが不可欠です。開発者は、潜在的なセキュリティ脆弱性に対する最初の防御線となるからです。

レシピ 25.1　入力値のサニタイズ

問題

ユーザーからの入力値をサニタイズしていないコードがある場合。

解決策

自分の制御下にないソースからのすべての入力をサニタイズしましょう。

考察

入力のサニタイズ

入力のサニタイズとは、ユーザーからの入力を検証し、無害化することで、処理する前に安全であり、期待されるフォーマットに準拠していることを確認することです。これは、SQL インジェクション、クロスサイトスクリプティング（XSS）、その他の悪意のあるユーザーによって実行される可能性のある攻撃などのさまざまなセキュリティ脆弱性を防ぐために重要です。

悪意のある攻撃者は常に存在します。そのため、外部からの入力には十分注意し、サニタイズと入力フィルタリングの技術を使用する必要があります。外部リソースから入力を受け取る際は必ず、その入力を検証し、潜在的に有害な内容がないかチェックすべきです。SQL インジェクションはこのような脅威の代表的な例です。また、入力に対してアサーションや不変条件を追加することも効果的です（「レシピ 13.2　事前条件の強制」を参照）。

SQL インジェクション

SQL インジェクションは、データベースと通信するプログラムに攻撃者が悪意のある SQL コードを挿入したときに発生します。攻撃者は、テキストボックスやフォームなどの入力フィールドに SQL コードを入力する可能性があります。そして、アプリケーションがそのコードを実行することで、データへのアクセスや変更、機密情報の取得、さらにはシステムを制御下に置かれる可能性があります。

次の例を見てみましょう。

```
user_input = "abc123!@#"
# 英数字のみを想定している場合、このような入力内容は安全ではない可能性があります
```

入力をサニタイズした場合は次のようになります。

```
def sanitize(string):
  # 文字と数字以外の文字をすべて削除します
  sanitized_string = re.sub(r'[^a-zA-Z0-9]', '', string)
  return sanitized_string

user_input = "abc123!@#"
print(sanitize(user_input))  # 出力: "abc123"
```

すべての入力を静的に検査し、さらにペネトレーションテストツールを使用して安全性を確認することもできます（「レシピ 25.2　連番 ID の置き換え」を参照）。

自分の制御下にない入力に対しては常に細心の注意を払う必要があります。これには、シリアライズされたデータ、ユーザーインターフェース、API、ファイルシステムなど、アプリケーションの境界外から来るあらゆるデータが含まれます。

関連するレシピ

- レシピ 4.7　文字列検証のオブジェクトとしての実装

- レシピ 23.4　動的メソッドの除去
- レシピ 25.5　オブジェクトのデシリアライゼーションの保護

関連項目

- Ettore Galluccio, Edoardo Caselli, Gabriele Lombari 著、『SQL Injection Strategies』(Packt Publishing)

レシピ 25.2　連番 ID の置き換え

問題

コード内で連番の ID を使用している場合。

解決策

容易に予測可能な連続した ID の使用を避けましょう。

考察

多くの ID は問題を抱えています。連番の ID もその一つで、セキュリティ上の脆弱性となります。ID は全単射の関係を崩し、セキュリティの問題や衝突（https://oreil.ly/qVvDG）を引き起こします。そのため、UUID のような予測困難なキーを使用すべきです。ドメインオブジェクトを扱う際、ID は特に問題となります。これは、ID が現実世界に存在しないため、常に全単射の関係を崩してしまうからです。ID の使用は、システムの境界を越えて内部リソースを外部に公開する場合に限定すべきです。これらの ID は常に偶発的な要素であり、本質的なモデルに影響を与えるべきではありません。

以下は連番 ID を使用した例です。

```
class Book {
    private Long bookId; // 本が自身の ID を知っています
    private List<Long> authorIds; // 本が著者の ID を知っています
}

Book harryPotter = new Book(1, List.of(2));
Book designPatterns = new Book(2, List.of(4, 6, 7, 8));
Book donQuixote = new Book(3, List.of(5));

// ID を容易に推測できてしまいます
```

ID を除去し、より適切なモデルにすることができます。

```
class Author { }

class Book {
    private List<Author> authors; // 本が著者を知っています
    // 奇妙な振る舞いはなく、本が行える操作のみを持ちます
    // 実際の本は ID について知りません
    // ISBN は本にとって偶発的な属性であり、読者は気にしません
}

class BookResource {
    private Book resource; // リソースが元となる本を知っています
    private UUID id; // ID は外部世界に提供するリンクです
}

Book harryPotter = new Book(new Author('J. K. Rowling'));
Book designPatterns = new Book(
    new Author('Erich Gamma'),
    new Author('Richard Helm'),
    new Author('Ralph Johnson'),
    new Author('John Vlissides'));
Book donQuixote = new Book(new Author('Miguel Cervantes'));

BookResource harryPotterResource = new BookResource(
    harryPotter,
    UUID.randomUUID());

// 本は自身の ID を知りません。リソースだけが ID を知っています
```

システムに対してペネトレーションテストを実施することで、この問題を検出できます。内部オブジェクトを外部に公開する必要がある場合は、予測困難な ID を使用すべきです。これにより、トラフィックと 404 エラー（https://oreil.ly/JKF4v）を監視することで、総当たり攻撃（ブルートフォース攻撃）を検出し、ブロックすることが可能になります。

ペネトレーションテスト

ペネトレーションテストは、ペンテストとも呼ばれ、実世界の攻撃をシミュレートすることでシステムのセキュリティを評価します。これにより、脆弱性を特定し、導入されているセキュリティ対策の有効性を評価します。この手法は、ツールやソフトウェアの品質を検証するミューテーションテスト（「レシピ 5.1　var の const への変更」を参照）と類似した役割を果たします。

関連項目

- 「Insecure Direct Object References（IDOR）」（https://oreil.ly/ttUos）

関連するレシピ

- レシピ 17.5　無効なデータを特殊な値で表すことの回避

レシピ 25.3　外部パッケージへの依存の最小化

問題

パッケージマネージャーを使用し、外部モジュールのコードを無条件に信頼している場合。

解決策

複雑な機能が必要で、信頼できる外部ソリューションが存在する場合を除き、自分たちでコードを実装しましょう。

考察

業界では、できるだけコードを書かずに既存のパッケージを利用する傾向があります。しかし、この方法にも代償があります。ゼロの法則に従うこと（「レシピ 16.10　デストラクタからのコードの排除」を参照）と、外部のコードに依存することのバランスを取ることが重要です。外部パッケージへの依存は、外部との密結合、セキュリティリスク、アーキテクチャの複雑化、パッケージの整合性の問題などを引き起こす可能性があります。そのため、単純な機能は自分たちで実装し、十分に成熟した外部の依存関係のみを必要に応じて利用するべきです。

以下は小さな関数の実際の例です。

```
$ npm install --save is-odd

// https://www.npmjs.com/package/is-odd
// このパッケージは週に約 50 万回ダウンロードされています

// このパッケージでは以下のような関数が定義されています
module.exports = function isOdd(value) {
  const n = Math.abs(value);
  return (n % 2) === 1;
};
```

このような簡単な機能は自分たちで実装できます。

```
function isOdd(value) {
  const n = Math.abs(value);
  return (n % 2) === 1;
};
```

外部の依存関係は最小限に抑え、必要な場合は特定のバージョンを指定して使用しましょう。これにより、パッケージの不正な改変（ハイジャック）のリスクを軽減できます。ただし、すべての機能を自分たちで実装する必要はありません。外部パッケージを使用する際は、そのパッケージが本当に必要か、最新の状態が維持されているか、開発者の活動状況、未解決の問題の有無、自動テストの実施状況などを確認しましょう。コードの重複を避けつつ、過度な再利用に陥らないバランスを取ることが重要です。これには絶対的なルールはなく、状況に応じた判断が求められます。

関連するレシピ

- レシピ 11.7　import のリストの削減

関連項目

- Naked Security、「Poisoned Python and PHP Packages Purloin Passwords for AWS Access」（https://oreil.ly/zrK9K）
- Bleeping Computer、「Dev Corrupts NPM Libs 'colors' and 'faker' Breaking Thousands of Apps」（https://oreil.ly/Myr0s）
- Quartz、「How One Programmer Broke the Internet by Deleting a Tiny Piece of Code」（https://oreil.ly/7q9Kq）
- The Record、「Malware Found in npm Package with Millions of Weekly Downloads」（https://oreil.ly/D2Y2h）

レシピ 25.4　危険な正規表現の改善

問題

コード内に危険な正規表現がある場合。

解決策

正規表現内の再帰的なパターンを最小限に抑えましょう。

考察

正規表現は様々な問題を引き起こす可能性があります。時には脆弱性の原因にもなります。正規表現は可読性を低下させ、再帰的な正規表現は早すぎる最適化の兆候であり、セキュリティリスクを生み出すこともあります。正規表現が適切に終了するかをテストで確認し、安全策としてタイムアウト処理を実装するか、正規表現の代わりに適切なアルゴリズムを使用することを検討すべきです。

特に注意が必要なのは、正規表現サービス拒否（ReDoS）（https://oreil.ly/cWmRr）攻撃です。これはサービス拒否（DoS）（https://oreil.ly/2KsRg）攻撃の一種です。ReDoS 攻撃には主に2つのパターンがあります。一つは、悪意のあるパターンを含む文字列がアプリケーションに渡され、それが正規表現として使用されるケースです。もう一つは、攻撃用に設計された文字列がアプリケーションに渡され、脆弱な正規表現によって評価されるケースです。どちらの場合も、結果として ReDoS 攻撃につながる可能性があります。

攻撃の実際の動作は次のようになります。

```
func main() {
    var regularExpression = regexp.MustCompile(`^(([a-z])+.)+[A-Z]([a-z])+$`)
    var candidateString = "aaaaaaaaaaaaaaaaaaaaaaaa!"

    for index, match := range regularExpression.FindAllString(candidateString, -1) {
        fmt.Println(match, "次の場所で見つかりました：", index)
    }
}
```

以下は正規表現を使用せずに同様の処理を行う例です。

```
func main() {
    var candidateString = "aaaaaaaaaaaaaaaaaaaaaaaa!"

    words := strings.Fields(candidateString)

    for index, word := range words {
        if len(word) >= 2 && word[0] >= 'a' &&
            word[0] <= 'z' && word[len(word)-1] >= 'A'
            && word[len(word)-1] <= 'Z' {
                fmt.Println(word, "次の場所で見つかりました：", index)
        }
    }
}
```

多くのプログラミング言語では、このような危険な正規表現の使用を避けるよう設計されています。また、静的解析ツールを使用して、このような脆弱性をコード内から検出することも可能です。正規表現は複雑で、デバッグが困難なため、可能な限り使用を控えるべきです。

関連するレシピ

- レシピ 6.10　正規表現の可読性の向上

関連項目

- CVE-2017-16021（https://oreil.ly/prblc）
- CVE-2018-13863（https://oreil.ly/ke0VU）
- CVE-2018-8926（https://oreil.ly/7iYPh）

レシピ25.5　オブジェクトのデシリアライゼーションの保護

問題

安全でないソースから来るオブジェクトをデシリアライズしている場合。

解決策

外部から送られてきたデータの実行を防止しましょう。

考察

多くの脆弱性は、適切に処理されていない入力データに起因します。セキュリティ上の重要な原則は、外部からの入力をデータとしてのみ扱い、コードとして実行しないことです。信頼できないソースからのオブジェクトのデシリアライズは、特に注意が必要な操作です。例えば、APIエンドポイントやファイルアップロード機能を通じて、ユーザーからシリアライズされたオブジェクトを受け取るWebアプリケーションを考えてみましょう。アプリケーションはこれらのオブジェクトをデシリアライズして、システム内で使用可能な形に変換します。しかし、攻撃者が悪意を持って作成したシリアライズデータを送信した場合、デシリアライズ処理の脆弱性を悪用して、任意のコードを実行したり、権限を不正に昇格させたり、システム内で不正な操作を行ったりする可能性があります。このような攻撃は「デシリアライゼーション攻撃」や「シリアライゼーションの脆弱性」と呼ばれ、深刻なセキュリティリスクとなります。

以下は危険なデシリアライゼーションの例です。

```
import pickle  # Pythonのシリアライズモジュール

def process_serialized_data(serialized_data):
    try:
        obj = pickle.loads(serialized_data)
        # オブジェクトをデシリアライズ
        # デシリアライズされたオブジェクトを処理
        # ...

# ユーザーから送信されたシリアライズデータ
user_data = b"\x80\x04\x95\x13\x00\x00\x00\x00\x00\x00\x00\x8c\x08os\nsystem
    \n\x8c\x06uptime\n\x86\x94."

# 次のコードが実行されます: os.system("uptime")
process_serialized_data(user_data)
```

入力を安全にデータとして扱うと以下の例のようになります。

```
import json

def process_serialized_data(serialized_data):
```

```
    obj = json.loads(serialized_data)
    # JSON オブジェクトをデシリアライズ
    # コードは実行されません

user_data = '{"key": "value"}'

process_serialized_data(user_data)
```

多くのリンタは、デシリアライゼーションの危険性について警告を出します。メタプログラミングは攻撃者に悪用の機会を与える可能性があるため、常に注意が必要です。

関連するレシピ

- レシピ 23.1　メタプログラミングの使用の停止
- レシピ 25.1　入力値のサニタイズ

関連項目

- SonarSource rule、「Deserializing Objects from an Untrusted Source Is Security-Sensitive」(https://oreil.ly/rEUam)

付録A
用語集

A/B テスト

リリースされたソフトウェアの2つの異なるバージョンを比較し、どちらがエンドユーザーにとってより良いかを判断するための手法。

DRY（Don't Repeat Yourself）原則

ソフトウェアシステムでは冗長なコードやコードの繰り返しを避けるべきだという原則。DRY原則の目的は、重複する知識、コード、情報の量を減らすことにより、ソフトウェアの保守性、柔軟性、理解しやすさを向上させることである。

DTO（データ転送オブジェクト）

アプリケーションの異なるレイヤー間でデータを転送するために使用される。DTOはシンプルで、シリアライズ可能で、不変なオブジェクトであり、アプリケーションのクライアントとサーバー間でデータを運ぶために使われる。DTOの唯一の目的は、アプリケーションの異なる部分間でデータを交換するための標準的な方法を提供することである。

git bisect

Gitはソフトウェア開発のためのバージョン管理システム。コードに対する変更を追跡し、ほかの人と協力し、必要に応じて以前のバージョンに戻すことができる。Gitはすべてのファイルのすべてのバージョンの履歴を保存する。また、同じコードベース上で複数の開発者が作業を管理することもできる。

`git bisect`は、コードに特定の変更をもたらしたコミットを見つけるのに役立つコマンド。このプロセスは、問題が発生していないことが確認されている「良い」コミットと、問題が発生していることが確認されている「悪い」コミットを指定して開始する。二分探索を用いてその間のコミットを調べることで、問題を引き起こしたコミットを効率的に見つけ出し、根本原因を迅速に特定することができる。

GUID（グローバルに一意な識別子）

ファイル、オブジェクト、ネットワーク上のエンティティなどのリソースを識別するために使用される一意な識別子。GUIDは、その一意性を保証するアルゴリズムによって生成される。

KISSの原則

「Keep It Simple, Stupid（シンプルにしておけ、この間抜け）」の略。この原則は、システムは複雑にするよりもシンプルに保つ方が最も効果的に機能するというものである。シンプルなシステムは複雑なものよりも理解、使用、保守が容易で、失敗や予期せぬ結果を生む可能性が低くなる。

MAPPER

「モデル：抽象的、部分的、かつプログラム可能な現実」(Model: Abstract Partial and Programmable Explaining Reality) の説明。2 章で説明されているように、この頭字語を使用してソフトウェアをシミュレータの構築として定義できる。

null オブジェクトパターン

「null オブジェクト」と呼ばれる特別なオブジェクトを作成することを提案しているパターン。このオブジェクトは通常のオブジェクトのように振る舞うが、ほとんど機能性を持たない。その利点は、null チェックのための if 文を使わずに、安全にメソッドを呼び出すことができる点である（14 章を参照）。

null ポインタ例外

プログラムが何も参照していない（null である）変数やオブジェクト参照に対して操作を行おうとした際に発生する一般的なエラー。

Promise

非同期操作の最終的な完了（または失敗）とその結果の値を表す特別なオブジェクト。

protected 属性

クラス内またはそのサブクラス内からのみアクセスできるクラスの変数または属性のこと。protected 属性は、クラス階層内の特定のデータへのアクセスを制限しつつ、必要に応じてサブクラスがそのデータにアクセスして変更できるようにする方法である。

Simula

クラスによる分類の概念を取り入れた最初のオブジェクト指向プログラミング言語。その名前は、ソフトウェアを構築する目的がシミュレータの作成であることを明確に示している。この考え方は、今日のほとんどのコンピュータソフトウェアアプリケーションにおいても依然として当てはまる。

SOLID 原則

オブジェクト指向プログラミングの 5 つの重要な原則を表す頭文字語。この原則は Robert Martin (https://oreil.ly/nzwH1) によって定義された。厳格なルールというよりは、経験から得られたガイドラインとして考えられている。本書ではこれらの原則を以下の各章で詳しく説明する。

- S：単一責任の原則 (Single-responsibility principle)（「レシピ 4.7　文字列検証のオブジェクトとしての実装」参照）
- O：開放/閉鎖原則 (Open-closed principle)（「レシピ 14.3　真偽値変数の具体的なオブジェクトへの置き換え」参照）
- L：リスコフの置換原則 (Liskov substitution principle)（「レシピ 19.1　深い継承の分割」参照）
- I：インターフェース分離の原則 (Interface segregation principle)（「レシピ 11.9　肥大化したインターフェースの分割」参照）
- D：依存関係逆転の原則 (Dependency inversion principle)（「レシピ 12.4　実装が 1 つしかないインターフェースの削除」参照）

SQL インジェクション

データベースと通信するプログラムに攻撃者が悪意のある SQL コードを挿入した時に発生する。攻撃者は、テキストボックスやフォームなどの入力フィールドに SQL コードを入力する可能性がある。そして、アプリケーションがそのコードを実行することで、データへのアクセスや変更、機密情報の取得、さらにはシステムを制御下に置かれる可能性がある。

UML 図

ソフトウェアシステムやアプリケーションの構造と振る舞いを共通の記号と表記法を用いて図示する標準的な手法。UML 図は 1980 年代から 1990 年代に流行し、ウォーターフォール開発モデルと密接に関連していた。ウォーターフォール開発モデルでは、アジャイル方法論とは対照的に、実際のコーディングを開始する前に設計を完了させる。現在でも多くの組織で UML が使用されている。

アセンブリ言語

特定のコンピュータアーキテクチャ向けのソフトウェアプログラムを記述するための低レベルプログラミング言語。これは人間が読める命令型のコードで、コンピュータが理解できる言語である機械語に容易に変換されるように設計されている。

アンチパターン

当初は良いアイデアに見えるが、最終的には悪い結果をもたらすデザインパターン。そういったパターンは当初、多くの専門家によって良い解決策として提示されたが、今日ではその使用を避けるべきだという強い根拠がある。

依存関係逆転

従来の依存関係を逆転させることによって、高レベルのオブジェクトと低レベルのオブジェクトの結合を緩める設計原則。高レベルのオブジェクトが直接低レベルのオブジェクトに依存するのではなく、この原則では両者が抽象またはインターフェースに依存すべきだと提案している。これにより、コードベースの柔軟性とモジュール性が向上し、低レベルモジュールの実装の変更が必ずしも高レベルモジュールの変更を必要としないようになる。

意図を明示する

意図を明示するコードとは、将来そのコードを読んだり扱う可能性のあるほかの開発者に、その目的や意図を明確に伝えるコードのこと。意図を明示するコードの目標は、コードの振る舞いをよりわかりやすくし、宣言的なスタイルを促進し、読みやすさ・理解しやすさを高め、保守性を改善することである。

インターフェース分離の原則

オブジェクトは使用しないインターフェースに依存すべきではないという原則。1 つの大きな一枚岩のインターフェースを持つよりも、多くの小さく専門的なインターフェースを持つ方が良い。

ウォーターフォールモデル

作業を一連の明確な段階に分けて段階的に進め、各段階間で明確に引き継ぐという方法。この考え方は、反復するのではなく、各段階を順番に取り組むというものである。ウォーターフォールモデルは、1990 年代にアジャイル方法論がより広まるまで、主流の考え方だった。

「うまく動いているものには手を加えるな」原則

ソフトウェア開発でよく聞かれる表現。この原則は、ソフトウェアシステムが問題なく機能している場合、変更や改善を加えるべきではないという考え方を示している。この原則の背景には歴史的な理由がある。この考え方は、ソフトウェアに自動テストが普及していなかった時代に遡る。当時は、変更を加えることで既存の機能を損なう可能性が高く、リスクが大きかった。実際のユーザーは通常、新機能の欠陥は許容するが、これまで正常に動作していたものが期待通りに動かなくなると非常に怒る。

エンティティ関係図（ERD）

データベース内のデータ構造と関係性を視覚的に表現したモデル。エンティティ関係図では、エンティティは長方形で表され、エンティティ間の関係は長方形を結ぶ線で表される。

驚き最小の原則

システムがユーザーにとって最も予測しやすい方法で、そしてユーザーの期待と一致して動作しなければならないという原則。この原則に従えば、ユーザーはシステムとの相互作用の結果を容易に予測できる。開発者として、より直観的で使いやすいソフトウェアを作成し、ユーザーの満足度と生産性を向上させるべきである。

オブザーバーデザインパターン

オブジェクト間の一対多の依存関係を定義するためのパターン。このパターンでは、あるオブジェクト（サブジェクト）の状態が変更されると、それに関連する複数のオブジェクト（オブザーバー）に自動的に通知が行われる。この仕組みの特徴は、サブジェクトが個々のオブザーバーを直接知る必要がない点である。オブザーバーはイベントを「購読」し、サブジェクトは状態変更時にそのメッセージを「発行」する。

オブジェクトの具象化

抽象的な概念やアイデアに具体的な形を与えるプロセス。これにより、特定の概念やアイデアを表現すると同時に、データのみを持つ貧血オブジェクトに振る舞いを追加し、より機能的なオブジェクトに変換する。具象化を通じて、抽象的な概念を体系的かつ構造的に操作し、より効果的にソフトウェアモデル内で表現することができるようになる。

オブジェクトの無秩序な結合

オブジェクトが十分にカプセル化されておらず、その内部へのアクセスが無制限に許可されている状況を指す。これはオブジェクト指向設計における一般的なアンチパターンであり、保守性を低下させ、複雑性を増加させる可能性がある。

オプショナルチェーン

オブジェクトの階層的な属性にアクセスする際、途中の属性が `null` または未定義であっても安全にアクセスできる機能。この機能がない場合、存在しない属性にアクセスしようとするとエラーが発生する。

開放/閉鎖原則

SOLID の「O」を表している（「レシピ 19.1 深い継承の分割」を参照）。この原則は、ソフトウェアのクラスは拡張のために開かれているべきだが、変更は閉じられているべきだと主張する。コードを変更することなく振る舞いを拡張できるべきである。この原則は、抽象インターフェース、継承、ポリモーフィズムの使用を奨励し、新しい機能を既存のコードを変更せずに追加できるようにする。また、この原則は関心事の分離を促進する（「レシピ 8.3 条件式内の不適切なコメントの除去」を参照）。これによりソフトウェアコンポーネントを独立して開発、テスト、デプロイすることが容易になる。

仮想マシンの最適化

現代のほとんどのプログラミング言語は仮想マシン（VM）上で動作する。仮想マシンはハードウェアの詳細を抽象化し、さまざまな最適化を裏側で行うため、開発者はコードの可読性を高めることに集中できる（16 章を参照）。パフォーマンスを重視した複雑なコードを書く必要はほとんどない。多くのパフォーマンス問題は仮想マシンが解決してくれるからだ。16 章では、コードを最適化する必要があるかどうかを判断するために、実際の証拠をどのように収集するかを説明している。

過度な設計

ソフトウェアアプリケーションに不必要な偶発的な複雑さを追加すること。これは、ソフトウェアに可能な限り多くの機能を追加することに過度に注目し、本来の核心的な機能をシンプルに保つことを疎かにした場合に発生する。

カプセル化

オブジェクトの責務を保護することを指す。これは通常、実際の実装を抽象化することで達成できる。また、オブジェクトのメソッドへのアクセスを制御する方法も提供する。多くのプログラミング言語では、オブジェクトの属性やメソッドの可視性を指定でき、これによりプログラムのほかの部分からのアクセスや変更の可否が決まる。これにより、開発者はオブジェクトの内部実装の詳細を隠蔽し、プログラムのほかの部分が使用するために必要な振る舞いのみを公開できる。

ガベージコレクタ

プログラミング言語によってメモリ割り当てと解放を自動的に管理するために使用される。プログラムでもはや使用されないオブジェクトをメモリから特定し、削除することで、使用されていたメモリを解放する。

関心事の分離

ソフトウェアシステムを明確で独立した部品に分割し、各部品がシステム全体の特定の側面や関心事を扱うことを目的とする。この概念の目標は、モジュール化された保守可能な設計を作り出し、コードの再利用性を高め、システムの拡張性を向上させ、コードの理解を容易にすることである。これらの目標を達成するために、システムをより小さく、扱いやすい部品に分解する。これにより、開発者は一度に 1 つの関心事に集中して作業できるようになる。

関数シグネチャ

関数の定義を一意に識別する情報のこと。厳密な型付けを行う言語では、関数シグネチャには関数名、引数の型、戻り値の型が含まれる。これにより、関数の呼び出しが正しく行われることを保証し、同名で異なる引数を持つ関数を区別することができる。

完全に制御された環境下でのテスト

テストが実行される環境を完全にコントロールする能力のこと。これには、テストが一貫して外部要因から独立して実行できるように、制御され予測可能な環境を作り出すことが含まれる。テスト環境の構築においては、外部の依存関係の管理、ネットワーク通信のシミュレーション、データベースの分離、そして時間の制御など、さまざまな要素を慎重に考慮する必要がある。

技術的負債

不適切な開発プラクティスや設計により、時間の経過とともにソフトウェアシステムの維持と改善にかかるコストが増大することを指す。金銭的な借金が時間とともに利子が生じるのと同様に、開発者が近道を選んだり、設計上の妥協をしたり、コードベースの問題に適切に対処しなかったりすることで、技術的負債は蓄積されていく。その結果、最初に節約した時間やリソース（元本）よりも、後々多くの労力やコスト（利息）を払うことになってしまう。

機能フラグ（別名：機能トグル、機能スイッチ）

デプロイすることを必要とせずに、実行時に特定の機能や機能性を有効または無効にすることを可能にする。これにより、A/Bテストや初期ベータ版、カナリアリリースを実施するために、新しい機能を一部のユーザーや環境にリリースし、ほかのユーザーや環境ではそれらを非表示にしておくことが可能になる。

キャッシュ

頻繁にアクセスされるコストのかかるリソースからのデータを一時的に高速アクセスが可能な場所に保存することで、ソフトウェアのパフォーマンスを改善するための手法。これにより、データベースやファイルシステムなどの遅いリソースへのアクセスを減らし、アプリケーションの応答性を向上させることができる。

凝集度

ソフトウェアのクラスやモジュール内の要素が、単一の明確な目的を達成するためにどの程度協調しているかを示す指標。高凝集はソフトウェア設計において望ましい特性である。なぜなら、モジュール内の要素が密接に関連し、効果的に協調して特定の目標を達成するからだ。

銀の弾丸などない

「銀の弾丸などない」という概念は、コンピュータ科学者でありソフトウェア工学の先駆者であるFred Brooksが1986年のエッセイ「銀の弾丸などない：本質と偶発」（https://oreil.ly/XeO8Y）で提唱した。Brooksは、ソフトウェア開発におけるすべての問題を解決したり、生産性や効率を劇的に向上させるような単一の解決策やアプローチは存在しないと主張している。

金メッキ

最小限の要件や仕様を超えて、製品やプロジェクトに不必要な機能や性能を追加することを指す。これは、顧客を感心させたい、市場で製品を際立たせたいといったさまざまな理由で発生することがある。しかし、金メッキを施すことはプロジェクトにとって有害であることが多く、コストやスケジュールの超過を招く可能性があり、エンドユーザーに実際の価値を提供しない場合がある。

クラス間の過度な結びつき

2つのクラスやコンポーネントが互いに強く依存し合うことで、それぞれを独立して変更や再利用することが困難になる状況を指す。この状態では、コードの保守、修正、拡張が難しくなる。

計算量理論

計算問題を解決するために必要なリソースを研究する分野。最も重要なリソースは時間とメモリである。この理論では、アルゴリズムや計算システムの効率を、時間やメモリというリソースの観点から測定し比較する。

継続的インテグレーションと継続的デプロイメント（CI/CD）

ソフトウェアの開発、テスト、デプロイメントを自動化するプロセス。このパイプラインは、ソフトウェア開発プロセスを効率化し、タスクを自動化し、コード品質を向上させ、新機能や修正をさまざまな環境に、より迅速かつ管理された方法でデプロイすることを目的としている。

契約による設計

Bertrand Meyer による『Object-Oriented Software Construction』（邦訳『オブジェクト指向入門』翔泳社）は、オブジェクト指向パラダイムを使用したソフトウェア開発に関する包括的なガイド。この本の重要なアイデアの一つに、「契約による設計」という概念がある。これは、ソフトウェアの各部分（モジュール）間で、明確な取り決め（契約）を行うことの重要性を強調している。この契約は、各モジュールの役割と期待される振る舞いを明確に定義する。これにより、モジュール同士が正しく連携して動作し、ソフトウェアが長期にわたって信頼性と保守性を維持することが保証される。契約が守られなかった場合、フェイルファストの原則に従って即座に問題が検出され、迅速に対応することができる。

構造化プログラミング

ループや関数などの制御フロー構造を使用して、コンピュータプログラムの明確性、保守性、可読性、信頼性を向上させることを重視している手法。プログラムを小さく扱いやすい部分に分割し、それらの部分を構造化された制御フロー構造を用いて組織化する。

公理

証明なしに真であると仮定される命題または主張。公理は論理的な推論や演繹の枠組みを構築する基礎となる。これは、基本的な概念と関係性を確立することで実現される。

コードレビュー

ソースコードを調べて問題点、エラー、改善すべき点を特定すること。これには、コードが正しく、効率的で、保守可能であり、ベストプラクティスと標準に準拠していることを確認するために、複数の開発者がコードを精査することが含まれる。

ゴッドオブジェクト

過剰な責務を持ち、システム全体に対して過度な影響力を持つオブジェクト。こういったオブジェクトは通常、大きく複雑で、多量のコードとロジックを含んでいる。この状況は単一責任の原則（「レシピ 4.7　文字列検証のオブジェクトとしての実装」を参照）や関心事の分離原則（「レシピ 8.3　条件式内の不適切なコメントの除去」を参照）に反する。ゴッドオブジェクトはソフトウェアアーキテクチャのボトルネックになる傾向があり、システムの保守、拡張、テストを困難にする。

コピーアンドペーストプログラミング

新しいコードを書く代わりに既存のコードをコピーして別の場所に貼り付けるやり方。コピーアンドペーストを頻繁に利用すると、コードは保守が困難になる。

コンポジション

オブジェクトをほかのオブジェクトの部品やコンポーネントとして構成するための手法。より単純なオブジェクトを組み合わせることで複雑なオブジェクトを構築し（「レシピ 4.1　小さなオブジェクトの生成」を参照）、「〜である」（is-a）や「〜のように振る舞う」（behaves-as-a）といった従来の関係ではなく、「〜を持つ」（has-a）という関係を形成する（「レシピ 19.4「is-a」関係の振る舞いへの置き換え」を参照）。

サピア＝ウォーフの仮説

言語的相対論とも呼ばれ、人間の言語構造と語彙がその人の周囲の世界に対する知覚に影響し、形作る可能性があると提唱するものである。あなたが話す言語は現実を反映し、表現するだけでなく、それを形作り、構築する役割も果たす。これは、世界についてどのように考え、経験するかは、それを記述するために使う言語によって部分的に決定されることを意味する。

参照透過性

参照透過性を持つ関数は、同じ入力に対して常に同じ出力を生成し、グローバル変数の変更や I/O 操作などの副作用を持たない。言い換えると、関数や式が参照透過であるとは、プログラムの振る舞いを変えることなく、その評価結果で置き換えることができる場合を指す。これは関数型プログラミングパラダイムの基本概念であり、関数は入力を出力に写像する数学的表現として扱われる。

散弾銃型変更

システムのある部分を変更すると、それに伴って多くの他の部分も変更しなければならない状況を指す。これは、システムの各部分が密接に結びついており、1 箇所の変更が広範囲に影響を及ぼす場合に発生する。散弾銃から発射された多数の弾丸が広範囲に散らばるように、1 つの変更が多くの箇所に影響を与えることからこう呼ばれている。

事前条件、事後条件、不変条件

事前条件とは、関数またはメソッドが呼び出される前に真でなければならない条件。これは、関数やメソッドへの入力が満たすべき要件を指定する。不変条件は、プログラムの実行中、どのような変更が発生しても常に真でなければならない条件。ここでは、時間が経っても変わるべきではないプログラムの特性を指定する。最後に、事後条件はメソッドが呼び出された後に成り立っていなければならない条件。これらを使用して、正確さを保証したり、欠陥を検出したり、プログラムの設計を導いたりすることができる。

シャローコピー

元のオブジェクトの最上位の要素のみを複製する。元のオブジェクトとそのシャローコピーは最上位の要素から参照している先は共有するため、一方の値に加えた変更は他方にも反映される。対照的に、ディープコピーは元のオブジェクトの完全に独立したコピーを作成し、それ自身の属性と値を持つ。元のオブジェクトの属性や値を変更してもディープコピーには影響せず、その逆も同様である。

集団によるオーナーシップ

開発チームの全メンバーが、元々誰が書いたコードであっても、コードベースのどの部分にも変更を加えることができるべきだという考え方。これは責任を共有するという意識を促進し、コードをより管理しやすく、改善しやすくすることを目的としている。

主キー

データベースにおいて、主キーはテーブル内の特定のレコードを一意に識別するためのもの。これにより、各レコードを一意に特定し、データの効率的な検索や並べ替えが可能になる。主キーは単一の列または複数の列の組み合わせで構成され、テーブル内の各レコードに対して一意の値を持つ。通常、主キーはテーブル作成時に生成され、そのテーブルと関連を持つ他のテーブルから参照される。

情報の隠蔽

ソフトウェアシステムの内部動作をその外部のインターフェースから分離することで、システムの複雑さを軽減する手法。これにより、ほかのシステムやユーザーの利用方法に影響を与えることなく、システムの内部実装を変更することが可能になる。

真偽値フラグ

ある条件が成立しているかどうかを表現するために `true` または `false` の値を持つ変数。これらは一般的に、条件分岐やループなどの制御構造においてプログラムの動作を制御するために使用される。

真値と偽値

多くのプログラミング言語では、真値（truthy）と偽値（falsy）という用語が、真偽値以外のデータ型を真偽値として評価することを表すために使用される。真偽値以外の値が真偽値のコンテキストで評価される際、警告なしに暗黙的に真偽値へ変換される。

スタティックメソッド

クラスのインスタンスではなくクラスに属しているメソッド。つまり、スタティックメソッドは、クラスのオブジェクトを作成せずに呼び出すことができるということである。

ストラテジーデザインパターン

同じ目的を達成する複数の異なるアルゴリズムを定義し、それぞれを独立したクラスとしてカプセル化するためのパターン。このパターンの特徴は、プログラムの実行中に、これらのアルゴリズムを切り替えて使用できる点である。このパターンを使用すると、メインとなるクライアントオブジェクトは、プログラムの実行状況や必要に応じて、最適なアルゴリズムを動的に選択し使用することができる。さらに、このパターンはクライアントオブジェクトと各アルゴリズム（ストラテジー）との結合を最小限に抑える。これにより、新しいアルゴリズムの追加や既存のアルゴリズムの変更が、クライアントオブジェクトのコードに影響を与えることなく行えるようになる。

スパゲッティコード

構造が貧弱で理解や保守が困難なコードのこと。「スパゲッティ」という名前は、コードが絡み合い、皿の上の絡み合ったスパゲッティの麺のように見えることからきている。冗長または重複したコード、数多くの条件文、ジャンプ、ループが含まれており、追いかけるのが難しいことがある。

スプレッド構文

JavaScript のスプレッド構文は 3 つのドット（`...`）で表され、配列や文字列などの反復可能なオブジェクトを、0 個以上の要素（または文字）が期待される場所で展開するために使用される。たとえば、配列のマージ、配列のコピー、配列への要素の挿入、オブジェクトの属性の展開などに使用できる。

責務連鎖パターン

複数のオブジェクトがリクエストを連鎖的に処理するというパターン。このとき、どのオブジェクトが具体的に処理するかを事前に知る必要はない。リクエストは一連のハンドラを通過し、いずれかが処理するか、連鎖の終端に達するまで続く。各オブジェクトは互いに独立しており、疎結合を保っている。

説明するということ

アリストテレスは「説明とは原因を見出すこと」と述べている。彼の考えによれば、すべての現象や出来事には、それを生み出したり決定する原因や一連の要因がある。科学の目標は、自然現象の原因を特定し理解して、そこから将来の振る舞いを予測することである。

アリストテレスにとって、「説明する」とは、ある現象のすべての原因を特定し、それらがどのように相互作用して結果を生み出すのかを理解することだった。一方、「予測する」とは、この原因に関する知識を用いて、その現象が将来どのように振る舞うかを予測する能力を指す。

セマフォ

共有リソースへのアクセスを管理し、並行するプロセスやスレッド間の通信を調整するための同期オブジェクト。

ゼロの法則

プログラミング言語や既存のライブラリが自動で行える処理については、開発者が明示的にコードを書くべきではないという考え方。自動的に処理できる機能は、既存の仕組みに任せるべきである。

全単射

2つの集合の要素間に1対1の対応関係を作るという関数の性質。

疎結合

システム内の異なるオブジェクト間の相互依存を最小限に抑えることを目的とする。それらは互いに関する知識を最小限に留め、あるコンポーネントへの変更がシステム内の他のコンポーネントに影響を与えないようにし、波及効果を防ぐ。

ソフトウェアソース管理システム

開発者がソースコードの変更履歴を追跡し、複数の開発者が同時に作業できるようにするツール。これにより、協力作業、変更の取り消し、コードのさまざまなバージョンの管理が容易になる。現在、最も広く利用されているシステムは Git。

ソフトウェアリンタ

ソースコードを自動的にチェックして、事前に定義された問題を検出するツール。リンタの目的は、より困難でコストのかかる修正が必要になる前に、開発プロセスの早い段階でミスを捕捉するのを助けることである。コーディングスタイル、命名規則、セキュリティの脆弱性など、幅広い問題をチェックするよう設定できる。多くの IDE のプラグインとして使用でき、CI/CD（継続的インテグレーションと継続的デプロイメント）パイプラインにも組み込むことができる。ChatGPT や Bard などの生成 AI ツールでも同様の機能を実現できる。

単一障害点

システム内の特定のコンポーネントや部分で、その箇所が故障するとシステム全体が機能停止に陥るような重要な要素を指す。このような単一障害点に過度に依存したシステムは脆弱である。優れた設計では、重要な機能に冗長性を持たせることで、一部の障害がシステム全体の機能停止につながるような広範な影響（波及効果）を防ぐ。

単一責任の原則

ソフトウェアシステム内の各モジュールやクラスが、ソフトウェアによって提供される機能の一部分のみに対する責任を持つべきであり、その責任はクラスによって完全にカプセル化されるべきだという原則。つまり、クラスが変更される理由はただ一つであるべきだということを意味する。

遅延初期化

遅延初期化を使用すると、オブジェクトの生成や値の計算を、すぐに実行するのではなく実際に必要になるまで遅らせることができる。最終的に必要になるまで初期化プロセスを延期することで、リソースの使用を最適化し、パフォーマンスを改善する。

チューリングモデル

チューリングモデルに基づくコンピュータは、命令セット、つまりアルゴリズムが記述できるあらゆる計算可能なタスクを実行できる理論的な機械である。チューリングマシンは現代のコンピューティングの理論的基盤と考えられており、実際のコンピュータやプログラミング言語の設計と分析のモデルとして役立っている。

データの塊

データの塊とは、本来一つのまとまりとして扱うべき複数のデータ項目が、プログラム内の異なる箇所で頻繁に一緒に使用されている状況を指す。これにより、コードの複雑さが増し、保守性が低下し、エラーのリスクが高まる可能性がある。このような状況は、関連するデータ項目を適切なオブジェクトとしてモデル化せずに、個別に扱おうとする際によく発生する。

デコレータパターン

同じクラスのほかのオブジェクトの振る舞いに影響を与えずに、個々のオブジェクトに動的に振る舞いを追加するためのパターン。

テスト駆動開発（TDD）

非常に短い開発サイクルの繰り返しに基づくソフトウェア開発プロセス。まず開発者が、望ましい改善や新しい振る舞いを定義する自動テストケースを作成する。この時点では実装がまだないため、このテストは失敗する。次にそのテストに合格する最小限のコードを作成し、最後にそのコードを受け入れ可能な基準までリファクタリングする。テスト駆動開発の主な目的の一つは、コードが適切に構造化され、優れた設計原則に従うことを確認することで、保守性を向上させることである。また、新しいコードが書かれるとすぐにテストされるため、開発プロセスの早い段階で欠陥を発見するのにも役立つ。

デメテルの法則

オブジェクトは直接の隣接オブジェクトとのみやりとりをし、ほかのオブジェクトの内部動作を知るべきではないという法則。この法則を遵守するためには、オブジェクト間の結合度を低く保つ必要がある。つまり、オブジェクト同士が強く依存し合わないようにする。これにより、システムはより柔軟で保守が容易になり、あるオブジェクトの変更がほかのオブジェクトに意図しない影響を与えにくくなる。

具体的には、オブジェクトは直接の隣接オブジェクトのメソッドのみを利用すべきで、ほかのオブジェクトの内部にアクセスすべきではない。このアプローチにより、オブジェクト間の結合度が軽減され、システム全体がよりモジュラーで柔軟になる。

同等性を持つオブジェクト

プログラム内で互いに交換可能なオブジェクトを指す。これらのオブジェクトは、その値、性質、機能において本質的に同じであり、一方を他方で置き換えても結果に影響を与えない。

ドメイン駆動設計

ソフトウェアシステムの設計をビジネスや問題領域に合わせることに重点を置いている手法。これにより、コードがより表現力豊かになり、保守性が向上し、ビジネス要件との整合性が高まる。

トレイト

複数のクラスで共有できる共通の特性や振る舞いのセットを定義するための機能。トレイトは、共通のスーパークラスからの継承なしに、異なるクラスで再利用可能なメソッド群である。クラスが複数のソースから振る舞いを取り入れられるため、トレイトは継承よりも柔軟なコード再利用の仕組みを提供する。

名前空間

クラス、関数、変数などのコード要素を論理的なグループに整理するために使用される。これにより、名前の衝突を防ぎ、特定のスコープ内でそれらを一意に識別することができる。名前空間を活用することで、関連する機能をまとめて管理し、コードの構造をより明確にできる。結果として、モジュール性が高く、保守がしやすいコードの作成につながる。

名前付き引数

多くのプログラミング言語において利用可能な機能。この機能によって、プログラマが引数のリストの中での位置ではなく、その名前を指定することによって引数の値を指定できる。キーワード引数とも呼ばれる。

入力のサニタイズ

ユーザーからの入力を検証し、無害化することで、処理する前に安全であり、期待されるフォーマットに準拠していることを確認すること。これは、SQLインジェクション、クロスサイトスクリプティング（XSS）、その他の悪意のあるユーザーによって実行される可能性のある攻撃などのさまざまなセキュリティ脆弱性を防ぐために重要である。

忍者コード（別名：賢いコード、スマートコード）

巧妙に書かれているものの、理解や保守が難しいコードを指す。これは、高度なプログラミング技術や特定の言語機能を使ってより効率的で早すぎる最適化が施されたコードを書くことを楽しむ経験豊富なプログラマによって作られることが多い。忍者コードは印象的であり、他のコードよりも高速に動作する可能性があるが、読みにくく理解が難しく、保守性やスケーラビリティ、将来の開発に問題を引き起こすことがある。忍者コードはクリーンコードの対極にある。

認知的負荷

情報を処理し、タスクを完了するために必要な精神的な努力とリソースの量のこと。これは、人が情報を処理し、理解し、同時に記憶しようとする際に、作業記憶にかかる負担を指す。

波及効果
システムの一部に加えられた変更や修正が、システムのほかの部分に意図しない結果をもたらすことを指す。特定のオブジェクトに変更を加えると、それに依存するシステムのほかの部分に影響を与える可能性があり、それらの部分にエラーや予期せぬ動作を引き起こす可能性がある。

バグ
バグという用語はこの業界でよく見られる間違った認識である。本書では「欠陥」という言葉を使う。元々の「バグ」という言葉は、熱を持った回路に侵入する昆虫がソフトウェアの出力を乱すことに由来していた。しかし、今はそうではない。外部からの侵入者ではなく、何かを付け加えた結果として生じるものに関連しているため、「欠陥」という用語を使用することを推奨する。

ハッシュ化
任意のサイズのデータを固定サイズの値にマッピングするプロセスを指す。ハッシュ関数の出力はハッシュ値またはハッシュコードと呼ばれる。ハッシュ値は、大規模なコレクションでインデックステーブルとして使用でき、要素を順に繰り返して探すよりも効率的な方法で要素を見つけるためのショートカットとして機能する。

早めに例外をスローし、遅めにキャッチする
エラーや例外をコード内でできるだけ早く発見しつつ、その実際の処理や報告は、より適切なコンテキストや上位のレベルまで延期することを推奨する考え方。この方法では、局所的な情報のみで判断を下すのではなく、より多くの文脈情報が利用可能な場所でエラー処理を行うことが望ましいとされている。

ビット演算子
数値を二進数表現で扱い、個々のビットを操作するための演算子。コンピュータはこれらを使用して AND、OR、XOR などの基本的な論理演算を行う。ビット演算子は主に整数型のデータに対して使用され、真偽値とは異なる動作をする。

ファサードパターン
複雑なシステムやサブシステムに対して単純化されたインターフェースを提供するためのパターン。これはシステムの複雑さを隠し、クライアントが使用するためのよりシンプルなインターフェースを提供するために使用される。また、クライアントとサブシステムの間で仲介のような役割を果たし、クライアントがサブシステムの実装の詳細から隔離されるようにする。

フィーチャーエンヴィ
あるオブジェクトが自身の振る舞いよりも他のオブジェクトの機能に過度に関心を持ち、他のオブジェクトのメソッドを頻繁に利用する状況を指す。

フェイルファストの原則
エラーが発生した場合、それを無視して後で失敗するのではなく、できるだけ早期に実行を中断すべきだという原則。

プリプロセッサ
ソースコードがコンパイルや解釈される前に、主にソースコードを変更または操作するために使用されるツール。

ペネトレーションテスト
実世界の攻撃をシミュレートすることでシステムのセキュリティを評価する手法。これにより、脆弱性を特定し、導入されている

セキュリティ対策の有効性を評価する。この手法は、ツールやソフトウェアの品質を検証するミューテーションテスト（「レシピ 5.1 var の const への変更」を参照）と類似した役割を果たす。

ベビーステップ

開発プロセスを小さな単位に分割し、一歩ずつ着実に進めていく手法のこと。具体的には管理しやすい小規模なタスクや変更を繰り返し行いながら、徐々にプロジェクトを前進させていく。この考え方は、アジャイル開発の方法論から生まれたものである。

ボーイスカウトのルール

アンクル・ボブのボーイスカウトのルールでは、ボーイスカウトがキャンプ場を去る時に来た時よりもきれいにしておくように、コードも以前よりも良い状態にしておくことを提唱している。このルールは、開発者にコードベースに触れるたびに小さな段階的な改善を行うことを奨励し、後で対処が困難になる技術的負債（21章を参照）の蓄積を防ぐ。さらに、このルールは現状では問題なく機能しているコードであっても改善の余地があれば変更を加えることを推奨している。これは「うまく動いているものには手を加えるな」という一般的な考えとは対照的である。

ポリモーフィズム

異なるオブジェクトが同じシグネチャのメソッドを持ち、それぞれの方法でそのメソッドを実装することを指す。これにより、同じ呼び出し方で異なる動作を実現できる。

ポリモーフィック階層

ポリモーフィック階層では、クラスは「〜として振る舞う」という関係に基づいて階層構造で組織される。これにより、より一般的なクラスから振る舞いを継承し、より特化したクラスを作成することができる。ポリモーフィック階層では、基底の抽象クラスが基礎として機能し、複数の具象サブクラスに共有される共通の振る舞いを定義する。サブクラスはこれらの特性をスーパークラスから継承し、独自の振る舞いを追加することができる。

サブクラス化はポリモーフィズムを実現する方法の一つである（「レシピ 14.14 非ポリモーフィック関数からポリモーフィック関数への変換」を参照）。ただし、この方法にはいくつかの制約がある。特に、コンパイル後にスーパークラスの構造を変更することが難しいため、設計の柔軟性が制限される可能性がある。

ポルターガイストオブジェクト

生存期間の長いクラスの初期化を行ったり、メソッドを呼び出すために使われる、短命なオブジェクト。

本質的と偶発的

コンピュータ科学者 Fred Brooks は著書『The Mythical Man-Month』（邦訳『人月の神話』丸善出版）で、ソフトウェアエンジニアリングにおける複雑さをアリストテレスの定義を用いて「偶発的」と「本質的」に分類した。

「本質的」複雑さは解決すべき問題に固有のもので避けられない。これは、システムが意図したとおりに機能し、現実世界に存在するために必要な複雑さである。たとえば、宇宙船の着陸システムの複雑さは、探査機を安全に着陸させるために必要不可欠なものだ。

一方、「偶発的」複雑さは、解決すべき問題の性質ではなく、システムの設計や実装方法から生じるものだ。これは良い設計により軽減できる。不必要な偶発的複雑さは、ソフトウェアにおける最大の問題の一つで、本書では多くの解決策を紹介している。

ミューテーションテスト

ユニットテストの品質を評価するための手法。テスト対象のコードに小さな変更（「ミューテーション」と呼ばれる）を加え、既存のユニットテストがそれらの変更を検出できるか確認する。これにより、追加テストが必要な箇所を特定し、既存のテストの品質を測定できる。

ミューテーションは、コードの小さな部分を変更することで行われる（例：真偽値の否定、算術演算の置き換え、値を `null` に置き換えるなど）。そして、どのテストが失敗するかを確認する。

モックオブジェクト

実オブジェクトの振る舞いを模倣し、その振る舞いをテストまたはシミュレートするためのもの。外部 API やライブラリなど、他のコンポーネントに依存しているソフトウェアコンポーネントをテストするために使用できる。

モデル

説明しようとする対象を直観的な概念や比喩を用いて説明するもの。モデルの最終目標は、その対象がどのように動作するかを理解することである。Peter Naur は「プログラミングとは理論とモデルを構築することだ」と述べている（https://oreil.ly/aElEa）。

「求めるな、命令せよ（Tell, Don't Ask）」の原則

オブジェクトとの相互作用の方法を示す原則。この原則に従えば、オブジェクトの内部データを直接問い合わせるのではなく、メソッドを呼び出してオブジェクトに特定の振る舞いを実行するよう命じる。

モナド

値をカプセル化し、それに対する操作を抽象化する構造。これにより、副作用の管理、オプショナルな値の処理などを一貫した方法で表現できる。

ヨーヨー問題

コードを理解したり修正したりするために、クラス階層内のクラスやメソッドを行き来する必要がある状況のことを指す。これにより、コードベースのメンテナンスや拡張が困難になる。

ラバーダックデバッグ

あたかもゴム製のアヒルにコードの動作を説明するかのように、プログラムの各行を詳細に解説するという手法。コードの各ステップを声に出して説明することで、それまで気づかなかったエラーや論理的な矛盾を発見できることがある。

ラピッドプロトタイピング

製品開発において、エンドユーザーとの検証のために素早く機能するプロトタイプを作成する手法を指す。この手法により、デザイナーやエンジニアは、一貫性があり堅牢で洗練されたクリーンコードを作成する前に、デザインをテストし改良することができる。

リスコフの置換原則

あるクラスを使用するプログラムが、そのクラスのサブクラスを使用しても正常に動作すべきだと定めている原則。つまり、サブクラスは予期せぬ動作を引き起こすことなく、基底クラスの代わりに使用できるべきだということである。これは SOLID の「L」に当たる（「レシピ 4.7　文字列検証のオブジェクト

としての実装」を参照）。

リポジトリデザインパターン

アプリケーションのビジネスロジックとデータ永続化層の間に抽象化層を提供する。これにより、データの取得や保存の詳細をビジネスロジックから分離し、より柔軟で保守しやすいアーキテクチャを実現できる。

割れ窓理論

一見些細な問題や欠陥が、長期的にはより深刻な問題につながる可能性があることを示唆している。開発者がコード内の小さな問題に気づきながら、「すでに他の問題もあるから」と無視してしまうと、開発プロセス全体で問題を軽視する文化や細部への注意不足を生み出す可能性がある。

訳者あとがき

本書は『Clean Code Cookbook』(Maximiliano Contieri 著、O'Reilly Media)の日本語訳です。本書は、コードをクリーンに保つことの妨げとなるような問題とその解決策を多岐にわたって紹介します。それぞれのプラクティスはレシピという形で、「問題」、「解決策」、「考察」、「関連するレシピ」、「関連項目」という形式に沿って紹介しています。

本書の特徴は、そのレシピの豊富さでしょう。さまざまな設計原則についてレシピの形で紹介されていますので、幅広い設計原則に触れたい方におすすめしたい一冊です。

私は本書の中で、特に気に入っている点が2つあります。1つ目は、ソフトウェアは現実世界をモデル化するものであり、その中で扱われるオブジェクトは現実世界の事物や概念と全単射の関係にあるべきであるという考えです。これは、ドメイン駆動設計におけるドメインオブジェクトの考え方に直接対応するものと解釈して良いでしょう。この、ドメインオブジェクトは現実世界の事物や概念と全単射であるべきというのはとても重要な指摘だと思います。全単射性を持つためには、1つの現実世界の事物は1つのオブジェクトで表されているべきであるだけでなく、その逆、つまり1つのオブジェクトは1つの現実世界の事物のみを表しているべきでもあるわけです。これに関連した具体的な例が「レシピ 14.1　偶発的な if 文のポリモーフィズムを用いた書き換え」で示されています。そこで著者は、ソースコード上で抽象化できそうだからといって、対応する現実世界の事物が異なるオブジェクトを抽象化することは避けるよう述べています。このようにして、どこまで抽象化をすべきで、どこで抽象化を止めるべきなのかという点について、全単射の原則は良い指針を与えてくれます。

私が特に気に入っている点の2つ目は、Fred Brooks の「人月の神話」(丸善出版)を引用し、ソフトウェアにおける複雑さを、本質的複雑さと偶発的複雑さの2つに分けて考えているという点です。本質的複雑さとはソフトウェアが扱う現実世界の対象物に備わっている複雑さのことを指し、偶発的複雑さはその現実世界の対象物をソフトウェアという形で表現する際に生じてしまう複雑さのことです。著者は、「レシピ 3.2　オブジェクトの本質の見極め」において、本書で解決策を提示していくのは偶発的複雑さであると明言しています。この点を明確にすることで、本書の目指す方向性が明確になります。

上記2点をまとめると、本書が目指しているのは「現実世界の事物とオブジェクトが全単射の関係にあり、偶発的複雑さが取り除かれたコード」と言えます。皆さんがソフトウェアを設計する際には、この観点を念頭に置き、「今自分が扱っているオブジェクトは現実世界に対応するものがあるか？」、「今自分がやろうとしている抽象化は、偶発的複雑さを取り除くことに役立っているか？」などと自問してみてください。そういった経験を重ねることで、自然とより優れた設計のソフトウェアを生み出すことができるでしょう。

このようなすばらしい書籍を世に送り出してくださったMaximiliano Contieriさんに非常に感謝します。本書を通してMaximilianoさんの考えが日本でも広まることを願っています。

本書の翻訳を通じて、多くの方々に支えていただきました。オライリー・ジャパンの高恵子さんには本書の翻訳の機会をいただき、たいへん感謝します。そして、翻訳期間中も辛抱強く私を支えてくれた妻の由梨子と息子の啓太、そしていつも私を勇気づけてくれた甥の和征と姪の莉穂に感謝します。

2025年1月

田中　裕一

索引

か行

さ行

た行

な行

は行

ま行

や行

ら行

わ行

● 著者紹介

Maximiliano Contieri（マクシミリアノ・コンティエリ）

ソフトウェア業界で25年間のキャリアを持ち、大学の講師としても活動している。またブログ記事を精力的に執筆しており、クリーンコード、リファクタリング、ソフトウェア設計、テスト駆動開発、コードスメルなど幅広いトピックに関する記事を発表している。ソフトウェアの基本原則に重点を置き、宣言的で振る舞いを重視するアプローチに基づいて、拡張性が高く、信頼性のあるソリューションを生み出すことを目指している。

● 訳者紹介

田中 裕一（たなか ゆういち）

1982年、東京生まれ。東京工業大学情報理工学研究科計算工学専攻修士課程修了。2007年にサイボウズ株式会社に入社し、企業向けグループウェアの開発に従事。その後2018年にギットハブ・ジャパン合同会社に入社し、現在に至る。訳書に『システム運用アンチパターン』『オブジェクト設計スタイルガイド』（オライリー・ジャパン）がある。

カバーの説明

カバーの動物は、ハイイロアザラシ（Halichoerus grypus）。大きな鼻から「horseheads」や「hook-nosed pig of the sea（海の鉤鼻のブタ）」と呼ばれることもある。ハイイロアザラシは、体重が250～400kgで、全長は2.3～3メートルになり、陸上では、短いひれを使って這うように動く。深さ300メートル以上に潜り、1時間近く息を止めていられる。寿命は35年ほどである。

優れた視覚と聴覚を持っているため、狩猟に長けている。群れを作って狩りをし、魚、甲殻類、イカ、タコ、時には海鳥も食べる。1日に体重の4～6%に相当する量の食物を摂取する。

世界に3つの個体群が存在し、1つは北大西洋（カナダ東部と米国北東部）、もう1つは北東大西洋（イギリス、アイスランド、ノルウェー、デンマーク、フェロー諸島、ロシア）で、もう1つはバルト海である。岩の多い海岸、島、砂州、氷棚、氷山などに生息している。

ハイイロアザラシは、漁網への巻き込み、化学汚染、石油流出、船舶や車両との衝突、違法な狩猟など、さまざまな脅威にさらされている。アメリカでは保護されているが、いくつかの国では、漁業に対する影響を抑えたり、個体数管理のために合法的に殺処分が許可されている。こうした脅威にもかかわらず、ハイイロアザラシの個体数は多く、絶滅危惧種リストでは「軽度懸念種」とされている。

クリーンコードクックブック
コードの設計と品質を改善するためのレシピ集

2025年 1月16日 初版第1刷発行

著　　者　Maximiliano Contieri（マクシミリアノ・コンティエリ）
訳　　者　田中 裕一（たなか ゆういち）
発 行 人　ティム・オライリー
制　　作　アリエッタ株式会社
印刷・製本　三美印刷株式会社
発 行 所　株式会社オライリー・ジャパン
〒160-0002　東京都新宿区四谷坂町12番22号
Tel　(03) 3356-5227
Fax　(03) 3356-5263
電子メール　japan@oreilly.co.jp
発 売 元　株式会社オーム社
〒101-8460　東京都千代田区神田錦町3-1
Tel　(03) 3233-0641（代表）
Fax　(03) 3233-3440

Printed in Japan（ISBN978-4-8144-0097-3）
乱本、落丁の際はお取り替えいたします。